付表B　t 分布表（0 から t_α までの「距離」）

α 使用するケース 自由度 ($n-1$)	0.050 有意水準5％ の片側検定のケース または 信頼係数90％ の区間推定のケース	0.025 有意水準5％ の両側検定のケース または 信頼係数95％ の区間推定のケース	0.010 有意水準1％ の片側検定のケース	0.005 有意水準1％ の両側検定のケース または 信頼係数99％ の区間推定のケース
1	6.314	12.706	31.821	63.657
2	2.920	4.303	6.965	9.925
3	2.353	3.182	4.541	5.841
4	2.132	2.776	3.747	4.604
5	2.015	2.571	3.365	4.032
6	1.943	2.447	3.143	3.707
7	1.895	2.365	2.998	3.499
8	1.860	2.306	2.896	3.355
9	1.833	2.262	2.821	3.250
10	1.812	2.228	2.764	3.169
11	1.796	2.201	2.718	3.106
12	1.782	2.179	2.681	3.055
13	1.771	2.160	2.650	3.012
14	1.761	2.145	2.624	2.977
15	1.753	2.131	2.602	2.947
16	1.746	2.120	2.583	2.921
17	1.740	2.110	2.567	2.898
18	1.734	2.101	2.552	2.878
19	1.729	2.093	2.539	2.861
20	1.725	2.086	2.528	2.845
21	1.721	2.080	2.518	2.831
22	1.717	2.074	2.508	2.819
23	1.714	2.069	2.500	2.807
24	1.711	2.064	2.492	2.797
25	1.708	2.060	2.485	2.787
26	1.706	2.056	2.479	2.779
27	1.703	2.052	2.473	2.771
28	1.701	2.048	2.467	2.763
29	1.699	2.045	2.462	2.756
30	1.697	2.042	2.457	2.750
40	1.684	2.021	2.423	2.704
50	1.676	2.009	2.403	2.678
60	1.671	2.000	2.390	2.660
80	1.664	1.990	2.374	2.639
100	1.660	1.984	2.364	2.626
120	1.658	1.980	2.358	2.617
∞	1.645	1.960	2.326	2.576

例題で学ぶ
初歩からの統計学 [第2版]

Elementary Statistics
Second Edition

白砂堤津耶 *Shirasago Tetsuya*

日本評論社

はしがき

　本書の目的は、タイトルのとおり、統計学の重要事項を、初歩から簡潔にわかりやすく解説し、例題を通じて「使える統計学」を短期間にマスターしてもらうことにあります。

　読者の対象としては、①これからはじめて統計学を学ぶ大学生やビジネスパーソン、②数学が苦手でいつも統計学の学習を途中で諦めてきた方、③短期間で統計学をマスターし、現実データによる統計分析を実行したい方を念頭においています。

　執筆に際して、読者のみなさんが、わかりやすくしかも短期間に統計学をマスターできるように、以下の5点に配慮、工夫しました。

(1) 統計学の各項目の解説は、短時間で学べかつ復習もできるように、思い切り短くしました。
(2) 公式の導き方や証明は、〔補足〕のコーナーに回し、時間に余裕や関心のある読者が参照するシステムにしました。
(3) 豊富な例題と練習問題を実際に1問1問解くことによって、「使える統計学」すなわち「どのケースに、どの方法を、どのように用いるか」ということが、自ずと身につくよう工夫しました。
(4) 例題と練習問題には、自学自習ができるように丁寧な解答をつけ、計算プロセスもほとんど省略しませんでした。したがって、計算の流れがとても理解しやすく、たとえ数学が苦手でも「学習の根気」が続くよう配慮しました。
(5) 本書で使用する数学は、ほとんどが中学数学で十分です。高校数学の部分

は、復習をかねて本論の中に取り込みました。

　本書は、『経済セミナー』2007年9月号から6回にわたる連載に、大幅な加筆をしたものです。連載中から本書の上梓に至るまで、日本評論社の飯塚英俊氏にはたいへんお世話になりました。記して厚くお礼申し上げます。

2008年　冬　至

白砂　堤津耶

第 2 版へのはしがき

　第2版では、読者のみなさんが、さらにわかりやすく短期間に統計学をマスターできるように、以下の5点に配慮し、改訂しました。

(1) 例題と練習問題の追加、削除、移動をおこない、急に問題の難度が上がることを避け、段階的によりスムーズに学べるよう、改めました。あわせて、より見やすくわかりやすく、学習効率が向上するよう、すべての章をブラッシュアップしました。
(2) 「第11章 母標準偏差の区間推定と検定：カイ2乗分布」を新たに加え、統計分析で重要な「データの散らばり」について、より深く学べるようにしました。
(3) 高校「数学Ⅰ」において、2012年度から40年ぶりに統計に関する内容が復活しました。そこで、本書の統計用語も、高校教科書とできるだけ同じものになるよう、注意を払いました。
(4) 統計学の歴史にも興味がわくよう、重要な理論や指標の発明者を紹介することにしました。
(5) さらに使いやすくするため、標準正規分布表や t 分布表など、利用頻度の高い表を、巻頭、巻末の見開きページに「付表」として再掲しました。

　第2版には、詳細な解答を示した例題が94問、簡潔で理解しやすい解答を付した練習問題が101問、計195問が用意されています。1問1問実際に解き、達成感を楽しみながら学んでみてください。きっと統計学が好きになり、短期間で「使える統計学」がみるみる身につくはずです。

最後になりましたが、本書の改訂を企画してくださり、今回も目配りのきいた編集をしてくださった日本評論社の飯塚英俊氏に、心からお礼申し上げます。

2015年　立　春

白砂　堤津耶

例題で学ぶ 初歩からの統計学 目次

はしがき　i
第2版へのはしがき　iii

第1章　度数分布表とヒストグラムのつくり方 ……………… 1
　1．度数分布表　1
　2．ヒストグラム　4
　練習問題（第1章）　7

第2章　データの中心をはかる指標 …………………………… 9
　1．算術平均　9
　2．メジアン　11
　3．モード　12
　4．加重算術平均　14
　5．幾何平均　16
　6．トリム平均　19
　7．移動平均　20
　練習問題（第2章）　23

第3章　データの散らばりをはかる指標 ……………………… 26
　1．範囲　26
　2．四分位範囲　28
　3．箱ひげ図　32
　4．箱ひげ図による「外れ値」の識別法　34
　5．平均偏差　37
　6．分散と標準偏差　39
　7．標準偏差による散らばりの解釈　44
　8．変動係数　48
　9．標準化変量　52
　10．偏差値　54
　11．歪度　56
　練習問題（第3章）　59

第4章　順列と組合せ …… 63

1. 順列　63
2. 円順列とじゅず順列　66
3. 重複順列　68
4. 同じものを含む順列　69
5. 組合せ　70
6. 重複組合せ　72

練習問題（第4章）　74

第5章　確　率 …… 77

1. 確率の定義　77
2. 加法定理　83
3. 乗法定理　87
4. ベイズの定理　91

練習問題（第5章）　94

第6章　確率変数と確率分布 …… 99

1. 確率変数・確率分布とは　99
2. 二項分布　101
3. ポアソン分布　104
4. 正規分布　107
5. 標準正規分布　110

練習問題（第6章）　116

第7章　母平均の区間推定 …… 118

1. 母平均の区間推定とは　118
2. 標本の大きさの決定方法　133

練習問題（第7章）　138

第8章　母比率の区間推定 …… 140

1. 母比率の区間推定の公式　140
2. 標本の大きさの決定方法　144

練習問題（第8章）　149

例題で学ぶ 初歩からの統計学 目次　vii

第9章　仮説検定の方法(1) ·· 151
：母平均の検定

　1．母標準偏差 σ が既知のケース　151
　2．母標準偏差 σ が未知（$n \geqq 30$）のケース　156
　3．母標準偏差 σ が未知（$n < 30$）のケース　159
　練習問題（第9章）　163

第10章　仮説検定の方法(2) ··· 165
：母比率・母平均の差・母比率の差の検定

　1．母比率の検定　165
　2．母平均の差の検定　168
　3．母比率の差の検定　173
　練習問題（第10章）　178

第11章　母標準偏差の区間推定と検定 ································ 181
：カイ2乗分布

　1．カイ2乗分布とは　181
　2．カイ2乗分布表の読み方　184
　3．母標準偏差の区間推定　187
　4．母標準偏差の検定　192
　練習問題（第11章）　195

第12章　相関分析 ·· 197

　1．相関係数　197
　2．相関係数の検定（無相関検定）　204
　3．スピアマンの順位相関係数　209
　練習問題（第12章）　214

第13章　回帰分析 ·· 218

　1．回帰分析とは　218
　2．回帰係数の求め方（最小2乗法：OLS）　219
　3．決定係数　223
　4．重回帰分析　227
　練習問題（第13章）　237

練習問題解答　243

参考文献　285

索引　287

第1章 度数分布表とヒストグラムのつくり方

1. 度数分布表

　度数分布表（frequency distribution table）は、収集したデータを表のかたちに整理して、データの分布の状態（データの中心や散らばりの様子）を大まかに知り、今後の分析方針の手がかりにするために作成します。作成の順序は以下のとおりです。

〈順序1〉
　データの**最大値**と**最小値**を探し、その差（**範囲**）を求めます。

〈順序2〉
　データの個数を考慮して、分割する数、すなわち**階級**(class)の数を決定します。そのさい、一つの目安として次頁の**スタージェスの公式**（Sturges' formula）がよく利用されます。

〈順序3〉
　〈順序1〉で求めた範囲を、〈順序2〉で求めた階級の数で割り、この値を参考にして**階級の幅**（class interval：階級間隔ともいう）を決定します。階級の幅は、原則として等間隔にし、できるだけ切りのよい数にします。

　またこのとき、**階級境界値**（各階級の**下限**と**上限**）と**階級値**（各階級の中央の値、すなわち階級を「代表」する値）も決定します。

〈順序4〉
　それぞれの階級に入るデータの個数、すなわち**度数**（frequency：頻度と

もいう）を数えます。「正」の字、もしくは「卌」という記号を用いて集計します。

〈順序5〉

必要に応じて、相対度数、累積度数、累積相対度数を求めます。

相対度数 … 度数を総度数（度数の合計）で割った値。
累積度数 … 度数を小さい階級から累積した値。
累積相対度数 … 累積度数を総度数で割った値。

〔補足〕スタージェスの公式

スタージェスの公式とは、データの個数を参考に、適切な階級の数を決めるための公式です。1926年に、H. A. スタージェスによって考案されました。

$$階級の数 = 1 + 3.322 \log_{10}(データの個数) \tag{1-1}$$

表1-1 スタージェスの公式による階級の数の目安

データの個数	30	50	100	300	500	1000	2000	4000	8000
階級の数の目安	6	7	8	9	10	11	12	13	14

例題1-1　度数分布表

つぎのデータは、あるコーヒーショップの平日早朝（午前6～8時）の来客数（人）を、無作為に選んだ50日について調べたものです。度数分布表を作成しなさい。

67	58	75	89	46	62	56	79	60	30
76	64	52	66	42	81	63	59	65	77
38	86	64	70	50	93	78	76	57	68
98	64	55	66	53	82	62	73	60	51
49	67	56	75	85	61	58	44	79	65

〔解答〕

〈順序1〉

データの最大値と最小値を探し、その差（範囲）を求めます。

範囲 = 98 − 30 = 68 人

〈順序2〉

データの個数（$n = 50$）を参考にして、階級の数を決めます。表1-1（スタージェスの公式による階級の数の目安）より、階級の数を「7」とします。

〈順序3〉

〈順序1〉で求めた範囲（68）を、〈順序2〉で決定した階級の数（7）で割ると、

$$\frac{範囲}{階級の数} = \frac{68}{7} = 9.71$$

となります。この値を参考にして、階級の幅を切りのよい数である10.0に決めます。そして、第1階級を30以上〜40未満、第2階級を40以上〜50未満、…、第7階級を90以上〜100未満と設定します。階級値は、各階級の中央の値なので、第1階級が35、第2階級が45、…、第7階級が95になります。

〈順序4〉

各階級に入るデータの個数、すなわち度数を「正」の字で教えます。

〈順序5〉

以下、相対度数、累積度数、累積相対度数も合わせて計算し、度数分布表（表1-2）を完成させます。

表1-2　度数分布表（例題1-1）

階級（単位：人）	階級値	集計	度数	相対度数	累積度数	累積相対度数
30以上〜40未満	35	丅	2	0.04	2	0.04
40〜50	45	正	4	0.08	6	0.12
50〜60	55	正正一	11	0.22	17	0.34
60〜70	65	正正正一	16	0.32	33	0.66
70〜80	75	正正	10	0.20	43	0.86
80〜90	85	正	5	0.10	48	0.96
90〜100	95	丅	2	0.04	50	1.00
計	—	—	50	1.00	—	—

2．ヒストグラム

　ヒストグラム（histogram）とは、度数分布表を用いて、縦軸に度数、横軸に階級をとり、グラフ化したものです。ヒストグラムを作成することによって、データの分布の状態が、度数分布表よりさらに視覚的にわかりやすくなります。この用語は、1895年にイギリスの統計学の大家**カール・ピアソン**によって創案されました。

　図1-1は、ヒストグラムの形からわかる、データの分布の特徴を整理したものです。①〜⑤のポイントに留意して考察しましょう。

図1-1　ヒストグラムの形からわかるデータの分布の特徴

① データの中心はどのあたりにあるか？

② データの散らばりは大きいか、小さいか？
　a. 散らばりが大きい分布
　b. 散らばりが小さい分布

③ 分布のピーク（頂上）はいくつ存在するか？
　a. 単峰性の分布
　b. 二峰性の分布
　c. 多峰性の分布
　d. 一様分布

④ データの分布は左右対称だろうか？
　a. 右に歪んだ分布（正の非対称）
　b. 左右対称な分布
　c. 左に歪んだ分布（負の非対称）

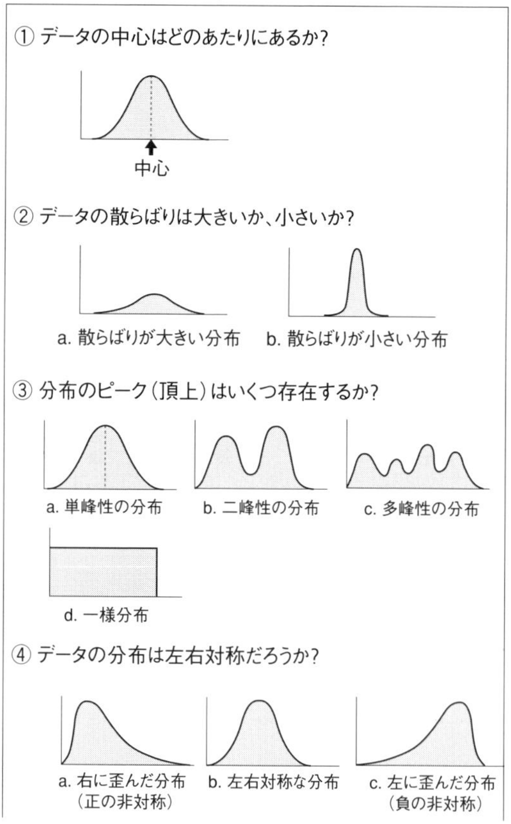

第1章　度数分布表とヒストグラムのつくり方　5

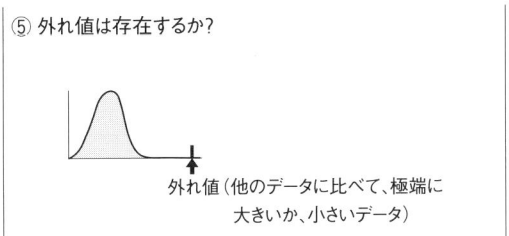

例題1-2　ヒストグラム

例題1-1で作成した度数分布表（表1-2）にもとづいて、ヒストグラムを描きなさい。

〔解答〕

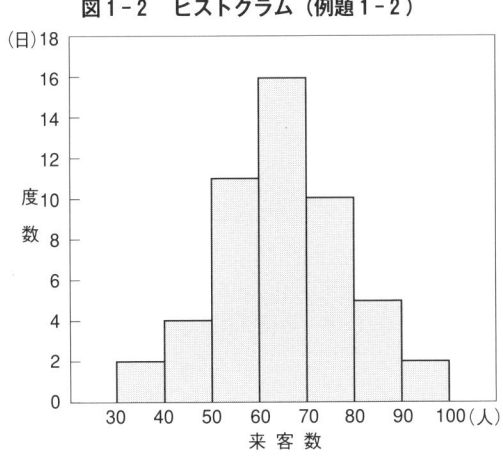

図1-2　ヒストグラム（例題1-2）

ヒストグラム（図1-2）の形を、図1-1の①～⑤のポイントにしたがって考察すると、①データの中心は60～70の階級、②データの散らばりの程度は普通、③ピークは1つで単峰性の分布、④データの分布はほぼ左右対称、⑤外れ値は存在しないことがわかります。

〔補足1〕度数折れ線

ヒストグラムの各柱の上辺の中心を直線でつないだグラフを、**度数折れ線**、もしくは**度数多角形**（frequency polygon）といいます。図1-2のヒストグラムを度数折れ線で表すと、図1-3のようになります。

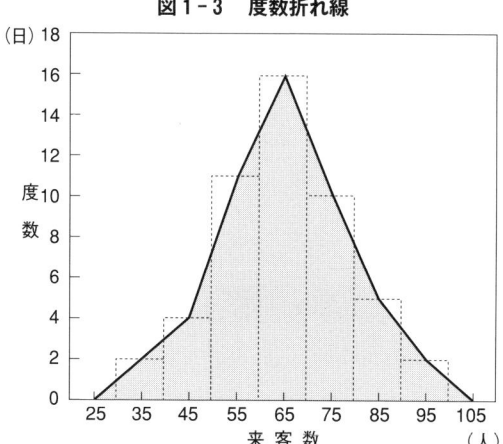

図1-3 度数折れ線

〔補足2〕累積相対度数折れ線

　各階級の上限と累積相対度数を直線でつないだグラフを、**累積相対度数折れ線**といいます。

　表1-2の累積相対度数をグラフで表すと、図1-4のようになります。たとえば、累積相対度数が25％、50％、75％などに対応した来客数を、近似的に知ることができます。

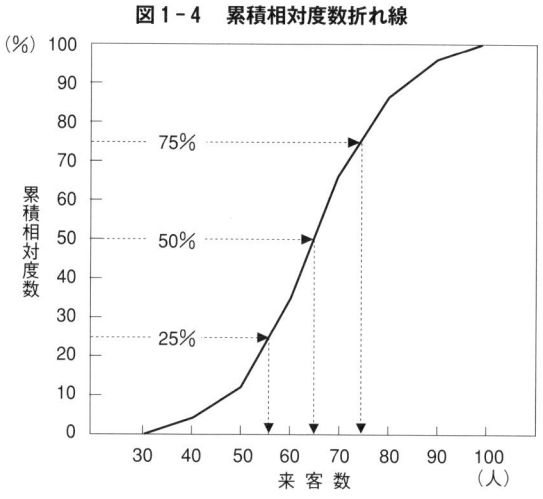

図1-4 累積相対度数折れ線

練習問題（第1章）

1-1（度数分布表とヒストグラム）

つぎのデータは、ある大学構内に設置されたATMの1日当たりの引き出し金の総額（万円）を、無作為に選んだ30日について調べたものです。

524	379	468	595	420	363	453	500	479	319
412	518	471	598	313	447	541	462	436	459
376	445	596	469	444	398	487	516	435	477

① スタージェスの公式を用いて、階級の数を求めなさい。
② 階級の幅を決定し、度数分布表（表1-2と同じ形式）を作成しなさい。
③ (1)ヒストグラム、(2)度数折れ線、(3)累積相対度数折れ線を描きなさい。

1-2（度数分布表とヒストグラム）

つぎのデータは、あるファミリーレストランにおいて、夕食時（5〜9時）の滞在時間（分）を、無作為に選んだ60組の客について調査した結果です。

41	56	72	35	42	66	28	37	43	88
62	40	37	29	55	79	40	89	38	47
39	48	55	32	42	59	69	46	29	53
71	55	34	60	47	37	28	52	45	30
68	33	40	57	32	89	58	41	39	73
54	69	37	44	59	48	35	40	26	43

① スタージェスの公式を用いて、階級の数を求めなさい。
② 階級の幅を決定し、度数分布表（表1-2と同じ形式）を作成しなさい。
③ (1)ヒストグラム、(2)度数折れ線、(3)累積相対度数折れ線を描きなさい。

1-3（度数分布表とヒストグラム）

つぎのデータは、ある大都市における男子大学生（自宅外通学）の1カ月の食費（千円）を、無作為に選んだ100人について調査した結果です。

```
58  28  40  32  65  16  24  45  39  47
34  41  23  48  52  60  36  29  44  57
43  54  35  62  40  55  46  37  28  41
72  42  56  45  36  20  51  44  32  59
26  33  40  32  58  48  37  60  43  35
50  45  64  30  53  44  19  56  39  26
31  47  55  48  36  57  43  30  44  62
44  28  49  56  31  45  68  41  50  64
60  52  33  46  54  38  44  52  47  34
38  44  24  45  69  42  53  43  51  48
```

① スタージェスの公式を用いて、階級の数を求めなさい。
② 階級の幅を決定し、度数分布表（表1-2と同じ形式）を作成しなさい。
③ (1)ヒストグラム、(2)度数折れ線、(3)累積相対度数折れ線を描きなさい。

第2章 データの中心をはかる指標

1．算術平均

算術平均 $\overline{X}$（arithmetic mean）は、すべてのデータを足し合わせてその個数で割ったものであり、単に**平均値**（mean）とも呼ばれます。データの中心をはかる指標の中では、もっともよく用いられます。

$$\overline{X} = \frac{データの合計}{データの個数} = \frac{X_1 + X_2 + \cdots + X_n}{n}$$

$$= \frac{\sum X}{n} \tag{2-1}$$

$\overline{X}$ は、エックスバーとよみます。$\sum$ はギリシャ文字でシグマとよみ、合計計算のことです。

算術平均の長所

① すべてのデータを使用するので、データのもつ情報が有効に使える。
② 算術平均はいつも1つだけ存在する（複数個求まることはない）。
③ 計算が簡単で、意味が明確である。
④ 数学的に扱いやすく、第3章で学ぶ標準偏差など、多くの統計学の公式の中で用いられる。

算術平均の短所

① **外れ値**（outlier）の影響を強く受ける。こうしたケースでは、後に学ぶメジアン、モード、トリム平均を利用するとよい。

〔補足1〕母平均と標本平均を区別しよう！

まず**母集団**（population）とは、**ユニバース**（universe）ともよばれ、調査対象全体のことです。一方、**標本**（sample：サンプルともいう）とは、母集団から抽出された一部分のことです。そして、母集団の算術平均を**母平均**（population mean：母集団平均ともいう）、一方、標本の算術平均を**標本平均**（sample mean）といいます。

ちなみに、ふつう統計分析は、標本にもとづいて行われます。その理由は、母集団をすべて調査すると、膨大なコスト、時間、労力がかかるからです。

〔補足2〕無作為抽出（random sampling）

母集団の各要素を、同じ確率で選び出す方法を、**無作為抽出**といいます。そして、無作為抽出によって選び出された標本を、**無作為標本**といいます。

例題 2-1　算術平均

つぎのデータは、A市内のスーパーマーケットを無作為に7店選び、みかん100g当たりの価格を調査した結果です。算術平均 $\overline{X}$ を求めなさい。
　　30円　35円　37円　39円　40円　42円　43円

〔解答〕

（2-1）を用いて、みかん100g当たりの価格の算術平均 $\overline{X}$ を求めます。

$$\overline{X} = \frac{\sum X}{n}$$

$$= \frac{30+35+37+39+40+42+43}{7}$$

$$= \frac{266}{7}$$

$$= \mathbf{38 円}$$

なお、このケースの算術平均は、「標本平均」にあたります。A市内にあるたくさんのスーパーマーケットから、無作為に7店（標本）を抽出し、その算術平均を求めたからです。

2．メジアン

メジアン M_e (median) は、データを小さい方から大きい方へ並びかえたとき、ちょうど中央に位置する値のことであり、**中央値**あるいは**中位数**ともいいます。データが偶数個のときは、中央にある 2 個のデータの平均を求めます。

メジアンの長所
① 外れ値の影響を受けない。この性質を**抵抗性** (resistance) があるという。
② メジアンはいつも 1 つだけ存在する。
③ データの個数にもよるが、比較的簡単に求められる。

メジアンの短所
① 多くのデータ (情報) が未使用のままになる。

例題 2-2　メジアン

つぎの①と②のデータについて、算術平均 $\overline{X}$ とメジアン M_e を求めなさい。
① 0　1　3　4　6　7　7　8　9
② 0　1　2　2　3　5　6　7　9　85

〔解答〕
① $\overline{X} = \dfrac{\sum X}{n} = \dfrac{45}{9} = \mathbf{5}$

メジアン M_e は、ちょうど中央に位置する値だから、

$M_e = \mathbf{6}$

となります。

② $\overline{X} = \dfrac{\sum X}{n} = \dfrac{120}{10} = \mathbf{12}$

このケースは、データが偶数個 ($n = 10$) なので、メジアン M_e は中央にある 2 個のデータの平均になります。

$M_e = \dfrac{3+5}{2} = \dfrac{8}{2} = \mathbf{4}$

算術平均 (12) が、メジアン (4) にくらべてかなり大きくなっており、外れ値 (85) の影響を受けていることがわかります。したがって、この場合、中心を示す指標としては、メジアンの方が算術平均よりも適切であるといえます。

3. モード

モード M_o（mode）は、データの中でもっとも多く存在する値のことであり、最頻値あるいは並み数ともいいます。

モードの長所
① 外れ値の影響を受けない。
② 容易に求めることができる。

モードの短所
① 多くのデータ（情報）が未使用のままになる。
② モードが存在しないことがある。
③ モードが2つ以上求まり、判断に困ることがある。

〔補足〕分布の形と算術平均 $\overline{X}$、メジアン M_e、モード M_o の大小関係

データが単峰性の分布をするとき、算術平均 $\overline{X}$、メジアン M_e、モード M_o の大小関係を整理すると、図2-1のようになります。

$\overline{X}$、M_e、M_o のもつ意味はそれぞれ違うので、とくにデータが非対称な分布（①と③）をとる場合は、3つともすべて表記しておきましょう。

図2-1 分布の形と算術平均 $\overline{X}$、メジアン M_e、モード M_o の大小関係

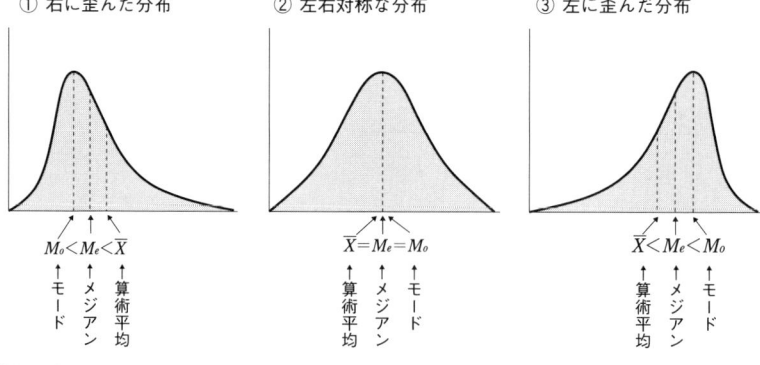

例題 2-3　モード

つぎの①〜③のデータを用いて、算術平均 $\overline{X}$、メジアン M_e、モード M_o を求めなさい。

① 　3　4　6　6　7　70
② 　1　1　3　4　8　9　9
③ 　2　3　5　6　8　9　11　12

〔解答〕

① $\overline{X} = \dfrac{\sum X}{n} = \dfrac{96}{6} = \mathbf{16}$

$M_e = \dfrac{6+6}{2} = \dfrac{12}{2} = \mathbf{6}$

$M_o = \mathbf{6}$

算術平均 $\overline{X}$ が、外れ値(70)の影響を受けているのがわかります。中心を示す指標としては、メジアンとモードが、算術平均よりも適切であるといえます。

② $\overline{X} = \dfrac{\sum X}{n} = \dfrac{35}{7} = \mathbf{5}$

$M_e = \mathbf{4}$

$M_o = \mathbf{1, \ 9}$

モードが2つ求まり、しかもデータの両端に位置しています。この程度のデータの個数($n = 7$)では、判断がむずかしいケースです。

③ $\overline{X} = \dfrac{\sum X}{n} = \dfrac{56}{8} = \mathbf{7}$

$M_e = \dfrac{6+8}{2} = \dfrac{14}{2} = \mathbf{7}$

M_o は存在しません。

このようにモードは、データに集中的傾向がなければ、求めることができません。

4．加重算術平均

加重算術平均 $\overline{X}_w$ (weighted arithmetic mean) は、データのそれぞれの重要度に応じてウェイト w（重み）を掛け、平均する方法です。

$$\overline{X}_w = \frac{w_1 X_1 + w_2 X_2 + \cdots + w_n X_n}{w_1 + w_2 + \cdots + w_n} = \frac{\sum wX}{\sum w} \quad (2-2)$$

ウェイトとして、適切なものを見つけることが大切です。

例題 2-4　加重算術平均

表 2-1 は、ある紳士服専門店の 1 週間のスーツ販売数(着)を示しています。

表 2-1　スーツの種類（価格別）と販売数

スーツの種類	販売数(着)
1 万円のスーツ	130
2 万円のスーツ	200
3 万円のスーツ	90
5 万円のスーツ	60
10 万円のスーツ	20

① スーツ 1 着当たりの平均価格を、算術平均 $\overline{X}$ を用いて求めなさい。
② スーツ 1 着当たりの平均価格を、加重算術平均 $\overline{X}_w$ を用いて求めなさい。

〔解答〕

① $\overline{X} = \dfrac{\sum X}{n}$

$= \dfrac{1(万円) + 2(万円) + 3(万円) + 5(万円) + 10(万円)}{5}$

$= \dfrac{21(万円)}{5}$

$= \mathbf{4.2 \, 万円}$

② スーツの価格を X、販売数をウェイトとして w とおき、(2-2) より加重算術平均 $\overline{X}_w$ を求めます。

$$\overline{X}_w = \frac{\sum wX}{\sum w}$$

$$= \frac{130(着) \times 1(万円) + 200(着) \times 2(万円) + 90(着) \times 3(万円) + 60(着) \times 5(万円) + 20(着) \times 10(万円)}{130(着) + 200(着) + 90(着) + 60(着) + 20(着)}$$

$$= \frac{1300}{500}$$

$$= \mathbf{2.6\,万円}$$

加重算術平均（2.6万円）が、算術平均（4.2万円）よりかなり安くなっており、1万円、2万円スーツといった低価格商品を中心に販売している、この店の実態がよく表れています。

例題 2-5　加重算術平均

ある投資家が、収益率が10%のA株に50万円、収益率が15%のB株に150万円、収益率が20%のC株に300万円を投資したとき、加重算術平均を用いて、この投資に対する平均収益率 $\overline{X}_w$ を求めなさい。

〔解答〕

株式の収益率を X、投資額をウェイトとして w とおくと、(2-2) より平均収益率 $\overline{X}_w$ は以下のようになります。

$$\overline{X}_w = \frac{\sum wX}{\sum w}$$

$$= \frac{50(万円) \times 10(\%) + 150(万円) \times 15(\%) + 300(万円) \times 20(\%)}{50(万円) + 150(万円) + 300(万円)}$$

$$= \frac{8750}{500}$$

$$= \mathbf{17.5\,\%}$$

5. 幾何平均

幾何平均 M_g (geometric mean) は、n 個のデータを掛け合わせて n 乗根をとった値のことであり、相乗平均ともいいます。ふつう、関数電卓か統計解析用ソフトウェアで計算します（スマートフォンやその「アプリ」でも計算できます）。

$$M_g = \sqrt[n]{X_1 \times X_2 \times \cdots\cdots \times X_n} \qquad (2-3)$$

ただし、データの中に 1 個でも 0 や負の値があると、幾何平均を求めることはできません。

幾何平均は、主に時系列データの増加率や減少率の平均を計算するときに利用されます。

例題 2-6　幾何平均

つぎの①〜④のデータについて、幾何平均 M_g を求めなさい。
① 　4　　36
② 　3　　9　　27
③ 　2　　4　　16　　32
④ 　3　　4　　6　　9　　12

〔解答〕

① $M_g = \sqrt{4 \times 36} = \sqrt{144} = \mathbf{12}$

② $M_g = \sqrt[3]{3 \times 9 \times 27} = \sqrt[3]{729} = \mathbf{9}$

③ $M_g = \sqrt[4]{2 \times 4 \times 16 \times 32} = \sqrt[4]{4096} = \mathbf{8}$

④ $M_g = \sqrt[5]{3 \times 4 \times 6 \times 9 \times 12} = \sqrt[5]{7776} = \mathbf{6}$

例題 2-7　幾何平均の応用

K市の人口は、この5年間で40万人から48万人（現在）へ急増しました。
① 年平均の人口増加率 g を求めなさい。
② 現在から10年後の人口 X_{10} を予測しなさい。ただし、人口増加率は変化しないものと仮定します。
③ もし、人口増加率がこのまま変化しないと仮定すると、K市の人口が100万人になるのは何年後になりますか。

〔解答〕

① 基準となる年の人口を X_0、n 年後の人口を X_n、この間の年平均の人口増加率を g とすると、

$$X_n = (1+g)^n \times X_0 \tag{2-4}$$

と書けます。この式を g についてとくと、

$$(1+g)^n = \frac{X_n}{X_0} \tag{2-5}$$

$$1+g = \sqrt[n]{\frac{X_n}{X_0}} \tag{2-6}$$

$$g = \sqrt[n]{\frac{X_n}{X_0}} - 1 \tag{2-7}$$

となります。ここで（2-7）に、$X_0 = 40$、$X_n = 48$、$n = 5$ を代入すると、

$$g = \sqrt[5]{\frac{48}{40}} - 1$$
$$= \sqrt[5]{1.20} - 1 \quad \leftarrow\text{関数電卓で計算}$$
$$= 1.03714 - 1$$
$$= 0.03714$$

となり、5年間の年平均の人口増加率は、**約3.714%**になります。

② （2-4）に、$g = 0.03714$、$X_0 = 48$、$n = 10$ を代入すると、

$$X_{10} = (1+0.03714)^{10} \times 48 \quad \leftarrow\text{関数電卓で計算}$$
$$= 69.12$$

となり、10年後の人口は、**約69.12万人**になると予測されます。

③ （2-5）を、対数を用いてnについてとくと（〔補足〕の①を参照）、

$$n = \log_{1+g}(X_n/X_0)$$

となり、底の変換公式より（〔補足〕の②、③を参照）、

$$n = \frac{\log_{10}(X_n/X_0)}{\log_{10}(1+g)} \qquad (2-8)$$

となります。上式に、$g = 0.03714$、$X_0 = 48$、$X_n = 100$ を代入すると、

$$n = \frac{\log_{10}(100/48)}{\log_{10}(1+0.03714)} \quad \leftarrow 関数電卓で計算$$

$$= \frac{0.31876}{0.015837}$$

$$= 20.13$$

となり、K市の人口が100万人に達するのは、**約20.13年後**と予想されます。

〔補足〕対数について

① $y = x^n \;\rightarrow\; n = \log_x y$
　　　　　　　　　　　├─真数という
　　　　　　　　　　　└─底という

② $\log_x y = \dfrac{\log_a y}{\log_a x}$　←──底の変換公式という

　　ただし、$x > 0,\; y > 0,\; a > 0,\; a \neq 1$。

③ 底を10とする対数を、**常用対数**といいます。

6．トリム平均

トリム平均（trimmed mean）は、刈り込み平均、調整平均あるいは削除平均ともいわれ、データを小さい方から順番に並べ、小さい方からと大きい方からの両端の5％、10％、20％などの指定された部分を削除して、残りの算術平均を求める方法です。この方法によって、外れ値の影響を取り除くことができます。

例題2-8　トリム平均

つぎのデータは、あるコンビニの1日の売上高（万円）を、無作為に選んだ10日について調べたものです。

62　23　35　43　32　105　28　41　34　37

① 算術平均 $\overline{X}$ を求めなさい。
② 10％トリム平均を求めなさい。
③ 20％トリム平均を求めなさい。

〔解答〕

① $\overline{X} = \dfrac{\sum X}{n} = \dfrac{440}{10} =$ **44万円**

外れ値（105万円）の影響が、考えられます。

② データを小さい順に並びかえ、その両側からそれぞれ10％のデータを削除します。

$\underset{\underset{\text{10％を削除}}{\uparrow}}{23}\ \underbrace{28\ \ 32\ \ 34\ \ 35\ \ 37\ \ 41\ \ 43\ \ 62}_{\text{残り（80％）の和は312}}\ \underset{\underset{\text{10％を削除}}{\uparrow}}{105}$

10％トリム平均 $= \dfrac{312}{8} =$ **39万円**

③ ②と同様にデータを小さい順に並びかえ、その両側からそれぞれ20％のデータを削除します。

$\underset{\underset{\text{20％を削除}}{\uparrow}}{23\ \ 28}\ \underbrace{32\ \ 34\ \ 35\ \ 37\ \ 41\ \ 43}_{\text{残り（60％）の和は222}}\ \underset{\underset{\text{20％を削除}}{\uparrow}}{62\ \ 105}$

20％トリム平均 $= \dfrac{222}{6} =$ **37万円**

7. 移動平均

移動平均（moving average）とは、時系列データについて、前後のデータの平均を求めることで、偶然変動や季節変動を取り除き、そのデータの長期間にわたる変動の傾向を知るために用いる方法です。

移動平均の計算は、奇数項が簡単であり、3項移動平均と5項移動平均を定義すると、つぎのようになります。

$$3\text{項移動平均} = \frac{X_{t-1} + X_t + X_{t+1}}{3} \qquad (2-9)$$

$$5\text{項移動平均} = \frac{X_{t-2} + X_{t-1} + X_t + X_{t+1} + X_{t+2}}{5} \qquad (2-10)$$

一方、偶数項である四半期データの場合は、まず4項移動平均を2つ求め、再度その算術平均を求めるという方法を採ります。このやり方を移動平均の中心化といい、中心化4項移動平均を定義すると、つぎのようになります。

中心化4項移動平均

$$= \frac{\dfrac{X_{t-2} + X_{t-1} + X_t + X_{t+1}}{4} + \dfrac{X_{t-1} + X_t + X_{t+1} + X_{t+2}}{4}}{2}$$

$$= \frac{X_{t-2} + 2X_{t-1} + 2X_t + 2X_{t+1} + X_{t+2}}{8}$$

$$= \frac{0.5X_{t-2} + X_{t-1} + X_t + X_{t+1} + 0.5X_{t+2}}{4} \qquad (2-11)$$

月次データでよく用いる、中心化12項移動平均も、定義しておきましょう。

中心化12項移動平均

$$= \frac{0.5X_{t-6} + X_{t-5} + X_{t-4} + \cdots + X_t + \cdots X_{t+4} + X_{t+5} + 0.5X_{t+6}}{12} \qquad (2-12)$$

例題 2-9 移動平均（3項移動平均）

つぎのデータは、ある自動車の販売台数（万台）を、2005年から2015年について調べたものです。3年移動平均を求め、原系列（もとのデータ）とともにグラフに描きなさい。

5　4　18　11　7　12　5　4　6　2　1

〔解答〕

表2-2　自動車販売台数と3年移動平均

（単位：万台）

年	自動車販売台数	3年の和	3年移動平均
2005	5	—	—
06	4	27	9
07	18	33	11
08	11	36	12
09	7	30	10
10	12	24	8
11	5	21	7
12	4	15	5
13	6	12	4
14	2	9	3
15	1	—	—

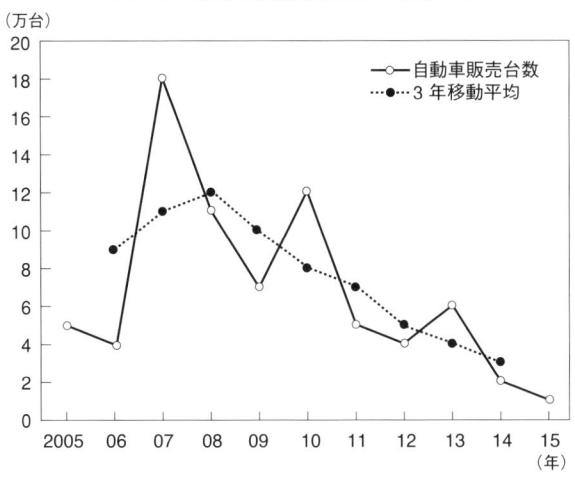

図2-2　自動車販売台数と3年移動平均

図2-2の3年移動平均より、この自動車の販売台数は、減少傾向にあることがわかります。

例題 2-10　移動平均（中心化 4 項移動平均）

つぎのデータは、ある運送会社の取り扱い貨物数（10万個）を、2012年の第Ⅰ四半期から2014年の第Ⅵ四半期まで示しています。中心化 4 項移動平均を求め、原系列とともにグラフに描きなさい。

14　20　16　28　18　24　20　40　22　36　24　44

〔解答〕

表 2-3　取り扱い貨物数と中心化 4 項移動平均

(単位：10万個)

年・期	取り扱い貨物数	(2-11)の分子の和	中心化 4 項移動平均
2012年 第Ⅰ四半期	14	—	—
第Ⅱ四半期	20	—	—
第Ⅲ四半期	16	80	20
第Ⅳ四半期	28	84	21
2013年 第Ⅰ四半期	18	88	22
第Ⅱ四半期	24	96	24
第Ⅲ四半期	20	104	26
第Ⅳ四半期	40	112	28
2014年 第Ⅰ四半期	22	120	30
第Ⅱ四半期	36	124	31
第Ⅲ四半期	24	—	—
第Ⅳ四半期	44	—	—

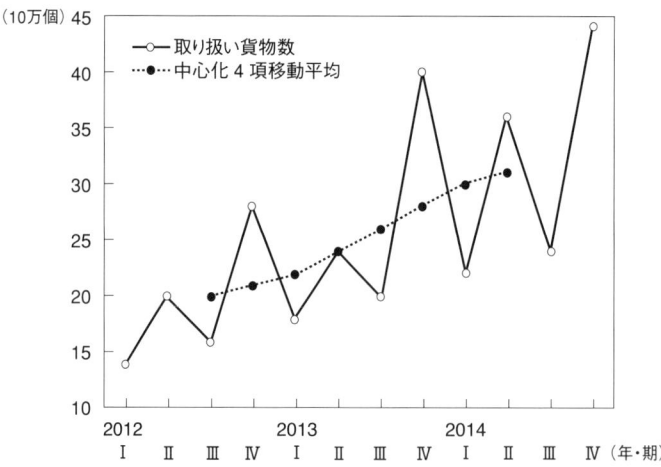

図 2-3　取り扱い貨物数と中心化 4 項移動平均

図 2-3 の中心化 4 項移動平均より、この運送会社の取り扱い貨物数は、増加傾向にあることがうかがわれます。

練習問題（第2章）

2-1（算術平均・メジアン・モード）

つぎの①〜③のデータについて、算術平均 $\overline{X}$、メジアン M_e、モード M_o を求めなさい。

① 5　6　1　7　5　2　6　5　8
② 9　3　7　2　3　9　8　1　3　5
③ 6　10　1　8　46　4　7　0　5　3　9

2-2（加重算術平均）

あるコンビニでは、アルバイトの時給（円）が、時間帯によって異なり、A 800円、B 900円、C 1200円の3つのタイプがあります。いま、各タイプの月間雇用時間が、A 1300時間、B 700時間、C 500時間であるとき、加重算術平均を用いて、このコンビニの平均時給を求めなさい。

2-3（幾何平均）

つぎの①〜⑤のデータについて、幾何平均 M_g を求めなさい。

① 2　8
② 3　9　27
③ 4　5　20　25
④ 2　4　8　16　32
⑤ 2　3　4　9　12　18

2-4（幾何平均）

つぎのデータは、2005年と2013年のA国とB国の人口を示しています。

（単位：万人）

国	2005年	2013年
A国	2305	2418
B国	1942	2103

① 幾何平均を用いて、両国の人口増加率（年率）を求めなさい。
② 両国の人口増加率が今後も①の計算結果のままであると仮定した場合、2025、30、35年の人口を、（2-4）式（17頁）を用いて予測しなさい。
③ ②と同様、両国の人口増加率が今後も一定であると仮定した場合、B国の人口がA国に追いつき同一水準に達するのは、西暦何年頃か予測しなさい。

2-5（幾何平均）

A社の営業利益が、1年目に10％、2年目に20％、3年目に40％増加したとき、年平均増加率を求めなさい。

2-6（幾何平均の応用）

ある企業で導入した機械装置の取得原価（購入代金＋付随費用）が300万円、耐用年数（その機械装置の利用可能な年数）が8年、8年後の残存価額（耐用年数の到達時において予想される売却価格）が30万円であるとします。
① 「定率法による償却率」を、以下の公式を用いて計算しなさい。

$$償却率 = 1 - \sqrt[耐用年数]{\frac{残存価額}{取得原価}}$$

② ①で求めた定率法の償却率を用いて、1年度末、2年度末、3年度末の減価償却費を計算しなさい。

2-7（トリム平均）

つぎのデータは、ある都市の大学生20名を無作為に抽出し、1年間の読書量（冊）を調べた結果です。

```
10 37  4 12  8  2 11 13  6 22
26  4 62  8 11  5 17  3 12  7
```

①算術平均 $\bar{X}$、②メジアン M_e、③5％トリム平均、④10％トリム平均、⑤20％トリム平均を、それぞれ求めなさい。

2-8（トリム平均）

つぎのデータは、ある家電量販店の店員を無作為に30人選び、先月の売上高（万円）を調べたものです。

```
 330  150  730  420  1530  300   80  390  940  210
1290  320  120  660   480  270  850  330  240  530
  50  790  350  230   640  460  180 1850  310  570
```

① 算術平均 $\overline{X}$ を求めなさい。
② メジアン M_e を求めなさい。
③ 10％トリム平均を求めなさい。
④ 20％トリム平均を求めなさい。

2-9（トリム平均）

第1章の練習問題1-1（7頁）のデータを用いて、①算術平均 $\overline{X}$、②メジアン M_e、③10％トリム平均、④20％トリム平均を求めなさい。

2-10（トリム平均）

第1章の練習問題1-2（7頁）のデータを用いて、①算術平均 $\overline{X}$、②メジアン M_e、③5％トリム平均、④10％トリム平均、⑤20％トリム平均を求めなさい。

2-11（移動平均）

つぎの時系列データ X から、①3項移動平均、②5項移動平均、③中心化4項移動平均を求めなさい。

期 t	1	2	3	4	5	6	7	8	9	10	11	12	13	14	15	16
時系列データ X	78	60	48	66	30	42	18	6	24	12	36	54	84	72	90	96

# 第3章 データの散らばりをはかる指標

　第1章と第2章では、度数分布表のつくり方とデータの中心をはかるためのさまざまな指標について解説しました。本章では、データの**散らばり**（dispersion：**散布度、ばらつき、広がり**ともいう）をはかる指標について学びます。データの散らばりをはかり、把握しておくことは、経済やビジネスの世界ではきわめて重要なことであり、まさに「勝敗の分かれ目」になると言っても過言ではありません。

1．範　囲

　範囲はレンジ（range）ともいい、データの中の最大値と最小値の差であり、次式によって定義されます。

　　範囲 ＝ 最大値 － 最小値　　　　　　　　　　　　　　　　　　　（3-1）

範囲の長所
① 計算が簡単であり、その意味もわかりやすい。

範囲の短所
① 外れ値の影響を受ける。
② データを増やすと、範囲も大きくなりやすい。
③ 2つのデータのみを使って計算するので、多くのデータ（情報）が未使用のままになる。

例題3-1　範　囲

つぎの①～③のデータは、ゼミ生の年間の欠席日数を、A、B、C3つのゼミについて調べたものです。範囲を求めなさい。

（単位：日）

①Aゼミ	2	1	0	3	1	0	4	2	3	2
②Bゼミ	3	4	2	1	2	3	12	2	1	3
③Cゼミ	1	5	2	0	4	3	0	1	2	3
	0	1	6	3	2	7	1	2	0	4

〔解答〕

① Aゼミ

範囲 ＝ 最大値－最小値 ＝ 4 － 0 ＝ **4 日**

② Bゼミ

範囲 ＝ 最大値－最小値 ＝ 12 － 1 ＝ **11 日**

Bゼミは、Aゼミと同じ学生数（10名）ですが、範囲は11日とかなり大きくなっています。Bゼミの範囲が大きいのは、外れ値（12日）の影響を強く受けているからです。

③ Cゼミ

範囲 ＝ 最大値－最小値 ＝ 7 － 0 ＝ **7 日**

Cゼミは、Aゼミと同様外れ値は存在しませんが、データの個数がAゼミより多いため、範囲も7日（cf. Aゼミは4日）と大きくなっています。

2．四分位範囲

データを小さい方から大きい方へ順番に並べて4等分したとき、最初の1/4の値を**第1四分位数** Q_1（first quartile：25パーセンタイルともいう）、1/2の値（メジアン）を**第2四分位数** Q_2（second quartile：50パーセンタイル）、最後の3/4の値を**第3四分位数** Q_3（third quartile：75パーセンタイル）といいます（図3-1参照）。

Q_1、Q_2、Q_3の順位を、簡単に求める方法を示しておきます。データの個数が多いとき、とても便利です。ただし、統計解析用ソフトやテキストによって、Q_1とQ_3の求め方が多少異なることがありますが、わずかな差なので気にする必要はありません。

$$Q_1 \text{の順位} = (\text{データの個数}+1) \times \frac{1}{4} \qquad (3\text{-}2)$$

$$Q_2 \text{の順位} = (\text{データの個数}+1) \times \frac{1}{2} \qquad (3\text{-}3)$$

$$Q_3 \text{の順位} = (\text{データの個数}+1) \times \frac{3}{4} \qquad (3\text{-}4)$$

つぎに、**四分位範囲** IQR（interquartile range）と、**四分位偏差** QD（quartile deviation）を定義すると、以下のようになります。

$$\begin{aligned}
\text{四分位範囲}\, IQR &= \text{第3四分位数} - \text{第1四分位数} \\
&= Q_3 - Q_1
\end{aligned} \qquad (3\text{-}5)$$

$$\begin{aligned}
\text{四分位偏差}\, QD &= \frac{\text{第3四分位数} - \text{第1四分位数}}{2} \\
&= \frac{Q_3 - Q_1}{2}
\end{aligned} \qquad (3\text{-}6)$$

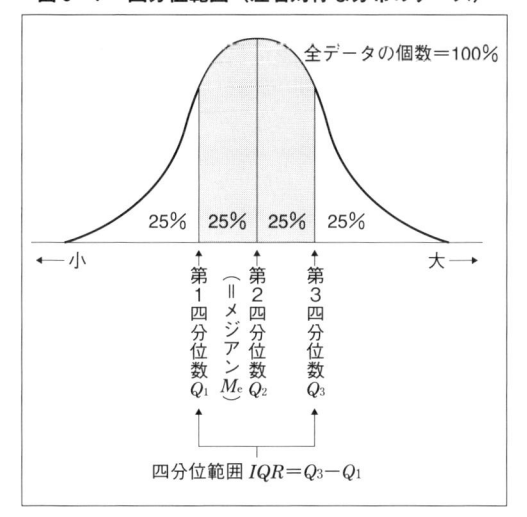

図 3-1 四分位範囲（左右対称な分布のケース）

全データの個数＝100%

25% 25% 25% 25%

←小　　　　　　　　　　大→

第1四分位数 Q_1
第2四分位数（＝メジアン M_e）Q_2
第3四分位数 Q_3

四分位範囲 $IQR = Q_3 - Q_1$

四分位範囲 IQR の長所
① 外れ値の影響を受けない。
② 計算も比較的簡単であり、その意味もわかりやすい。
③ データが非対称な分布のケースでも、適用できる。

四分位範囲 IQR の短所
① Q_1 と Q_3 のみを使用して計算するので、多くのデータ（情報）が未使用のままになる。

〔補足〕パーセンタイル（percentile score）
　データを小さい方から大きい方へ順番に並べて、A％に位置する値を、Aパーセンタイルといいます。

$$Aパーセンタイル順位 = (データの個数+1) \times \frac{A}{100} \quad (3-7)$$

例題 3−2 四分位範囲

つぎのデータは、ある会社の社員19人を無作為に選んで、先月の残業時間を調査し、短い方から順番に並べたものです。

(単位：時間)

18　21　24　27　30　31　32　34　37　38
43　48　50　54　62　68　75　83　98

① 第1四分位数 Q_1 を求めなさい。
② 第2四分位数 Q_2（メジアン）を求めなさい。
③ 第3四分位数 Q_3 を求めなさい。
④ 四分位範囲 IQR を求めなさい。
⑤ 四分位偏差 QD を求めなさい。
⑥ 90パーセンタイル順位と90パーセンタイルを求めなさい。

〔解答〕

① 第1四分位数 Q_1 に対応する順位を、（3−2）より求めます。

$$Q_1 \text{の順位} = (\text{データの個数}+1) \times \frac{1}{4}$$

$$= (19+1) \times \frac{1}{4}$$

$$= \frac{20}{4} = 5 \text{ 位}$$

したがって、5番目のデータが Q_1 にあたります。

$Q_1 = \mathbf{30}$ 時間

② ちょうど中央に位置する値が、第2四分位数 Q_2（メジアン）になりますから、10番目のデータが Q_2 にあたります。

$Q_2 = \mathbf{38}$ 時間

③ 第3四分位数 Q_3 に対応する順位を、（3−4）より求めます。

$$Q_3 \text{の順位} = (\text{データの個数}+1) \times \frac{3}{4}$$

$$= (19+1) \times \frac{3}{4}$$

$$= \frac{60}{4} = 15 \text{ 位}$$

したがって、15番目のデータが Q_3 にあたります。

　　$Q_3 = $ **62 時間**

④　四分位範囲 IQR は、（3 - 5）より、

　　$IQR = $ 第 3 四分位数 － 第 1 四分位数

　　　　$= Q_3 - Q_1$

　　　　$= 62 - 30 = $ **32 時間**

となります。約50%のデータが、Q_3 と Q_1 の間に存在します。

⑤　四分位偏差 QD は、（3 - 6）より、

　　$QD = \dfrac{\text{第 3 四分位数} - \text{第 1 四分位数}}{2}$

　　　　$= \dfrac{Q_3 - Q_1}{2} = \dfrac{62 - 30}{2}$

　　　　$= \dfrac{32}{2} = $ **16 時間**

となります。

⑥　90パーセンタイル順位を、（3 - 7）より求めます。

　　90パーセンタイル順位 $= (\text{データの個数} + 1) \times \dfrac{90}{100}$

　　　　　　　　　　　　$= (19 + 1) \times \dfrac{90}{100}$

　　　　　　　　　　　　$= \dfrac{1800}{100} = $ **18 位**

したがって、18番目のデータが90パーセンタイルにあたります。

　　90パーセンタイル $= $ **83 時間**

3．箱ひげ図

箱ひげ図（box-and-whisker plot）は、①メジアン（中央値）、②最小値、③最大値、④第1四分位数 Q_1、⑤第3四分位数 Q_3 をグラフで表示したもので（①〜⑤を求め、表示することを **5数要約**［five-number summary］という）、データの中心、散らばりの大小、分布の歪み、外れ値の有無がひと目でわかります（図3-2と図3-3参照）。また、2組以上のデータについて箱ひげ図をそれぞれ描き、各データの特徴を比較することもできます。箱ひげ図は、アメリカの数学者ジョン・テューキー（J. W. Tukey, 1915〜2000年）によって発案されました。

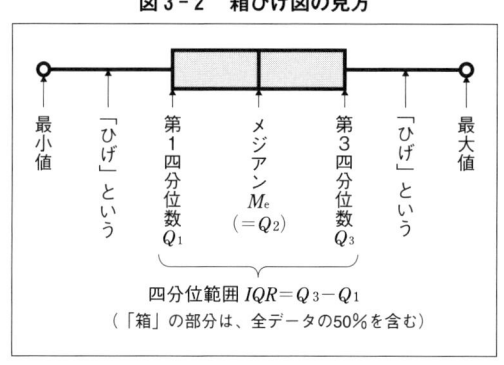

図3-2　箱ひげ図の見方

最小値／「ひげ」という／第1四分位数 Q_1／メジアン M_e (=Q_2)／第3四分位数 Q_3／「ひげ」という／最大値

四分位範囲 $IQR = Q_3 - Q_1$
（「箱」の部分は、全データの50%を含む）

図3-3　箱ひげ図からわかる分布の特徴

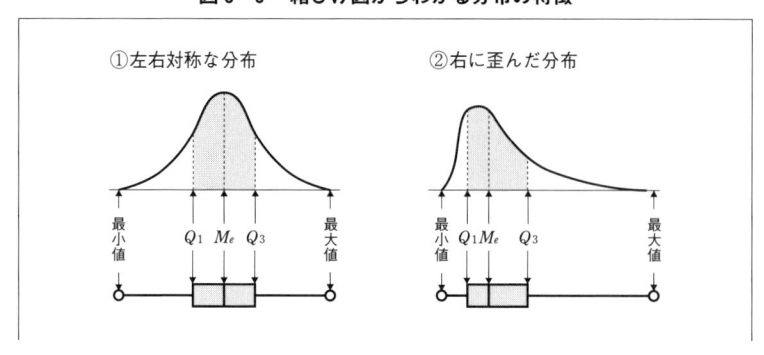

①左右対称な分布　　　　②右に歪んだ分布

最小値　Q_1　M_e　Q_3　最大値　　　最小値　Q_1 M_e　Q_3　　　　最大値

③左に歪んだ分布　　　　④散らばりが小さい分布

（箱ひげ図：最小値、Q_1、M_e、Q_3、最大値）

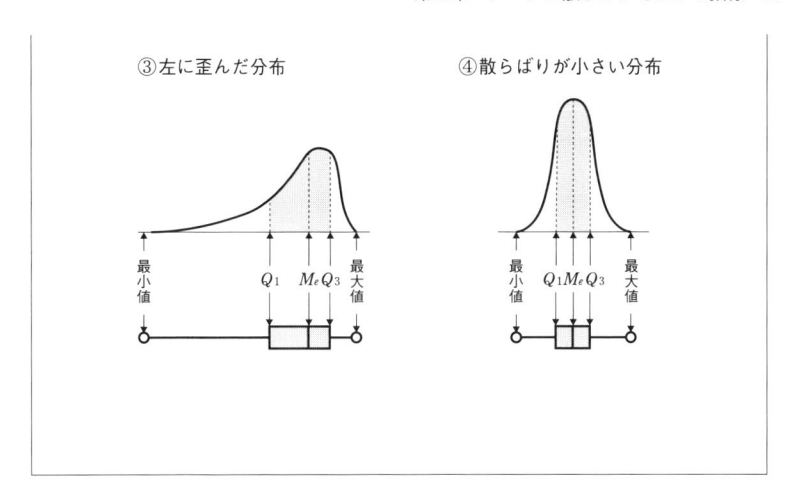

例題 3-3　箱ひげ図

例題 3-2 のデータと設問①～④の計算結果にもとづいて、箱ひげ図を描きなさい。

〔解答〕

図 3-4　箱ひげ図（例題 3-3）

最小値（18）／第1四分位数 Q_1（30）／メジアン M_e（38）／第3四分位数 Q_3（62）／最大値（98）

四分位範囲 IQR（32）

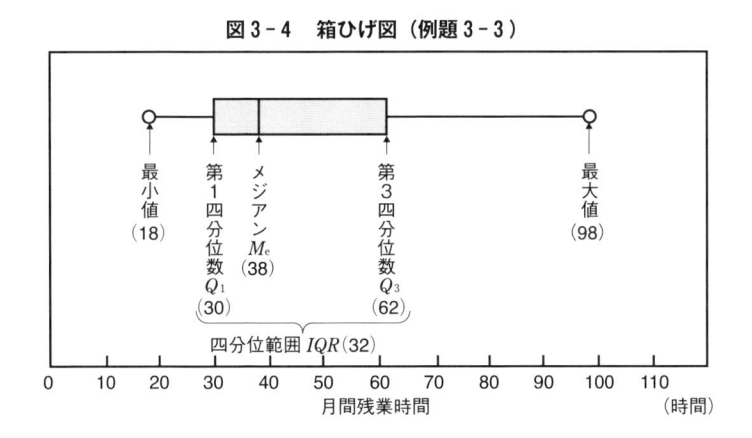

月間残業時間（時間）

箱ひげ図から、データは**右に歪んだ分布**をしていることが一目でわかります。

4．箱ひげ図による「外れ値」の識別法

　箱ひげ図を用いた、外れ値の識別法を、図3-5に示しておきます。外れ値を見つける1つの目安として、統計解析用ソフトウェアなどで広く利用されています。

　なお、$Q_1 - 1.5 \times IQR$より小さいか、あるいは$Q_3 + 1.5 \times IQR$より大きいデータを、一律に「外れ値」と見なすテキストもあります。

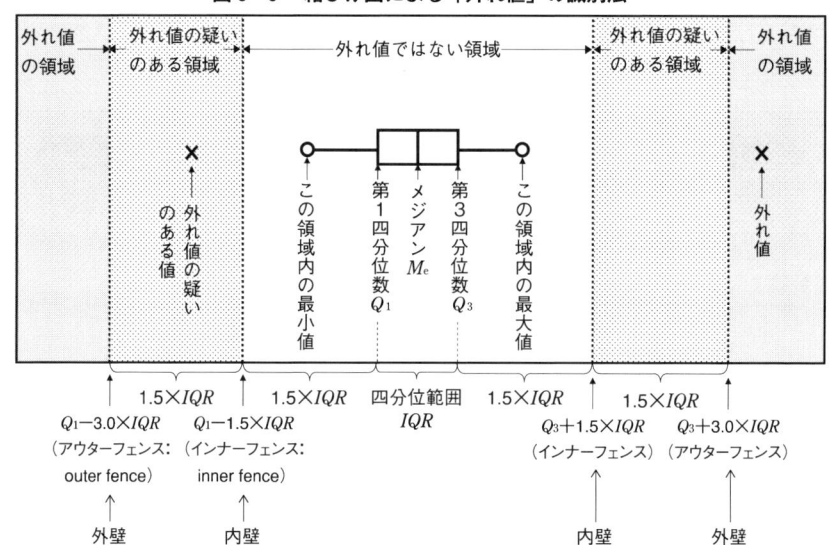

図3-5　箱ひげ図による「外れ値」の識別法

外れ値の領域	
外れ値の疑いのある領域	外れ値の疑いのある値
外れ値ではない領域	この領域内の最小値／第1四分位数 Q_1／メジアン M_e／第3四分位数 Q_3／この領域内の最大値
外れ値の疑いのある領域	
外れ値の領域	外れ値

区間：
- $Q_1 - 3.0 \times IQR$（アウターフェンス：outer fence）→ 外壁
- $Q_1 - 1.5 \times IQR$（インナーフェンス：inner fence）→ 内壁
- 四分位範囲 IQR
- $Q_3 + 1.5 \times IQR$（インナーフェンス）→ 内壁
- $Q_3 + 3.0 \times IQR$（アウターフェンス）→ 外壁

各区間の幅：$1.5 \times IQR$

例題 3-4　箱ひげ図による「外れ値」の識別法

つぎのデータは、40歳代の男性11名の収縮期血圧（＝最高血圧：mmHg）を調べた結果です。

93　110　124　125　128　130　132　135　136　151　178

① 第1四分位数 Q_1 を求めなさい。
② メジアン M_e を求めなさい。
③ 第3四分位数 Q_3 を求めなさい。
④ 四分位範囲 IQR を求めなさい。
⑤ 箱ひげ図を描き、外れ値を識別しなさい。

〔解答〕

① 第1四分位数 Q_1 に対応する順位を、（3-2）より求めます。

$$Q_1 \text{の順位} = (\text{データの個数}+1) \times \frac{1}{4}$$

$$= (11+1) \times \frac{1}{4}$$

$$= \frac{12}{4} = 3 \text{位}$$

したがって、3番目のデータが Q_1 にあたります。

$Q_1 = \mathbf{124 \ mmHg}$

② メジアン M_e は、ちょうど中央に位置する値だから、6番目のデータが M_e にあたります。

$M_e = \mathbf{130 \ mmHg}$

③ 第3四分位数 Q_3 に対応する順位を、（3-4）より求めます。

$$Q_3 \text{の順位} = (\text{データの個数}+1) \times \frac{3}{4}$$

$$= (11+1) \times \frac{3}{4}$$

$$= \frac{36}{4} = 9 \text{位}$$

したがって、9番目のデータが Q_3 にあたります。

$Q_3 = \mathbf{136 \ mmHg}$

④ 四分位範囲 IQR を、(3-5)より求めます。

$IQR = $ 第3四分位数 − 第1四分位数
$= Q_3 - Q_1$
$= 136 - 124 = $ **12 mmHg**

⑤ 箱ひげ図を描き、外れ値を識別すると、図3-6のようになります。

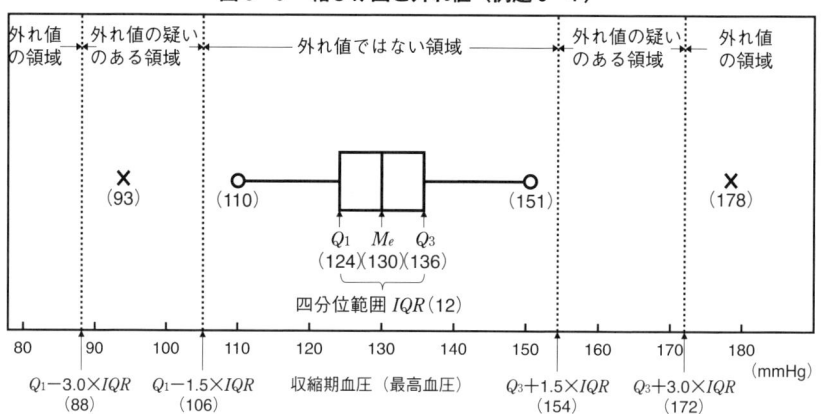

図3-6 箱ひげ図と外れ値（例題3-4）

5．平均偏差

平均偏差 MD （mean deviation）は、**平均絶対偏差**とも呼ばれ、**偏差**（deviation：個々のデータと算術平均 $\overline{X}$ の差）の絶対値をとり、その合計をデータの個数 n で割ったものです。

$$
\begin{aligned}
MD &= \frac{|X_1-\text{算術平均}|+|X_2-\text{算術平均}|+\cdots\cdots+|X_n-\text{算術平均}|}{\text{データの個数}} \\
&= \frac{|X_1-\overline{X}|+|X_2-\overline{X}|+\cdots\cdots+|X_n-\overline{X}|}{n} \\
&= \frac{\sum|X-\overline{X}|}{n}
\end{aligned}
\qquad (3\text{-}8)
$$

平均偏差は、それぞれのデータが算術平均 $\overline{X}$ から、平均してどの程度離れているかを知るのに、とてもわかりやすい測度です。しかし、つぎに学ぶ分散や標準偏差の方が、統計理論上さらにすすんだ分析につながるので、実際にはあまり利用されていません（筆者としては、意味がわかりやすいので、もっと使用されてもよい気がします）。

〔補足〕メジアンからの平均偏差
　平均偏差は、厳密には2種類あり、(3-8)の「算術平均からの平均偏差」と、以下の(3-9)の「メジアンからの平均偏差」（**メジアン偏差**ともいう）です。いずれも、散らばりの程度を測るのに、とてもわかりやすい指標です。

$$
\begin{aligned}
\text{メジアンからの平均偏差} &= \frac{\sum|X-\text{メジアン}|}{\text{データの個数}} \\
(\text{メジアン偏差}) &= \frac{\sum|X-M_e|}{n}
\end{aligned}
\qquad (3\text{-}9)
$$

例題 3-5　平均偏差

つぎのデータから、①平均偏差 MD と②メジアン偏差を求めなさい。

35　16　43　32　24

〔解答〕

① まず、算術平均 $\overline{X}$ を計算します。

$$\overline{X} = \frac{\sum X}{n}$$

$$= \frac{35+16+43+32+24}{5} = \frac{150}{5}$$

$$= 30$$

平均偏差 MD を、(3-8)を用いて求めます。

$$MD = \frac{\sum |X - \overline{X}|}{n}$$

$$= \frac{|35-30|+|16-30|+|43-30|+|32-30|+|24-30|}{5}$$

$$= \frac{5+14+13+2+6}{5} = \frac{40}{5}$$

$$= \mathbf{8}$$

したがって、個々のデータが、算術平均(30)から、平均して8だけ離れていることがわかります。

② メジアン M_e は32であり、(3-9)を用いて、メジアン偏差を求めます。

$$\text{メジアン偏差} = \frac{\sum |X - M_e|}{n}$$

$$= \frac{|35-32|+|16-32|+|43-32|+|32-32|+|24-32|}{5}$$

$$= \frac{3+16+11+0+8}{5} = \frac{38}{5}$$

$$= \mathbf{7.6}$$

6．分散と標準偏差

　散らばりをはかる指標として、もっとも重要でよく使用されるのが、分散と標準偏差です。これによって、データが、算術平均のまわりにどの程度散らばっているかを知ることができます。

　分散 s^2（variance）は、個々のデータと算術平均の差 $(X-\overline{X})$ すなわち偏差を2乗し、それらを合計した値を、データの個数から1を引いた値で割ることによって求められます。

$$\begin{aligned}
\text{分散}_{\text{(標本分散)}} \quad s^2 &= \frac{(X_1-算術平均)^2+(X_2-算術平均)^2+\cdots\cdots+(X_n-算術平均)^2}{データの個数-1} \\
&= \frac{(X_1-\overline{X})^2+(X_2-\overline{X})^2+\cdots\cdots+(X_n-\overline{X})^2}{n-1} \\
&= \frac{\sum(X-\overline{X})^2}{n-1}
\end{aligned} \quad (3\text{-}10)$$

・$\sum(X-\overline{X})^2$ を**偏差平方和**という。
・分母は n ではなく、$n-1$ であることに注意！　証明は複雑になるので省略するが、標本の分散を計算することによって、母集団の分散を知ろうとするとき、$n-1$ で割った方が統計理論上より望ましい推定値になる（宮川（1999）に証明あり）。

　つぎに、**標準偏差 s**（standard deviation）は、分散(3-10)の正の平方根として求めることができます。

$$\begin{aligned}
\text{標準偏差}_{\text{(標本標準偏差)}} \quad s &= \sqrt{分散} \\
&= \sqrt{\frac{\sum(X-\overline{X})^2}{n-1}}
\end{aligned} \quad (3\text{-}11)$$

　分散は、計算プロセスでデータを2乗するため、単位はつきません（無名数という）。一方、標準偏差は、分散の平方根をとるので、もとのデータと同じ単位がつきます。計算で求めた分散や標準偏差が大きいほどデータの散らばりは大きく、逆に小さいほどデータの散らばりも小さく、平均値（算術平均）の近くにデータが集中していることがわかります。

標準偏差の長所

① 散らばりの指標のなかで、もっともよく用いられる。
② すべてのデータ（情報）が使用されている。
③ もとのデータと同じ単位がつく。
④ 数学的に扱いやすく、統計理論上さらにすすんだ分析につながる。
⑤ データがほぼ左右対称な分布であるとき、ある一定の範囲に含まれるデータの割合を知ることができる（詳しくは、次節の44頁で述べる）。

標準偏差の短所

① 外れ値の影響を受ける。
② データの分布が極端に歪んでいるとき、散らばりの指標として不適切である。

〔補足1〕母分散と母標準偏差

（3-10）と（3-11）は、正確には、データが母集団から抽出された標本のときの分散（**標本分散**）と標準偏差（**標本標準偏差**）です。

一方、データが母集団のときの分散（**母分散**あるいは**母集団分散**という）σ^2 と標準偏差（**母標準偏差**あるいは**母集団標準偏差**という）σ は、以下のように定義されます（σはシグマ〔ギリシア文字の小文字〕と読む）。

母分散
（母集団分散）
$$\sigma^2 = \frac{\sum(X-\overline{X})^2}{n} \qquad (3\text{-}12)$$

母標準偏差
（母集団標準偏差）
$$\sigma = \sqrt{\frac{\sum(X-\overline{X})^2}{n}} \qquad (3\text{-}13)$$

ただし、データの個数 n が大きくなると（一般に $n \geq 30$ のとき）、標本分散 $s^2 \fallingdotseq$ 母分散 σ^2、標本標準偏差 $s \fallingdotseq$ 母標準偏差 σ とみなして差しつかえありません。

〔補足2〕分散と標準偏差の簡略計算法

分散
（標本分散）
$$s^2 = \frac{\sum X^2 - n\overline{X}^2}{n-1} \qquad (3\text{-}14)$$

標準偏差
（標本標準偏差）
$$s = \sqrt{\frac{\sum X^2 - n\overline{X}^2}{n-1}} \qquad (3\text{-}15)$$

（(3-14)の分子の証明）
$$\sum(X-\overline{X})^2 = \sum(X^2 - 2\overline{X}X + \overline{X}^2)$$

$$= \Sigma X^2 - 2\overline{X}\Sigma X + n\overline{X}^2$$
$$= \Sigma X^2 - 2\overline{X} \cdot n\overline{X} + n\overline{X}^2$$
$$= \Sigma X^2 - 2n\overline{X}^2 + n\overline{X}^2$$
$$= \Sigma X^2 - n\overline{X}^2 \qquad (証明終)$$

　手計算には、たいへん便利な公式ですが、分散 s^2 や標準偏差 s の意味が不明瞭になります。とくに統計ソフトで s^2 や s を求める人は、元の公式である（3-10）と（3-11）の方をよく理解しておくことが大切です。

例題 3-6　分散と標準偏差

　つぎのデータは、先日大教室で実施した英語の小テスト（10点満点）の結果を、無作為に選んだ6人の学生について示したものです。
　7　4　10　6　7　8
① 分散 s^2（＝標本分散）を求めなさい。
② 標準偏差 s（＝標本標準偏差）を求めなさい。

〔解答〕
① まず、算術平均 $\overline{X}$ を計算します。

$$\overline{X} = \frac{\Sigma X}{n} = \frac{7+4+10+6+7+8}{6} = \frac{42}{6}$$
$$= 7\ 点$$

分散 s^2 を、（3-10）を用いて求めます。

$$s^2 = \frac{\Sigma(X-\overline{X})^2}{n-1}$$
$$= \frac{(7-7)^2+(4-7)^2+(10-7)^2+(6-7)^2+(7-7)^2+(8-7)^2}{6-1}$$
$$= \frac{0+9+9+1+0+1}{5}$$
$$= \frac{20}{5} = \mathbf{4} \quad \leftarrow 単位はつかない$$

② 標準偏差 s を、分散 s^2 の正の平方根から求めます。

$$s = \sqrt{分散}$$
$$= \sqrt{4} = \mathbf{2\ 点} \quad \leftarrow 単位がつく$$

例題 3-7　分散と標準偏差

つぎのデータは、あるコンビニで、「梅のおにぎり」の販売個数を、2週間調べた結果です。分散 s^2（＝標本分散）と標準偏差 s（＝標本標準偏差）を求めなさい。

月	火	水	木	金	土	日	（単位：個）
19	22	14	21	18	19	24	
13	19	25	22	21	16	27	

〔解法の順序〕

データの個数が多いときは、計算ミスをなくすため、**ワークシート**（作業表）を用いて、以下の順序で分散 s^2 と標準偏差 s を求めます。

〈順序1〉ワークシートの枠を作成し、1列目にデータ X を記入し、その合計 ΣX を計算します。

〈順序2〉データの合計 ΣX を用いて、算術平均 $\overline{X} = \dfrac{\Sigma X}{n}$ を計算します。

〈順序3〉ワークシートの2列目、すなわち偏差 $X - \overline{X}$ を計算します。そのさい、偏差の和 $\Sigma(X - \overline{X})$ も求め、ゼロになるかどうかチェックします。計算ミスがなければ、必ずゼロになります（ただし、$\overline{X}$ が割り切れないときは、ゼロに近い値になります）。

〈順序4〉ワークシートの3列目、すなわち偏差平方 $(X - \overline{X})^2$ と、その合計である偏差平方和 $\Sigma(X - \overline{X})^2$ を計算します。

〈順序5〉偏差平方和 $\Sigma(X - \overline{X})^2$ の値を、(3-10)に代入し、分散 s^2 を求めます。

〈順序6〉標準偏差 s を、$s = \sqrt{分散}$ より求めます。

〔解答〕

表3-1　ワークシート（例題3-7）

〈順序1〉　〈順序3〉　〈順序4〉

X (データ)	$X-\bar{X}$ (偏差)	$(X-\bar{X})^2$ (偏差平方)
19	－1	1
22	2	4
14	－6	36
21	1	1
18	－2	4
19	－1	1
24	4	16
13	－7	49
19	－1	1
25	5	25
22	2	4
21	1	1
16	－4	16
27	7	49
280	0	208

↑　　　　↑　　　　↑
ΣX　$\Sigma(X-\bar{X})$　$\Sigma(X-\bar{X})^2$
（データの合計）（偏差の和）（偏差平方和）

〈順序2〉

算術平均 $\bar{X}$ を計算します。

$$\bar{X} = \frac{\Sigma X}{n} = \frac{280}{14} = 20\ 個$$

〈順序5〉

偏差平方和 $\Sigma(X-\bar{X})^2$ の値208と $n=14$ を、(3-10)へ代入し、分散 s^2 を求めます。

$$s^2 = \frac{\Sigma(X-\bar{X})^2}{n-1} = \frac{208}{14-1} = \frac{208}{13} = \mathbf{16} \quad \leftarrow 単位はつかない$$

〈順序6〉

標準偏差 s を求めます。

$$s = \sqrt{分散} = \sqrt{16} = \mathbf{4}\ 個 \quad \leftarrow 単位がつく$$

7. 標準偏差による散らばりの解釈

標準偏差 s を用いて、データの散らばり具合を知るためには、2つの解釈法があります。この方法を用いると、算術平均 $\overline{X}$ を中心に左右に標準偏差の数倍をとった範囲に、データのおよそ何％が含まれるかがわかります。このことは、非常に有益な情報になります。

▶経験的ルール

いま、データの分布が、ほぼ左右対称な単峰性の分布であるとき、つぎのような①〜③の経験的ルール（empirical rule）が成立します（図3-7参照）。

① 算術平均 $\overline{X}$ を中心に左右に 1s の範囲をとると、**約68％のデータがその部分に含まれる。**
② 算術平均 $\overline{X}$ を中心に左右に 2s の範囲をとると、**約95％のデータがその部分に含まれる。**
③ 算術平均 $\overline{X}$ を中心に左右に 3s の範囲をとると、**約99〜100％のデータが**その部分に含まれる。

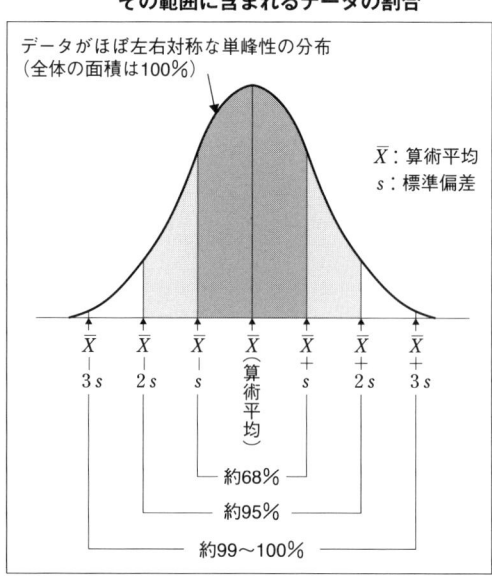

図3-7 「経験的ルール」による、標準偏差 s とその範囲に含まれるデータの割合

▶チェビシェフの不等式

チェビシェフの不等式（Chebyshev's inequality）によると、データがどのような分布の形をしていても、つまり非対称性の分布や二峰性や多峰性の分布においても、つねにつぎの①〜③の関係が成立します（図3-8参照）。

① 算術平均 $\overline{X}$ を中心に左右に2sの範囲をとると、少なくとも $\frac{3}{4}$ (75%) のデータがその部分に含まれる。
② 算術平均 $\overline{X}$ を中心に左右に3sの範囲をとると、少なくとも $\frac{8}{9}$ (89%) のデータがその部分に含まれる。
③ 算術平均 $\overline{X}$ を中心に左右に4sの範囲をとると、少なくとも $\frac{15}{16}$ (94%) のデータがその部分に含まれる。

チェビシェフの不等式の短所は、データが左右対称な単峰性の分布のときに、ある一定の範囲に含まれるデータの割合を、かなり少なめに判断する点にあります。なお、チェビシェフ（1821〜1894年）はロシアの数学者です。

〔補足〕チェビシェフの不等式

($\overline{X}-k\times s$ と $\overline{X}+k\times s$ の間の範囲に含まれるデータの割合) $\geq 1-\frac{1}{k^2}$ （3-16）

$\overline{X}$：算術平均　s：標準偏差　k：任意の正の値（$k>0$）

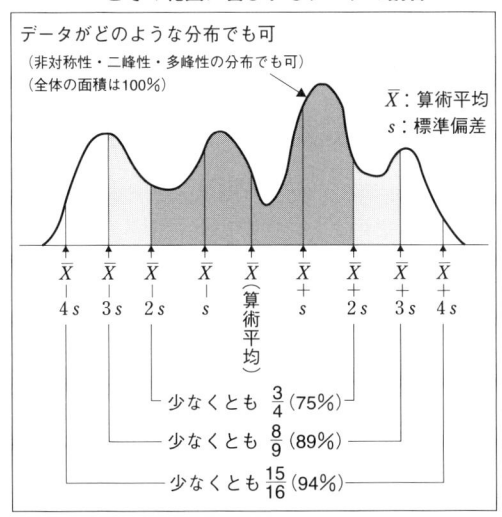

図3-8　「チェビシェフの不等式」による、標準偏差 s とその範囲に含まれるデータの割合

例題 3-8　経験的ルール

あるタクシー会社において、1日のタクシーの走行距離を調査し整理したところ、平均走行距離 $\overline{X}$ が 240 km、標本標準偏差 s が 20 km ということがわかりました。「経験的ルール」にもとづいて、以下の設問に答えなさい。
① 全タクシーの約68％が含まれる、1日の走行距離の範囲を求めなさい。
② 全タクシーの約95％が含まれる、1日の走行距離の範囲を求めなさい。
③ 全タクシーの約99～100％が含まれる、1日の走行距離の範囲を求めなさい。

〔解答〕

① 経験的ルールによると、算術平均 $\overline{X}$ を中心に $\pm 1s$ の範囲をとると、約68％のデータが含まれることから、

$$(\overline{X}-1s, \overline{X}+1s) = (240-1\times20, 240+1\times20)$$
$$= (\mathbf{220\text{km}, 260\text{km}})$$
　　　　　　　　　　↑　　　　↑
　　　　　　　　　下限　　　上限

となります。

② 同様に、$\overline{X}$ を中心に $\pm 2s$ の範囲をとると、約95％のデータが含まれることから、

$$(\overline{X}-2s, \overline{X}+2s) = (240-2\times20, 240+2\times20)$$
$$= (\mathbf{200\text{km}, 280\text{km}})$$

となります。

③ さらに、$\overline{X}$ を中心に $\pm 3s$ の範囲をとると、約99～100％のデータが含まれることから、

$$(\overline{X}-3s, \overline{X}+3s) = (240-3\times20, 240+3\times20)$$
$$= (\mathbf{180\text{km}, 300\text{km}})$$

となります。

例題3-9　チェビシェフの不等式

ある証券会社には500名の課長がおり、その平均年齢 $\overline{X}$ は42歳で、標準偏差 s は4歳です。34歳から50歳までの課長は、少なくとも何人いるか、「チェビシェフの不等式」を用いて答えなさい。

〔解答〕

いま、平均年齢 $\overline{X}$ が42歳で、標準偏差 s が4歳だから、34歳から50歳までの課長の人数は、ちょうど $\overline{X}-2s$ から $\overline{X}+2s$ までの間の範囲にあることがわかります。

ここで、チェビシェフの不等式を用いると、$\overline{X}-2s$ から $\overline{X}+2s$ までの範囲に含まれるデータの割合は、75％になります。

したがって、34歳から50歳までの課長の人数は、少なくとも、

500人×75％ ＝ 500×0.75 ＝ **375人**

であるといえます。

〔補足〕

上記の例題において、もしデータが左右対称な単峰性の分布であるなら、「経験的ルール」にもとづいて34歳から50歳までの課長の人数を計算すると、$\overline{X}-2s$ から $\overline{X}+2s$ までの範囲に含まれるデータの割合は約95％になりますから、

500人×95％ ＝ 500×0.95 ＝ 475人　←cf. チェビシェフの不等式を用いると「375人」

となります。

先述したように（45頁）、データが左右対称な単峰性の分布のとき、「チェビシェフの不等式」を用いてある一定の範囲に含まれるデータの割合を求めると、かなり少なめに計算してしまいます。注意しておきましょう！

8. 変動係数

変動係数 CV (coefficient of variation) は、**変異係数**ともいわれ、標準偏差 s を算術平均 $\overline{X}$ で割った商に、100を掛けて求めます。

$$
\begin{aligned}
\text{変動係数} CV &= \frac{\text{標準偏差}}{\text{算術平均}} \times 100 \\
&= \frac{s}{\overline{X}} \times 100 \, (\%)
\end{aligned}
\tag{3-17}
$$

変動係数を計算すると、標準偏差が、算術平均に対して何パーセントの大きさであるかということがわかります。

データの集団が異なると、算術平均の大きさも違うし、データの単位が違うこともあるので、標準偏差を単純に比較しても、集団間の散らばりの程度をくらべることはできません。しかし、変動係数を用いると、異なったデータの集団間の散らばりの程度を、相対的に比較することができます。たとえば、異なるデータの集団AとBの変動係数を比較したとき、Aの変動係数が大きければ、AがBより相対的にデータの散らばりが大きいことになります。

例題3-10 変動係数

あるデータの算術平均 $\overline{X}$ が40、標準偏差 s が9のとき、変動係数 CV を求めなさい。

〔解答〕

変動係数 CV を、(3-17)より求めます。

$$
\begin{aligned}
CV &= \frac{s}{\overline{X}} \times 100 \\
&= \frac{9}{40} \times 100 \\
&= 0.225 \times 100 \\
&= \mathbf{22.5 \, \%}
\end{aligned}
$$

例題 3-11　変動係数

つぎのデータは、A社とB社の株価（円）を、「終値」で7日間調べたものです。

```
A社    53    50    41    43    55    47    61
B社   364   406   412   442   394   388   394
```

① A社の株価の算術平均 $\overline{X}$、標準偏差 s、変動係数 CV を求めなさい。
② B社の株価の算術平均 $\overline{X}$、標準偏差 s、変動係数 CV を求めなさい。
③ どちらの株価の変動が大きいか答えなさい。

〔解答〕

① 〈順序1〉から〈順序6〉の順に、計算をすすめます。

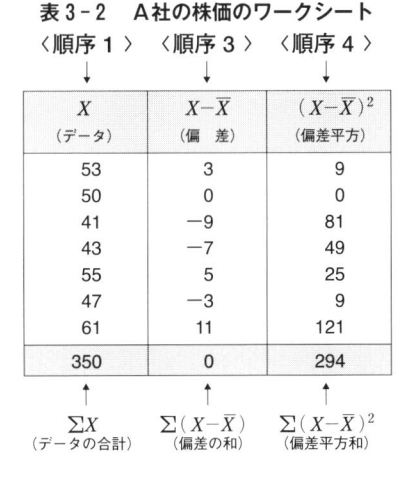

表3-2　A社の株価のワークシート

〈順序1〉　〈順序3〉　〈順序4〉

X (データ)	$X-\overline{X}$ (偏差)	$(X-\overline{X})^2$ (偏差平方)
53	3	9
50	0	0
41	−9	81
43	−7	49
55	5	25
47	−3	9
61	11	121
350	0	294

$\sum X$（データの合計）　$\sum(X-\overline{X})$（偏差の和）　$\sum(X-\overline{X})^2$（偏差平方和）

〈順序2〉

算術平均 $\overline{X}$ を計算します。

$$\overline{X} = \frac{\sum X}{n}$$

$$= \frac{350}{7}$$

$$= 50 \text{ 円}$$

〈順序5〉

偏差平方和 $\sum(X-\overline{X})^2$ の値 294 と $n=7$ を、(3-11)へ代入し、標準偏

差 s を求めます。

$$s = \sqrt{\frac{\sum(X-\overline{X})^2}{n-1}} = \sqrt{\frac{294}{7-1}} = \sqrt{\frac{294}{6}}$$

$$= \sqrt{49} = \mathbf{7\ 円}$$

〈順序6〉

変動係数 CV を、(3-17)より求めます。

$$CV = \frac{s}{\overline{X}} \times 100$$

$$= \frac{7}{50} \times 100$$

$$= \mathbf{14\ \%}$$

② 同様に、〈順序1〉から〈順序6〉の順に、計算をすすめます。

表3-3　B社の株価のワークシート

〈順序1〉　〈順序3〉　〈順序4〉

X (データ)	$X-\overline{X}$ (偏差)	$(X-\overline{X})^2$ (偏差平方)
364	−36	1296
406	6	36
412	12	144
442	42	1764
394	−6	36
388	−12	144
394	−6	36
2800	0	3456

$\sum X$ (データの合計)　$\sum(X-\overline{X})$ (偏差の和)　$\sum(X-\overline{X})^2$ (偏差平方和)

〈順序2〉

算術平均 $\overline{X}$ を計算します。

$$\overline{X} = \frac{\sum X}{n}$$

$$= \frac{2800}{7}$$

$= \mathbf{400\ 円}$

〈順序5〉

偏差平方和 $\sum(X-\overline{X})^2$ の値 3456 と $n=7$ を、(3-11)へ代入し、標準偏差 s を求めます。

$$s = \sqrt{\frac{\sum(X-\overline{X})^2}{n-1}} = \sqrt{\frac{3456}{7-1}} = \sqrt{\frac{3456}{6}}$$
$$= \sqrt{576} = \mathbf{24\ 円}$$

〈順序6〉

変動係数 CV を、(3-17)より求めます。

$$CV = \frac{s}{\overline{X}} \times 100$$
$$= \frac{24}{400} \times 100$$
$$= \mathbf{6\ \%}$$

③　A社とB社の株価の変動係数 CV を比較すると、

A社の株価の変動係数(14%) ＞ B社の株価の変動係数(6%)

となり、**A社の株価の方が変動が大きい**といえます。

9．標準化変量

標準化変量 z（standardized variable）は、基準値（normalize score）、z 値、z スコアとも呼ばれ、データの中のある値が、算術平均 $\overline{X}$ から標準偏差 s の何倍離れているかを示す指標です。これによって、その値が、データ全体の中でどのあたりに位置するかがわかります。さらに、個々のデータの標準化変量を求めると、データ全体の中での相対的な位置を、たがいに比較することができます。

$$標準化変量\ z = \frac{X - 算術平均}{標準偏差} = \frac{X - \overline{X}}{s} \qquad (3-18)$$

上式を用いて、元のデータである X を z に変換することを、**標準化（基準化）**といいます。z の平均値は 0、分散と標準偏差は 1 になります。なお、標準化変量には、単位はありません（無名数）。

例題 3-12　標準化変量

表3-4は、ある大学商学部の必修科目、会計学と経営学の試験結果（100点満点）です。

A君の得点は、会計学が73点、経営学が88点でした。
① A君の会計学の標準化変量 z を求めなさい。
② A君の経営学の標準化変量 z を求めなさい。
③ A君は、どちらの科目が相対的に上位にあると考えられますか。

表3-4　会計学と経営学の試験結果

科　目	平均点（$\overline{X}$）	標準偏差（s）
会計学	64点	5点
経営学	76点	8点

〔解答〕
① A君の会計学の標準化変量 z を、(3-18)より求めます。

$$z = \frac{X - \overline{X}}{s} = \frac{73 - 64}{5}$$

$$= \frac{9}{5} = \mathbf{1.8}$$

② 同様に、経営学の標準化変量 z を求めます。

$$z = \frac{X - \overline{X}}{s} = \frac{88 - 76}{8}$$

$$= \frac{12}{8} = \mathbf{1.5}$$

③ 会計学の標準化変量（1.8）の方が、経営学（1.5）より大きいので、A君の成績は**会計学の方が上位にある**と考えられます。

10. 偏差値

偏差値は、標準化変量 z を10倍し、その値に50を加えたもので、以下のように定義されます。

$$\begin{aligned}
\text{偏差値} &= \text{標準化変量} \times 10 + 50 \\
&= z \times 10 + 50 \quad (3-19) \\
&= \frac{X - \text{算術平均}}{\text{標準偏差}} \times 10 + 50 \\
&= \frac{X - \overline{X}}{s} \times 10 + 50 \quad (3-20)
\end{aligned}$$

偏差値の平均値は50、標準偏差は10になります。偏差値を利用すると、データの中のある値（例えば自分の得点）が、データ全体の中でどのあたりに位置するか、簡単に知ることができます。特にデータの分布が、正規分布（107頁参照）に近い場合に有効です。ちなみに、**SAT** や **GRE**（北米の大学・大学院進学に必要な共通試験）では、平均値を**500**、標準偏差を**100**に対応させた値を得点としています。

例題 3 – 13　偏差値

例題 3 – 12 のケースにおいて、A君の会計学と経営学の偏差値をそれぞれ求めなさい。

〔解答〕

（3-19）を用いて、A君の両科目の偏差値を求めます。

$$\begin{aligned}
\text{会計学の偏差値} &= z \times 10 + 50 \\
&= 1.8 \times 10 + 50 \\
&= 18 + 50 \\
&= \mathbf{68}
\end{aligned}$$

$$\begin{aligned}
\text{経営学の偏差値} &= z \times 10 + 50 \\
&= 1.5 \times 10 + 50 \\
&= 15 + 50
\end{aligned}$$

$$= 65$$

　両科目の偏差値を比較してみてもわかるように、A君は会計学の方が、相対的によくできたことがわかります。

11. 歪度

歪度（skewness）とは、データの分布の歪み（非対称性）、すなわちデータの分布が左右対称であるかどうかをチェックするための指標です。データが母集団から抽出された標本のときの歪度を**標本歪度**といい、つぎの式で定義されます。

$$標本歪度 = \frac{サンプルの個数}{(サンプルの個数-1)(サンプルの個数-2)} \times \frac{\sum(X-算術平均)^3}{(標本標準偏差)^3}$$

$$= \frac{n}{(n-1)(n-2)} \times \frac{\sum(X-\overline{X})^3}{s^3} \quad (3\text{-}21)$$

データの分布が算術平均 $\overline{X}$ を中心に左右対称であるとき、**標本歪度 ＝ 0** になります。データの分布の裾が右に長くのびている（右に歪んでいる）ときは **標本歪度＞0** になり、逆に左に長くのびている（左に歪んでいる）ときは **標本歪度＜0** になります。ちなみに、正規分布の歪度はゼロになります。

一方、データが母集団のときの歪度を、**母歪度**あるいは**母集団歪度**といい、以下のように定義されます。

$$\underset{(母集団歪度)}{母歪度} = \frac{1}{n} \times \frac{\sum(X-\overline{X})^3}{\sigma^3} \quad (3\text{-}22)$$

n はサンプルの個数、σ は母標準偏差、X はデータ、$\overline{X}$ は算術平均。母歪度の計算結果の判断方法は、標本歪度のケースと同様です。

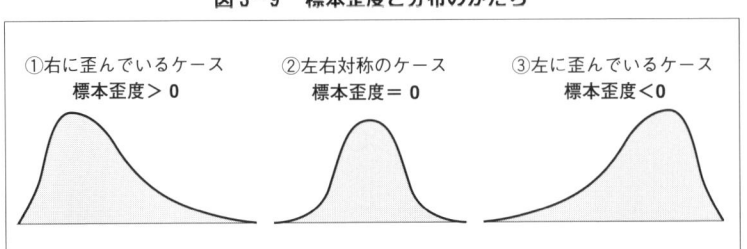

図 3 - 9　標本歪度と分布のかたち

①右に歪んでいるケース　標本歪度＞0

②左右対称のケース　標本歪度＝0

③左に歪んでいるケース　標本歪度＜0

例題 3-14　歪　度

つぎのデータは、ある県の大学生15名を無作為に選び、1カ月間のアルバイト収入（万円）を調査した結果です。

2　4　3　7　4　2　3　13　4　0
3　6　2　4　3

算術平均 $\overline{X}$、標本標準偏差 s、標本歪度を求めなさい。

〔解答〕

〈順序1〉から〈順序7〉の順に、計算をすすめます。

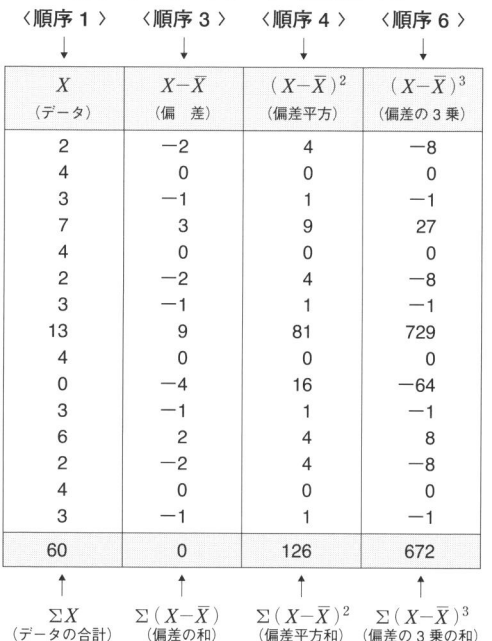

表3-5　ワークシート（例題3-14）

X (データ)	$X-\overline{X}$ (偏差)	$(X-\overline{X})^2$ (偏差平方)	$(X-\overline{X})^3$ (偏差の3乗)
2	−2	4	−8
4	0	0	0
3	−1	1	−1
7	3	9	27
4	0	0	0
2	−2	4	−8
3	−1	1	−1
13	9	81	729
4	0	0	0
0	−4	16	−64
3	−1	1	−1
6	2	4	8
2	−2	4	−8
4	0	0	0
3	−1	1	−1
60	0	126	672

〈順序1〉↓　〈順序3〉↓　〈順序4〉↓　〈順序6〉↓

↑ΣX（データの合計）　↑$\Sigma(X-\overline{X})$（偏差の和）　↑$\Sigma(X-\overline{X})^2$（偏差平方和）　↑$\Sigma(X-\overline{X})^3$（偏差の3乗の和）

〈順序2〉

算術平均 $\overline{X}$ を求めます。

$$\overline{X} = \frac{\sum X}{n} = \frac{60}{15} = \mathbf{4\,万円}$$

〈順序5〉

偏差平方和 $\sum(X-\overline{X})^2$ の値 126 と $n=15$ を、(3-11)へ代入し、標本標準偏差 s を求めます。

$$s = \sqrt{\frac{\sum(X-\overline{X})^2}{n-1}} = \sqrt{\frac{126}{15-1}} = \sqrt{\frac{126}{14}}$$
$$= \sqrt{9} = \mathbf{3\,万円}$$

〈順序7〉

偏差の3乗の和 $\sum(X-\overline{X})^3$ の値 672、$s=3$、$n=15$ を、(3-21)へ代入し、標本歪度を求めます。

$$標本歪度 = \frac{n}{(n-1)(n-2)} \times \frac{\sum(X-\overline{X})^3}{s^3}$$
$$= \frac{15}{(15-1)(15-2)} \times \frac{672}{3^3}$$
$$= \frac{15}{14 \times 13} \times \frac{672}{27} = \mathbf{2.0513}$$

計算した標本歪度はゼロより大きく、大学生の1カ月間のアルバイト収入の分布は、**右に歪んでいる**といえます。

練習問題（第3章）

3-1（データの散らばりの測度）
つぎのデータにもとづいて、以下の設問に答えなさい。
　　6　2　4　0　9　5　2
① 範囲を求めなさい。
② 第1四分位数 Q_1、第2四分位数 Q_2（＝メジアン）、第3四分位数 Q_3 を、それぞれ求めなさい。
③ 四分位範囲 IQR と四分位偏差 QD を求めなさい。
④ 箱ひげ図を描きなさい。
⑤ 平均偏差 MD を求めなさい。
⑥ 分散 s^2 と標準偏差 s を求めなさい。
⑦ 変動係数 CV を求めなさい。
⑧ 標本歪度を求めなさい。

3-2（データの散らばりの測度）
つぎのデータは、ある自動車ディーラーにおける、営業スタッフ15名の昨年度の新車販売台数（台）を示しています。
　　13　14　15　16　16　17　18　20　20　22　23　24　26　27　29
① 範囲を求めなさい。
② 第1四分位数 Q_1、第2四分位数 Q_2（＝メジアン）、第3四分位数 Q_3 を、それぞれ求めなさい。
③ 四分位範囲 IQR と四分位偏差 QD を求めなさい。
④ 箱ひげ図を描きなさい。
⑤ 平均偏差 MD とメジアン偏差を求めなさい。
⑥ 分散 s^2 と標準偏差 s を求めなさい。
⑦ 変動係数 CV を求めなさい。
⑧ 標本歪度を求めなさい。

3-3（標準化変量と偏差値）

先日行われたある公務員模試の結果、午前の教養試験（60点満点）の平均点が32点で標準偏差が8点であり、午後の専門試験（80点満点）の平均点が45点で標準偏差が12点でした。A君の得点結果は、教養試験が46点、専門試験が60点でした。

① A君の教養試験の標準化変量 z と偏差値を求めなさい。
② A君の専門試験の標準化変量 z と偏差値を求めなさい。

3-4（データの散らばりの測度）

つぎのデータは、平日朝のラッシュアワーに走行しているある特定の電車に関して、A駅とB駅の区間の乗車率(%)を、無作為に抽出した31日について調査した結果です。

145	160	138	149	120	154	150	162
131	184	172	140	133	158	136	164
152	182	150	147	149	124	169	142
153	118	151	146	149	155	167	

① 範囲を求めなさい。
② 第1四分位数 Q_1、第2四分位数 Q_2、第3四分位数 Q_3 を求めなさい。
③ 四分位範囲 IQR と四分位偏差 QD を求めなさい。
④ 箱ひげ図を描きなさい。
⑤ 平均偏差 MD を求めなさい。
⑥ 分散 s^2 と標準偏差 s を求めなさい。
⑦ 標本歪度を求めなさい。
⑧ 「経験的ルール」にもとづいて、すべてのデータの約68%が含まれる乗車率の範囲を求めなさい。また、この範囲に含まれるデータの個数を、実際にカウントしてみましょう。
⑨ 同様に、「経験的ルール」にもとづいて、すべてのデータの約95%が含まれる乗車率の範囲を求めなさい。また、この範囲に含まれないデータの個数を、実際にカウントしてみましょう。

⑩ 「チェビシェフの不等式」にもとづいて、少なくとも $\frac{8}{9}$（89％）のデータが含まれる乗車率の範囲を求めなさい。

3-5 （データの散らばりの測度）

第1章の練習問題1-1（7頁）のデータを用いて、以下の設問に答えなさい。
① 第1四分位数 Q_1 と第3四分位数 Q_3 を求めなさい。
② 四分位範囲 IQR と四分位偏差 QD を求めなさい。
③ 箱ひげ図を描きなさい。
④ 平均偏差 MD とメジアン偏差を求めなさい。
⑤ 分散 s^2 と標準偏差 s を求めなさい。
⑥ 標本歪度を求めなさい。
⑦ 「経験的ルール」にもとづいて、すべてのデータの約68％が含まれるデータの範囲を求めなさい。また、この範囲に含まれるデータの個数を、実際にカウントしてみましょう。
⑧ 「チェビシェフの不等式」にもとづいて、少なくとも $\frac{3}{4}$（75％）のデータが含まれる範囲を求めなさい。

3-6 （データの散らばりの測度）

第1章の練習問題1-2（7頁）のデータを用いて、以下の設問に答えなさい。
① 第1四分位数 Q_1 と第3四分位数 Q_3 を求めなさい。
② 四分位範囲 IQR と四分位偏差 QD を求めなさい。
③ 箱ひげ図を描きなさい。
④ 平均偏差 MD とメジアン偏差を求めなさい。
⑤ 分散 s^2 と標準偏差 s を求めなさい。
⑥ 標本歪度を求めなさい。
⑦ 「チェビシェフの不等式」にもとづいて、少なくとも $\frac{3}{4}$（75％）のデー

タが含まれる範囲を求めなさい。

3-7 （データの散らばりの測度）

第1章の練習問題1-3（8頁）のデータを用いて、以下の設問に答えなさい。

① 第1四分位数 Q_1 と第3四分位数 Q_3 を求めなさい。
② 四分位範囲 IQR と四分位偏差 QD を求めなさい。
③ 箱ひげ図を描きなさい。
④ 平均偏差 MD を求めなさい。
⑤ 分散 s^2 と標準偏差 s を求めなさい。
⑥ 標本歪度を求めなさい。
⑦ 「経験的ルール」にもとづいて、すべてのデータの(1)約68％、(2)約95％、(3)約99～100％のデータが含まれる範囲をそれぞれ求めなさい。また、その範囲に含まれるデータの個数を、実際にカウントしてみましょう。

第4章 順列と組合せ

　第4、5、6章では、確率（順列と組合せを含む）と確率分布について学びます。第7～10章では、標本の「情報」にもとづいて、実際には知ることが難しい母集団の平均や比率などを「推定」したり「検定」したりする方法を学びますが、そのとき、確率と確率分布の理解と知識が不可欠になってきます。また、確率と確率分布について学ぶことは、第7章以降の「予習」に止まらず、経済やビジネスの世界で即役立つ内容も多く含んでいます。

1. 順 列

　順列（permutation）とは、n 個の異なるものの中から、r 個を取り出し、順序をつけて1列に並べることをいいます。
　順列の総数は、

$$_nP_r = n(n-1)(n-2) \cdots (n-r+1) \quad \text{←}n\text{から1ずつ小さくなった}\ r\text{個の積} \qquad (4-1)$$

$$= \frac{n!}{(n-r)!} \qquad (4-2)$$

※ $n!$ は、1から n までの自然数の積で、「n の階乗（factorial）」と読みます。

となります。とくに、$r = n$ のときは、

$$_nP_n = n(n-1)(n-2) \cdots 3 \cdot 2 \cdot 1 = n! \qquad (4-3)$$

となります。また、

$$0! = 1, \quad _nP_0 = 1$$

と定めます。

P は permutation（順列）の頭文字で、$_nP_r$ は「P の n, r」または「n, P, r」と読みます。

例題 4-1 順 列

つぎの値を求めなさい。
① $_4P_2$　② $_7P_3$　③ $_{10}P_1$　④ $_5P_5$　⑤ $_7P_0$　⑥ $0!$　⑦ $_8P_7$

〔解答〕

① $_4P_2 = 4 \cdot 3 = \mathbf{12}$

② $_7P_3 = 7 \cdot 6 \cdot 5 = \mathbf{210}$

③ $_{10}P_1 = \mathbf{10}$

④ $_5P_5 = 5! = 5 \cdot 4 \cdot 3 \cdot 2 \cdot 1 = \mathbf{120}$

⑤ $_7P_0 = \mathbf{1}$

⑥ $0! = \mathbf{1}$

⑦ $_8P_7 = 8 \cdot 7 \cdot 6 \cdot 5 \cdot 4 \cdot 3 \cdot 2 = \mathbf{40320}$

例題 4-2 順 列

S社は、10色の新しいスマートフォンを発売しました。これらの新製品を、①〜④の条件で店頭に1列に展示するとき、何通りの並べ方がありますか。
① 2台を選んで1列に展示する。
② 3台を選んで1列に展示する。
③ 5台を選んで1列に展示する。
④ 10台すべてを1列に展示する。

〔解答〕

① 10色のスマートフォンから、2台を選んで1列に並べる順列の数は、以下のようになります。

　$_{10}P_2 = 10 \cdot 9 = \mathbf{90}$ 通り

② $_{10}P_3 = 10 \cdot 9 \cdot 8 = \mathbf{720}$ 通り

③ $_{10}P_5 = 10 \cdot 9 \cdot 8 \cdot 7 \cdot 6 = \mathbf{30240}$ 通り

④ $_{10}P_{10} = 10! = 10 \cdot 9 \cdot 8 \cdot 7 \cdot 6 \cdot 5 \cdot 4 \cdot 3 \cdot 2 \cdot 1 = \mathbf{3628800}$ 通り

例題 4-3　順　列

Aゼミには、男子が8人、女子が6人います。ゼミ幹事と副幹事を1人ずつ選ぶ方法は、①〜④の条件のとき、それぞれ何通りありますか。
① 14人から選ぶとき
② 男子から2人選ぶとき
③ 女子から2人選ぶとき
④ 男女1人ずつ選ぶとき

〔解答〕

① $_{14}P_2 = 14 \cdot 13 =$ **182通り**

② $_8P_2 = 8 \cdot 7 =$ **56通り**

③ $_6P_2 = 6 \cdot 5 =$ **30通り**

④ 男子がゼミ幹事のときは、

$$\underset{\text{ゼミ幹事(男)}}{_8P_1} \times \underset{\text{副幹事(女)}}{_6P_1} = 48 \text{通り}$$

となり、一方、女子がゼミ幹事のときは、

$$\underset{\text{ゼミ幹事(女)}}{_6P_1} \times \underset{\text{副幹事(男)}}{_8P_1} = 48 \text{通り}$$

となります。よって、

$48 + 48 =$ **96通り**

になります。

例題 4-4　順　列

ある鉄道会社の路線には、35の駅が存在します。いま、発駅と着駅を表示した片道切符をつくるとき、何種類の切符がつくられることになりますか。

〔解答〕

異なる35の駅から2駅を選んで、発駅と着駅を決める方法（順列）だから、

$_{35}P_2 = 35 \cdot 34 =$ **1190通り**

となります。

2．円順列とじゅず順列

円順列とは、いくつかのものを円形に並べる並べ方のことをいいます。いま、異なる n 個のものを円形に並べる円順列の総数は、

円順列の総数 $= (n-1)!$　　　　　　　　　　　　　　　　　　　（4-4）

となります。

じゅず順列とは、いくつかのものでじゅず（輪）をつくる順列のことをいいます。いま、異なる n 個のものでじゅずをつくる、じゅず順列の総数は、円形のものを裏返すと同じものが2つできるので、

じゅず順列の総数 $= \dfrac{\text{円順列}}{2} = \dfrac{(n-1)!}{2}$　　　　　　　　　（4-5）

となります。

例題 4-5　円順列

サミットの首脳8人が、円形のテーブルに着席するとき、つぎの設問に答えなさい。
① 着席する方法の総数を求めなさい。
② アメリカとイギリスの首脳が、隣り合って着席する場合の総数を求めなさい。
③ アメリカとイギリスの首脳が、向かい合って着席する場合の総数を求めなさい。

〔解答〕
① 円順列の問題であるから、(4-4)より、
$(n-1)! = (8-1)! = 7!$
$= 7 \cdot 6 \cdot 5 \cdot 4 \cdot 3 \cdot 2 \cdot 1 =$ **5040 通り**

になります。

② アメリカとイギリスの首脳を1つにまとめて考えると、7人の円順列は、
$$(7-1)! = 6! = 6 \cdot 5 \cdot 4 \cdot 3 \cdot 2 \cdot 1 = 720 \text{ 通り}$$
になります。さらに、アメリカとイギリスの並び方は、2通りありますから、答えは、
$$720 \times 2 = \mathbf{1440 \text{ 通り}}$$
になります。

③ まず、アメリカとイギリスの首脳の位置を固定して考えます。つぎに、残りの6つの席に、6カ国の首脳が着席する方法を考えると、
$$_6P_6 = 6! = 6 \cdot 5 \cdot 4 \cdot 3 \cdot 2 \cdot 1 = \mathbf{720 \text{ 通り}}$$
になります。

例題 4-6　じゅず順列

色の異なる6個の玉を使ってブレスレットをつくる方法は、何通りありますか。

〔解答〕

この問題は「じゅず順列」のケースだから、(4-5) より、

$$\frac{(n-1)!}{2} = \frac{(6-1)!}{2} = \frac{5!}{2}$$
$$= \frac{5 \cdot 4 \cdot 3 \cdot 2 \cdot 1}{2} = \mathbf{60 \text{ 通り}}$$

になります。

3．重複順列

重複順列とは、n 個の異なるものの中から、重複（同じものを繰り返しとること）を許して r 個取り出す順列のことをいい、その総数は、

$$_n\Pi_r = n^r \tag{4-6}$$

となります。

Π は「パイ」（ギリシア文字の大文字）、$_n\Pi_r$ は「Π の n, r」または「n, Π, r」と読みます。

例題 4-7　重複順列

つぎの値を求めなさい。
① $_3\Pi_5$　② $_4\Pi_6$　③ $_5\Pi_3$　④ $_{10}\Pi_4$　⑤ $_{16}\Pi_2$　⑥ $_{20}\Pi_3$

〔解答〕

① $_3\Pi_5 = 3^5 = $ **243**

② $_4\Pi_6 = 4^6 = $ **4096**

③ $_5\Pi_3 = 5^3 = $ **125**

④ $_{10}\Pi_4 = 10^4 = $ **10000**

⑤ $_{16}\Pi_2 = 16^2 = $ **256**

⑥ $_{20}\Pi_3 = 20^3 = $ **8000**

例題 4-8　重複順列

① 4人でジャンケンをするとき、出し方は何通りありますか。
② 異なる5つのサイコロを投げるとき、目の出方は何通りありますか。
③ 7人を3つの部屋A、B、Cに入れる方法は何通りありますか。ただし、空室があってもよいものとする。

〔解答〕

重複順列の公式(4-6)を用います。

① $_3\Pi_4 = 3^4 = $ **81 通り**

② $_6\Pi_5 = 6^5 = $ **7776 通り**

③ $_3\Pi_7 = 3^7 = $ **2187 通り**

4．同じものを含む順列

いま n 個のものがあり、それらのうち p 個は同じもの、q 個は別の同じもの、r 個はまた別の同じもの、…、であるとき、これらの n 個のものをすべて使って１列に並べる順列（「同じものを含む順列」）の総数は、以下のようになります。

$$\text{「同じものを含む順列」の総数} = \frac{n!}{p!\,q!\,r!\cdots} \quad (4-7)$$

$(p+q+r+\cdots = n)$

例題 4-9　同じものを含む順列

A、B、B、C、C、C、D、E の 8 文字を 1 列に並べるとき、何通りの並べ方がありますか。

〔解答〕

「同じものを含む順列」のケースなので、(4-7) を用いて、

$$\frac{8!}{2!\,3!} = \frac{8\cdot 7\cdot 6\cdot 5\cdot 4\cdot 3\cdot 2\cdot 1}{2\cdot 1 \times 3\cdot 2\cdot 1} \quad \leftarrow \text{B が 2 個、C が 3 個あるので}$$

$$= 3360 \text{ 通り}$$

となります。

5．組合せ

組合せ (combination) とは、n 個の異なるものの中から、順序を問題にしないで、r 個を取り出して 1 つの組をつくることをいいます。

組合せの総数は、

$$_nC_r = \frac{_nP_r}{r!} \tag{4-8}$$

$$= \frac{n(n-1)(n-2)\cdots(n-r+1)}{r(r-1)\cdots 2\cdot 1}$$

$$= \frac{n!}{r!(n-r)!} \tag{4-9}$$

となります。また、$_nC_r$ には以下の性質があり、

$$_nC_r = {_nC_{n-r}} \tag{4-10}$$

$$_nC_r = {_{n-1}C_{r-1}} + {_{n-1}C_r} \tag{4-11}$$

とくに、

$$_nC_0 = 1$$

と定めます。

C は combination（組合せ）の頭文字で、$_nC_r$ は「C の n, r」または「n, C, r」と読みます。また、$_nC_r$ のかわりに、$\binom{n}{r}$ という記号を使用することもあります。

例題 4-10 組合せ

つぎの値を求めなさい。
① $_6C_2$　② $_8C_5$　③ $_9C_1$　④ $_5C_5$　⑤ $_{10}C_0$　⑥ $_{100}C_{97}$

〔解答〕

① $_6C_2 = \dfrac{6\cdot 5}{2\cdot 1} = \dfrac{30}{2} = \mathbf{15}$

② $_8C_5 = {_8C_3} = \dfrac{8\cdot 7\cdot 6}{3\cdot 2\cdot 1} = \mathbf{56}$
　　　　　↑
　　　（4-10）より

③ $_9C_1 = \mathbf{9}$

④ $_5C_5 = 1$

⑤ $_{10}C_0 = 1$

⑥ $_{100}C_{97} = {}_{100}C_3 = \dfrac{100 \cdot 99 \cdot 98}{3 \cdot 2 \cdot 1} = \mathbf{161700}$
　　↑
　（4-10）より

例題 4-11　組合せ

A社の営業部門には、男性15人、女性10人のスタッフがいます。新しいプロジェクトのために4人のメンバーを選ぶとき、以下の設問に答えなさい。
① 4人のメンバーの選び方は、何通りありますか。
② 男女各2人ずつ、4人のメンバーを選ぶ方法は、何通りありますか。
③ 4人のメンバーのうち、少なくとも1人は女性スタッフが含まれる選び方は、何通りありますか。

〔解答〕

① 25人から4人を選ぶから、

$$_{25}C_4 = \dfrac{25 \cdot 24 \cdot 23 \cdot 22}{4 \cdot 3 \cdot 2 \cdot 1} = \mathbf{12650 \text{ 通り}}$$

となります。

② 男性15人から2人のメンバーを選ぶ方法は $_{15}C_2$ 通りあり、この各々について女性10人から2人のメンバーを選ぶ方法が $_{10}C_2$ 通りあるから、

$$_{15}C_2 \times {}_{10}C_2 = \dfrac{15 \cdot 14}{2 \cdot 1} \times \dfrac{10 \cdot 9}{2 \cdot 1} = \mathbf{4725 \text{ 通り}}$$

となります。

③ 25人から4人のメンバーを選ぶ方法は $_{25}C_4$ 通りあり、このうち4人とも男性のケース（$_{15}C_4$ 通り）を除けばよいから、

$$_{25}C_4 - {}_{15}C_4 = 12650 - \dfrac{15 \cdot 14 \cdot 13 \cdot 12}{4 \cdot 3 \cdot 2 \cdot 1}$$
　　　　　　　　↑
　　　　　　　①より
$$= 12650 - 1365 = \mathbf{11285 \text{ 通り}}$$

となります。

6．重複組合せ

重複組合せとは、n 個の異なるものの中から、重複することを許して、r 個を取り出し1つの組をつくることをいいます。

重複組合せの総数は、

$$_nH_r = {_{n+r-1}C_r} \tag{4-12}$$

となり、$n < r$ のケースでも、上式は成り立ちます。

H は homogeneous product（同次積）の頭文字で、$_nH_r$ は、「H の n, r」または「n, H, r」と読みます。

例題 4-12　重複組合せ

つぎの値を求めなさい。
① $_2H_6$　② $_3H_5$　③ $_4H_7$　④ $_5H_9$　⑤ $_6H_{10}$　⑥ $_7H_3$

〔解答〕

① $_2H_6 = {_{2+6-1}C_6} = {_7C_6} = {_7C_1} = \mathbf{7}$

② $_3H_5 = {_{3+5-1}C_5} = {_7C_5} = {_7C_2} = \dfrac{7 \cdot 6}{2 \cdot 1} = \mathbf{21}$

③ $_4H_7 = {_{4+7-1}C_7} = {_{10}C_7} = {_{10}C_3} = \dfrac{10 \cdot 9 \cdot 8}{3 \cdot 2 \cdot 1} = \mathbf{120}$

④ $_5H_9 = {_{5+9-1}C_9} = {_{13}C_9} = {_{13}C_4} = \dfrac{13 \cdot 12 \cdot 11 \cdot 10}{4 \cdot 3 \cdot 2 \cdot 1} = \mathbf{715}$

⑤ $_6H_{10} = {_{6+10-1}C_{10}} = {_{15}C_{10}} = {_{15}C_5} = \dfrac{15 \cdot 14 \cdot 13 \cdot 12 \cdot 11}{5 \cdot 4 \cdot 3 \cdot 2 \cdot 1} = \mathbf{3003}$

⑥ $_7H_3 = {_{7+3-1}C_3} = {_9C_3} = \dfrac{9 \cdot 8 \cdot 7}{3 \cdot 2 \cdot 1} = \mathbf{84}$

例題 4-13　重複組合せ

3個の文字 X, Y, Z から、重複することを許して6個を取る組合せは、全部で何通りありますか。ただし、使わない文字があってもよいものとします。

〔解答〕

重複組合せの問題であるから、(4-12)より、

$$_3H_6 = {}_{3+6-1}C_6 = {}_8C_6 = {}_8C_2$$
$$= \frac{8 \cdot 7}{2 \cdot 1} = \mathbf{28\,通り}$$

となります。

例題4-14　重複組合せ

ある自動車メーカーには、開発、生産、マネジメント、国際、総務の5部門があり、いま8名のメンバーからなる再建委員会を発足することになりました。
① 部門の重複を気にしなければ、メンバーの選び方は何通りありますか。
② 各部門から必ず1名は選ぶとすると、メンバーの選び方は何通りになりますか。

〔解答〕

① この設問は、5個の異なるものの中から、重複することを許して8個を取り出す、重複組合せの問題として考えることができます。したがって、(4-12)より、このケースのメンバーの選び方は、

$$_5H_8 = {}_{5+8-1}C_8 = {}_{12}C_8 = {}_{12}C_4$$
$$= \frac{12 \cdot 11 \cdot 10 \cdot 9}{4 \cdot 3 \cdot 2 \cdot 1} = \mathbf{495\,通り}$$

となります。

② 各部門から必ず1名は選ぶとすると、残りの3名のメンバーだけを選べばよいことになります。

したがって、(4-12)より、

$$_5H_3 = {}_{5+3-1}C_3 = {}_7C_3 = \frac{7 \cdot 6 \cdot 5}{3 \cdot 2 \cdot 1} = \mathbf{35\,通り}$$

となります。

練習問題（第4章）

4-1（順列）
つぎの値を求めなさい。
① $_3P_2$　② $_4P_3$　③ $_5P_2$　④ $_6P_1$　⑤ $_7P_7$
⑥ $_8P_0$　⑦ $_9P_4$　⑧ $_{10}P_6$　⑨ $_{12}P_5$　⑩ $_{15}P_7$

4-2（順列）
18名の会社役員の中から、会長、社長、副社長をそれぞれ1名選ぶ方法は、何通りありますか。

4-3（順列）
ある工場のラインで、男性A、B、C、D、Eと女性F、G、Hの8人が、1列に並んで組立作業を行うとき、つぎの①～⑥の並び方は何通りありますか。
① 女性3人が皆隣り合う並び方。
② 男性5人が皆隣り合い、女性3人も皆隣り合う並び方。
③ AとBが隣り合う並び方。
④ ラインの両端が女性である並び方。
⑤ ラインの両端が男性である並び方。
⑥ どの女性も隣り合わない並び方。

4-4（円順列）
ある会社の採用試験の面接で、試験官である社員4人、志願者である学生5人が、円形のテーブルに着くとき、つぎの①～③の並び方は何通りありますか。
① 9人が自由に席に着く並び方。
② 社員4人がまとまって（隣り合って）席に着く並び方。
③ 社員の両隣りには必ず学生が席に着く並び方。

4-5（じゅず順列）

異なる10個の宝石でネックレスを作るとき、何種類のネックレスができますか。

4-6（重複順列）

AからZまでの26文字の中から、重複を許して、①2文字、②3文字、③4文字を取り出して並べてできる順列の総数を、それぞれ求めなさい。

4-7（重複順列）

ある会社の採用試験で、2人の学生のうち1人を採用するため、人事部9人の社員が1人1票で記名投票をするとき、投票の仕方は何通りありますか。ただし、白票はないものとします。

4-8（同じものを含む順列）

A、A、A、B、C、C、C、C、D、Dの10文字を、すべて並べてできる順列の総数を求めなさい。

4-9（同じものを含む順列：最短経路）

下図のような道路において、A地点からB地点まで最短の道順で行くとき、つぎの①〜③の道順は何通りありますか。

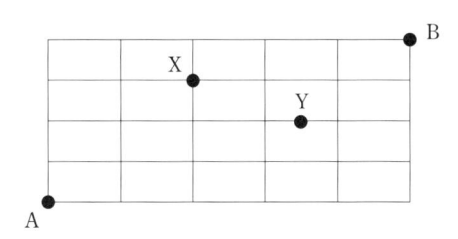

① すべての道順。
② X地点を通る道順。
③ Y地点を通らない道順。

4-10（組合せ）

つぎの値を求めなさい。

① $_4C_2$　② $_7C_3$　③ $_8C_8$　④ $_9C_0$　⑤ $_{30}C_{27}$

4-11（組合せ）

女性10人、男性7人の中から5人を選んでチームをつくるとき、つぎの①〜⑧の選び方は何通りありますか。

① 5人を選ぶ。
② 女性3人、男性2人を選ぶ。
③ 女性2人、男性3人を選ぶ。
④ 少なくとも1人の女性を含んで選ぶ。
⑤ 少なくとも1人の男性を含んで選ぶ。
⑥ 男女少なくとも1人ずつ含んで選ぶ。
⑦ 特定の2人を必ず含むように選ぶ。
⑧ 特定の2人のうち少なくとも1人を含むように選ぶ。

4-12（重複組合せ）

医学部長の候補者が3名あり、投票者の教授が20名います。1人1票の無記名投票をするとき、票の分かれ方は何通りありますか。ただし、候補者には投票権はなく、白票はないものとします。

確率 第5章

1. 確率の定義

　サイコロを投げるように、同じ状態のもとで繰り返すことができ、その結果が偶然によって決まる実験や観測を、**試行**(trial) といいます。さらに、その試行の結果を、**事象**(event) といいます。

　いま、ある試行の結果、起こりうるすべての**場合の数**が $n(U)$ 通り、事象 A の起こる場合の数が $n(A)$ 通りであるとき、事象 A の起こる確率 $P(A)$ は、以下のように定義されます（P は probability ［確率］の頭文字）。

$$P(A) = \frac{事象Aの起こる場合の数}{起こりうるすべての場合の数} = \frac{n(A)}{n(U)} \qquad (5-1)$$

　事象 A の起こる確率の範囲は、

$$0 \leq P(A) \leq 1$$

となり、事象 A がけっして起こらないときは、

$$P(A) = 0$$

となり、事象 A が必ず起こるときは、

$$P(A) = 1$$

となります。

　また、「事象 A が起こらない」という事象を、A の**余事象** $\overline{A}$ (complementary event) といいます（図5-1参照）。**余事象の確率**は、以下のよ

うになります。

$$P(\overline{A}) = 1 - P(A) \tag{5-2}$$

なお、$\overline{A}$ は、「A バー」と読みます。

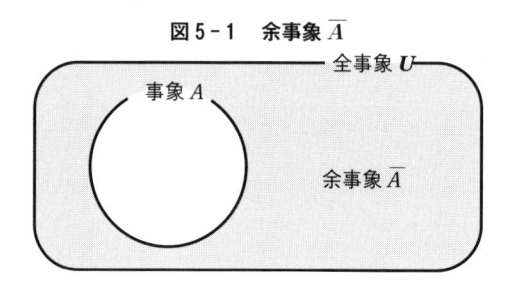

図 5-1　余事象 $\overline{A}$

（全事象 U、事象 A、余事象 $\overline{A}$ のベン図）

例題 5-1　場合の数と確率

2個のサイコロを同時に投げる試行において、つぎの事象の起こる確率を求めなさい。
① 目の和が2になる事象 A
② 目の和が3になる事象 B
③ 目の和が4になる事象 C
④ 目の和が5になる事象 D
⑤ 目の和が6になる事象 E
⑥ 目の積が6になる事象 F

〔解答〕

① 起こりうるすべての場合の数 $n(U)$ は、

$n(U) = 6 \times 6 = 36$ 通り

であり、このうち、目の和が2になる事象 A の起こる場合の数 $n(A)$ は、$(1,1)$ の1通りだけになります。

よって、求める確率 $P(A)$ は、

$$P(A) = \frac{n(A)}{n(U)} = \frac{1}{36}$$

となります。

② 目の和が3になる事象 B の起こる場合の数 $n(B)$ は、$(1,2)$、$(2,1)$ の2通りになります。

よって、求める確率 $P(B)$ は、
$$P(B) = \frac{n(B)}{n(U)} = \frac{2}{36} = \boldsymbol{\frac{1}{18}}$$
となります。

③ 目の和が 4 になる事象 C の起こる場合の数 $n(C)$ は、$(1,3)$、$(2,2)$、$(3,1)$ の 3 通りになります。

よって、求める確率 $P(C)$ は、
$$P(C) = \frac{n(C)}{n(U)} = \frac{3}{36} = \boldsymbol{\frac{1}{12}}$$
となります。

④ 目の和が 5 になる事象 D の起こる場合の数 $n(D)$ は、$(1,4)$、$(2,3)$、$(3,2)$、$(4,1)$ の 4 通りになります。

よって、求める確率 $P(D)$ は、
$$P(D) = \frac{n(D)}{n(U)} = \frac{4}{36} = \boldsymbol{\frac{1}{9}}$$
となります。

⑤ 目の和が 6 になる事象 E の起こる場合の数 $n(E)$ は、$(1,5)$、$(2,4)$、$(3,3)$、$(4,2)$、$(5,1)$ の 5 通りになります。

よって、求める確率 $P(E)$ は、
$$P(E) = \frac{n(E)}{n(U)} = \boldsymbol{\frac{5}{36}}$$
となります。

⑥ 目の積が 6 になる事象 F の起こる場合の数 $n(F)$ は、$(1,6)$、$(2,3)$、$(3,2)$、$(6,1)$ の 4 通りになります。

よって、求める確率 $P(F)$ は、
$$P(F) = \frac{n(F)}{n(U)} = \frac{4}{36} = \boldsymbol{\frac{1}{9}}$$
となります。

例題 5−2　順列の応用と確率

男性 5 人と女性 5 人が 1 列に並ぶとき、つぎの事象の起こる確率を求めなさい。
① 男性と女性が交互に並ぶことになる事象 A
② 両端に男性が並ぶことになる事象 B

〔解答〕

① 男性 5 人と女性 5 人が 1 列に並ぶ場合の数（＝起こりうるすべての場合の数）$n(U)$ は、

$n(U) = {}_{10}P_{10}$ 通り

であり、このうち、男性と女性が交互に並ぶ場合の数 $n(A)$ は、

$n(A) = {}_5P_5 \times {}_5P_5 \times 2$ 通り
　　　　　　　　　↑
　　　男女男女男女男女男女 ⎫
　　　　　　と　　　　　　⎬ の 2 通り
　　　女男女男女男女男女男 ⎭

になります。

よって、求める確率 $P(A)$ は、

$$P(A) = \frac{n(A)}{n(U)} = \frac{{}_5P_5 \times {}_5P_5 \times 2}{{}_{10}P_{10}}$$

$$= \frac{5 \cdot 4 \cdot 3 \cdot 2 \cdot 1 \times 5 \cdot 4 \cdot 3 \cdot 2 \cdot 1 \times 2}{10 \cdot 9 \cdot 8 \cdot 7 \cdot 6 \cdot 5 \cdot 4 \cdot 3 \cdot 2 \cdot 1} = \mathbf{\frac{1}{126}}$$

となります。

② 両端に男性が並ぶ場合の数 $n(B)$ は、

$n(B) = {}_5P_2 \times {}_8P_8$ 通り　　←男○○○○○○○○男

になります。

よって、求める確率 $P(B)$ は、

$$P(B) = \frac{n(B)}{n(U)} = \frac{{}_5P_2 \times {}_8P_8}{{}_{10}P_{10}}$$

$$= \frac{5 \cdot 4 \times 8 \cdot 7 \cdot 6 \cdot 5 \cdot 4 \cdot 3 \cdot 2 \cdot 1}{10 \cdot 9 \cdot 8 \cdot 7 \cdot 6 \cdot 5 \cdot 4 \cdot 3 \cdot 2 \cdot 1} = \mathbf{\frac{2}{9}}$$

となります。

例題 5-3　組合せの応用と確率

12本のクジの中に、当たりクジが5本入っています。いまこの中から3本のクジを同時に引くとき、つぎの事象の起こる確率を求めなさい。
① 3本とも当たりクジを引く事象 A
② 2本当たりクジを引く事象 B
③ 1本だけ当たりクジを引く事象 C
④ 3本ともはずれクジを引く事象 D

〔解答〕

① 起こりうるすべての場合の数 $n(U)$ は、

$$n(U) = {}_{12}C_3 = \frac{12 \cdot 11 \cdot 10}{3 \cdot 2 \cdot 1} = 220 \text{ 通り}$$

になります。

つぎに、3本とも当たりクジを引く事象 A の起こる場合の数 $n(A)$ は、

$$n(A) = {}_5C_3 = {}_5C_2 = \frac{5 \cdot 4}{2 \cdot 1} = 10 \text{ 通り}$$

になります。

よって、求める確率 $P(A)$ は、

$$P(A) = \frac{n(A)}{n(U)} = \frac{10}{220} = \boldsymbol{\frac{1}{22}}$$

となります。

② 2本当たりクジを引く（1本ははずれクジを引く）事象 B の起こる場合の数 $n(B)$ は、

$$n(B) = {}_5C_2 \times {}_7C_1 = \frac{5 \cdot 4}{2 \cdot 1} \times 7 = 70 \text{ 通り}$$

になります。

よって、求める確率 $P(B)$ は、

$$P(B) = \frac{n(B)}{n(U)} = \frac{70}{220} = \boldsymbol{\frac{7}{22}}$$

となります。

③ 1本だけ当たりクジを引く（2本ははずれクジを引く）事象 C の起こる場合の数 $n(C)$ は、

$$n(C) = {}_5C_1 \times {}_7C_2 = 5 \times \frac{7 \cdot 6}{2 \cdot 1} = 105 \text{ 通り}$$

になります。

よって、求める確率 $P(C)$ は、

$$P(C) = \frac{n(C)}{n(U)} = \frac{105}{220} = \boldsymbol{\frac{21}{44}}$$

となります。

④　3本ともはずれクジを引く事象 D の起こる場合の数 $n(D)$ は、

$$n(D) = {}_7C_3 = \frac{7 \cdot 6 \cdot 5}{3 \cdot 2 \cdot 1} = 35 \text{ 通り}$$

になります。

よって、求める確率 $P(D)$ は、

$$P(D) = \frac{n(D)}{n(U)} = \frac{35}{220} = \boldsymbol{\frac{7}{44}}$$

となります。

例題 5-4　余事象の確率

36個の製品の中に、8個の不良品が混入しています。いま、この中から2個の製品を抜き取るとき、少なくとも1個の不良品が含まれる確率を求めなさい。

〔解答〕

「少なくとも1個の不良品が含まれる」という事象を A とすると、A の余事象 $\overline{A}$ は「2個とも不良品ではない」ということになります。

まず、$P(\overline{A})$ を計算します。

$$P(\overline{A}) = \frac{{}_{28}C_2}{{}_{36}C_2} \quad \begin{matrix} \leftarrow \text{不良品ではない製品28個から2個を抜き取る組合せ} \\ \leftarrow \text{36個の製品から2個を抜き取る組合せ} \end{matrix}$$

$$= \frac{\frac{28 \cdot 27}{1 \cdot 2}}{\frac{36 \cdot 35}{1 \cdot 2}} = \frac{28 \cdot 27}{36 \cdot 35} = \frac{3}{5}$$

よって、求める確率 $P(A)$ は、余事象の確率（5-2）を変形して、

$$P(A) = 1 - P(\overline{A}) = 1 - \frac{3}{5} = \frac{2}{5} = \boldsymbol{0.4}$$

となります。

2．加法定理

(1)積事象（joint event）

2つの事象 A と B について、「A と B がともに起こる」という事象を、A と B の**積事象 $A \cap B$** といい（図5-2参照）、その確率は $P(A \cap B)$ で表されます。$P(A \cap B)$ は、**同時確率**（joint probability）といわれます。$A \cap B$ は、「A キャップ B」または「A かつ B」、「A and B」と読みます。

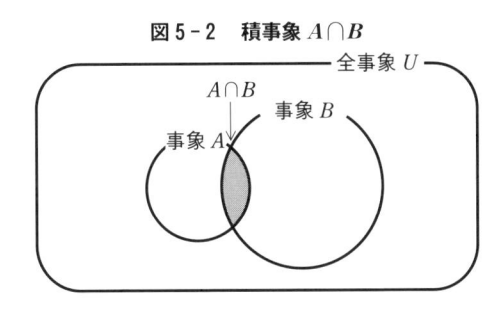

図5-2　積事象 $A \cap B$

(2)和事象（union event）

2つの事象 A と B について、「A または B が起こる（$= A$、B のうち少なくとも一方が起こる）」という事象を、A と B の**和事象 $A \cup B$** といい（図5-3参照）、その確率は $P(A \cup B)$ で表されます。$A \cup B$ は、「A カップ B」または「A または B」、「A or B」と読みます。

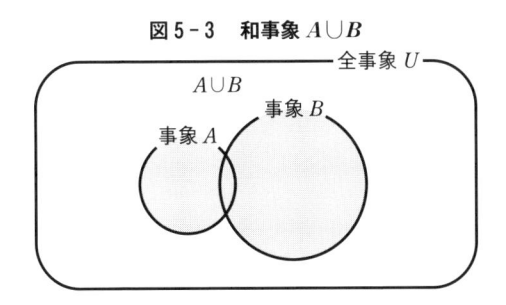

図5-3　和事象 $A \cup B$

(3) 排反事象 (exclusive event)

　2つの事象 A と B について、「A と B がけっして同時に起こらない」とき互いに排反であるといい、このような事象を排反事象といいます（図5-4参照）。この場合、A と B の積事象は空事象（empty event または null event）であり、

$$A \cap B = \phi \quad \leftarrow \phi はギリシア文字（小文字）で「ファイ」と読む$$

となり、したがって、次式が成り立ちます。

$$P(A \cap B) = \frac{n(A \cap B)}{n(U)} = 0$$

図5-4　排反事象

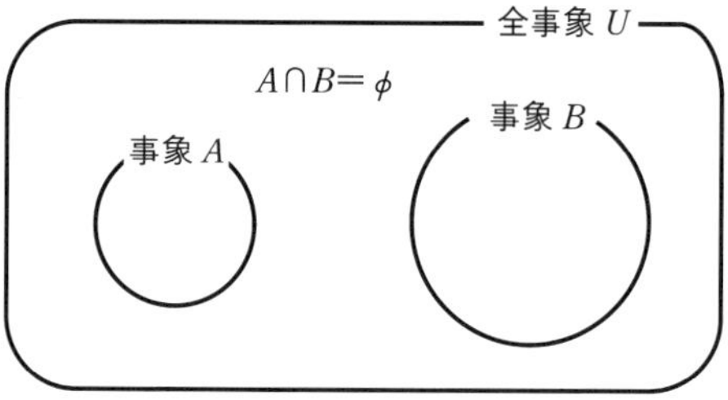

（図：全事象 U の中に事象 A と事象 B が互いに交わらない2つの円で示され、$A \cap B = \phi$ と記されている）

(4) 排反事象の加法定理（事象 A と B が排反のケース）

$$P(A \cup B) = P(A) + P(B) \qquad (5-3)$$

(5) 一般の加法定理 (addition rule)

$$P(A \cup B) = P(A) + P(B) - P(A \cap B) \qquad (5-4)$$

例題5-5　排反事象の加法定理

赤玉6個、青玉7個の入っている袋から、同時に2個の玉を取り出すとき、2個とも同じ色である確率を求めなさい。

〔解答〕

赤玉を2個取り出す事象を A、青玉を2個取り出す事象を B とします。事象 A の確率 $P(A)$ は、

$$P(A) = \frac{{}_6C_2}{{}_{13}C_2} = \frac{\frac{6 \cdot 5}{2 \cdot 1}}{\frac{13 \cdot 12}{2 \cdot 1}} = \frac{5}{26}$$

となり、一方、事象 B の確率 $P(B)$ は、

$$P(B) = \frac{{}_7C_2}{{}_{13}C_2} = \frac{\frac{7 \cdot 6}{2 \cdot 1}}{\frac{13 \cdot 12}{2 \cdot 1}} = \frac{7}{26}$$

となります。

よって、事象 A と B は互いに排反であるから、求める確率 $P(A \cup B)$ は、排反事象の加法定理（5-3）より、

$$P(A \cup B) = P(A) + P(B)$$
$$= \frac{5}{26} + \frac{7}{26} = \frac{12}{26} = \boldsymbol{\frac{6}{13}}$$

となります。

例題 5-6　一般の加法定理

1から100までの番号が記入された100本のクジがあります。これから1本のクジを引くとき、番号が3または8の倍数である確率を求めなさい。

〔解答〕

引いたクジの番号が、3の倍数である事象を A、8の倍数である事象を B とすると、求める確率 $P(A \cup B)$ は、一般の加法定理 (5-4) より、

$$P(A \cup B) = \underbrace{P(A)}_{\substack{3の倍数を \\ 引く確率 \\ \downarrow}} + \underbrace{P(B)}_{\substack{8の倍数を \\ 引く確率 \\ \downarrow}} - \underbrace{P(A \cap B)}_{\substack{24(=3\times 8)の倍数を \\ 引く確率 \\ \downarrow}}$$

$$= \frac{33}{100} + \frac{12}{100} - \frac{4}{100}$$

$$= \mathbf{\frac{41}{100}}$$

となります。

3. 乗法定理

(1)独立事象の乗法定理

2つの事象 A と B が互いに**独立** (independent) であるとき (= 一方の試行の結果が他方の試行の結果に影響を及ぼさないとき)、以下の定理が成り立ちます。

$$P(A \cap B) = P(A)P(B) \qquad (5-5)$$

(2)条件つき確率 (conditional probability)

2つの事象 A と B について、「A が起こったときに B が起こる」確率を $P(B|A)$ で表すと、以下のように定義することができます (図5-5参照)。

$$P(B|A) = \frac{P(A \cap B)}{P(A)} \qquad (5-6)$$

なお、$P(B|A)$ を $P_A(B)$ と表記する方法もあります。

(3)乗法定理 (multiplication rule)

(5-6)より、以下の定理が成り立ちます。

$$P(A \cap B) = P(A)P(B|A) \qquad (5-7)$$

図5-5 条件つき確率 $P(B|A)$

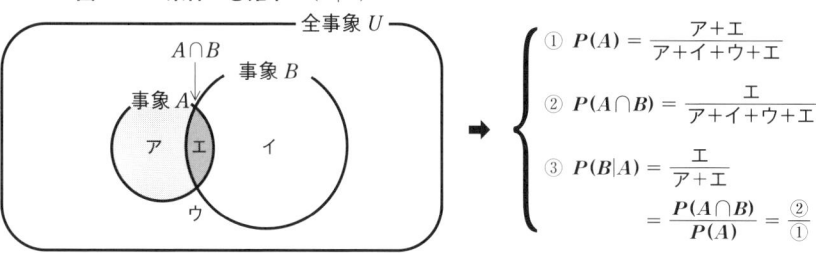

① $P(A) = \dfrac{ア+エ}{ア+イ+ウ+エ}$

② $P(A \cap B) = \dfrac{エ}{ア+イ+ウ+エ}$

③ $P(B|A) = \dfrac{エ}{ア+エ}$

$= \dfrac{P(A \cap B)}{P(A)} = \dfrac{②}{①}$

注)「A が起こったときに B が起こる」確率

例題 5-7　独立事象の乗法定理

法学部の学生 A、B、C の 3 人が司法試験に合格する確率は、それぞれ $\frac{3}{4}$、$\frac{2}{7}$、$\frac{1}{3}$ であるとき、3 人全員が合格する確率を求めなさい。

〔解答〕

3 人が司法試験に合格する事象は互いに独立だから、A、B、C が合格する確率をそれぞれ $P(A)$、$P(B)$、$P(C)$ とすると、求める確率 $P(A \cap B \cap C)$ は、独立事象の乗法定理（5-5）を応用して、

$$P(A \cap B \cap C) = P(A)P(B)P(C)$$
$$= \frac{3}{4} \times \frac{2}{7} \times \frac{1}{3} = \boldsymbol{\frac{1}{14}}$$

となります。

例題 5-8　条件つき確率

2 個のサイコロを同時に投げる試行において、目の和が 8 になる事象を A、2 個とも奇数である事象を B とするとき、$P(B|A)$ を求めなさい。

〔解答〕

目の和が 8 になる事象 A の起こる場合の数は、

$(2,6)$、$(3,5)$、$(4,4)$、$(5,3)$、$(6,2)$

の 5 通りになりますから、

$$P(A) = \frac{5}{36}$$

になります。また、$A \cap B$ となる場合の数は、

$(3,5)$、$(5,3)$　←目の和が8で、2個とも奇数のケース

の 2 通りになりますから

$$P(A \cap B) = \frac{2}{36}$$

になります。

よって、求める確率 $P(B|A)$ は、条件つき確率の定義（5-6）より、

$$P(B|A) = \frac{P(A \cap B)}{P(A)} = \frac{\frac{2}{36}}{\frac{5}{36}} = \frac{2}{5}$$

となります。

例題 5 – 9　条件つき確率

ある国際線旅客機の乗客のうち、日本人が全乗客の75％、日本人女性が全乗客の36％の割合を占めています。いま、日本人乗客の中から任意に1人を選ぶとき、その人が女性である確率を求めなさい。

〔解答〕

いま、選ばれた乗客が日本人であるという事象を A、選ばれた乗客が女性（日本人以外の女性も含む）であるという事象を B とします。

選ばれた乗客が日本人である確率 $P(A)$ は、

$P(A) = 0.75$

であり、選ばれた乗客が日本人女性である確率 $P(A \cap B)$ は、

$P(A \cap B) = 0.36$

となります。

よって、求める確率 $P(B|A)$ は、条件つき確率の定義（5 – 6 ）より、

$$P(B|A) = \frac{P(A \cap B)}{P(A)}$$

$$= \frac{0.36}{0.75} = \mathbf{0.48\ (48\%)}$$

となります。

例題 5-10　乗法定理

16本のクジの中に5本の当たりクジが入っています。いま、aが1本クジを引き、それをもとへ戻さないで、今度はbが1本クジを引きます。このとき、aとbが、ともに当たりクジを引く確率を求めなさい。

〔解答〕

aが当りクジを引く事象を A、bが当りクジを引く事象を B とすると、

$$P(A) = \frac{5}{16}$$

$$P(B|A) = \frac{5-1}{16-1} = \frac{4}{15}$$

となります。

よって、求める確率 $P(A \cap B)$ は、乗法定理（5-7）より、

$$P(A \cap B) = P(A)P(B|A)$$
$$= \frac{5}{16} \times \frac{4}{15} = \boldsymbol{\frac{1}{12}}$$

となります。

例題 5-11　乗法定理

ある会社の社員は、60%が総合職、40%が一般職であり、それぞれの職種において女性社員の占める割合は、15%と80%であることがわかっています。いま、任意にある社員を選んだとき、その社員が総合職の女性社員である確率を求めなさい。

〔解答〕

社員が総合職であるという事象を A、社員が女性であるという事象を B とすると、

$$P(A) = 0.6$$

$$P(B|A) = 0.15 \quad \leftarrow\text{総合職の中で、女性社員の占める割合}$$

となります。よって、求める確率 $P(A \cap B)$ は、乗法定理（5-7）より、

$$P(A \cap B) = P(A)P(B|A)$$
$$= 0.6 \times 0.15 = \boldsymbol{0.09}\ (\boldsymbol{9\%})$$

となります。

4. ベイズの定理

ベイズの定理 (Bayes' theorem) は、ある結果 (事象 B) が起こったとき、その原因 (事象 A_i) を推測するのに役立ちます。この定理は、イギリスの牧師で数学者でもあった**トーマス・ベイズ** (Thomas Bayes, 1702〜1761年) によって発明されました。

いま、事象 B を結果とみなし、その原因を $A_1, A_2, \cdots, A_n$ (互いに排反事象) とします。ベイズの定理とは、事象 B が起こったとき、その原因が事象 A_i である確率 $P(A_i|B)$ を、次式のかたちで表したものです。

$$P(A_i|B) = \frac{P(A_i)P(B|A_i)}{P(A_1)P(B|A_1)+P(A_2)P(B|A_2)+\cdots+P(A_n)P(B|A_n)}$$

(5-8)

$(i = 1, 2, \cdots, n)$

$P(A_i)$ は、原因 (A_i) として先に知ることができるので、**事前確率** (prior probability) といいます。一方、$P(A_i|B)$ は、結果 (B) がわかった後で原因 (A_i) を知るという意味で、**事後確率** (posterior probability) あるいは**原因の確率**といいます。なお、$P(B|A_i)$ は、前節 (87頁) で学んだ条件つき確率です。

図 5-6 ベイズの定理

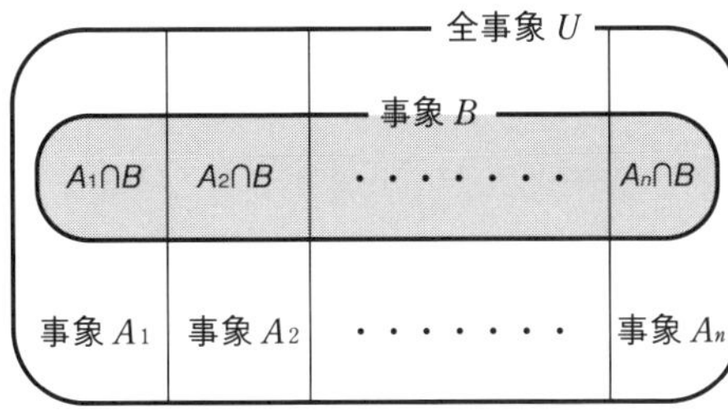

〔補足〕ベイズの定理の証明

$$P(A_i|B) = \frac{P(B \cap A_i)}{P(B)}$$

$$= \frac{P(A_i \cap B)}{P(B)}$$

より、(5-8)を導く。前式の分子は、乗法定理(5-7)より、

$$P(A_i \cap B) = P(A_i)P(B|A_i) \leftarrow (5-8)の分子$$

となる。

いま、$A_1, A_2, \cdots, A_n$ が互いに排反であるから、$A_1 \cap B, A_2 \cap B, \cdots, A_n \cap B$ も互いに排反である。また、

$$B = (A_1 \cap B) \cup (A_2 \cap B) \cup \cdots \cup (A_n \cap B)$$

であるから、

$$P(B) = P(A_1 \cap B) + P(A_2 \cap B) + \cdots + (A_n \cap B) \leftarrow 排反事象の加法定理(5-3)より$$

となり、乗法定理(5-7)より、

$$P(B) = P(A_1)P(B|A_1) + P(A_2)P(B|A_2) + \cdots + P(A_n)P(B|A_n) \leftarrow (5-8)の分母$$

となる。よって、ベイズの定理(5-8)が成り立つ。

例題5-12　ベイズの定理

ある会社では、3つの工場 A_1、A_2、A_3 で、全製品のそれぞれ60%、30%、10%を製造しています。A_1 工場の製品には1%、A_2 工場の製品には3%、A_3 工場の製品には5%の不良品が含まれているとします。

いま、3つの工場で製造した製品が混じり合った中から、1個抜き取って検査するとき、つぎの確率を求めなさい。

① 抜き取って検査した製品が不良品であったとき、それが A_1 工場の製品である確率
② 抜き取って検査した製品が不良品であったとき、それが A_2 工場の製品である確率
③ 抜き取って検査した製品が不良品であったとき、それが A_3 工場の製品である確率

〔解答〕

① 抜き取って検査した製品が、A_1 工場製である事象を A_1、A_2 工場製である事象を A_2、A_3 工場製である事象を A_3 とし、不良品である事象を B とすると、

$$P(A_1) = \frac{60}{100}, \quad P(A_2) = \frac{30}{100}, \quad P(A_3) = \frac{10}{100}$$

$$P(B|A_1) = \frac{1}{100}, \quad P(B|A_2) = \frac{3}{100}, \quad P(B|A_3) = \frac{5}{100}$$

となります。

求める確率 $P(A_1|B)$ は、事後確率であり、ベイズの定理(5-8)より、

$$P(A_1|B) = \frac{P(A_1)P(B|A_1)}{P(A_1)P(B|A_1)+P(A_2)P(B|A_2)+P(A_3)P(B|A_3)}$$

$$= \frac{\frac{60}{100} \times \frac{1}{100}}{\frac{60}{100} \times \frac{1}{100} + \frac{30}{100} \times \frac{3}{100} + \frac{10}{100} \times \frac{5}{100}}$$

$$= \frac{\frac{60}{10000}}{\frac{200}{10000}} = \frac{60}{200} = \boldsymbol{\frac{3}{10}} \ (\boldsymbol{30\%})$$

となります。

② 同様に、求める確率 $P(A_2|B)$ は、ベイズの定理（５-８）より、

$$P(A_2|B) = \frac{P(A_2)P(B|A_2)}{P(A_1)P(B|A_1)+P(A_2)P(B|A_2)+P(A_3)P(B|A_3)}$$

$$= \frac{\frac{30}{100} \times \frac{3}{100}}{\frac{60}{100} \times \frac{1}{100} + \frac{30}{100} \times \frac{3}{100} + \frac{10}{100} \times \frac{5}{100}}$$

$$= \frac{\frac{90}{10000}}{\frac{200}{10000}} = \frac{90}{200} = \boldsymbol{\frac{9}{20}} \ (\boldsymbol{45\%})$$

となります。

③ 同様に、求める確率 $P(A_3|B)$ は、ベイズの定理（５-８）より、

$$P(A_3|B) = \frac{P(A_3)P(B|A_3)}{P(A_1)P(B|A_1)+P(A_2)P(B|A_2)+P(A_3)P(B|A_3)}$$

$$= \frac{\frac{10}{100} \times \frac{5}{100}}{\frac{60}{100} \times \frac{1}{100} + \frac{30}{100} \times \frac{3}{100} + \frac{10}{100} \times \frac{5}{100}}$$

$$= \frac{\frac{50}{10000}}{\frac{200}{10000}} = \frac{50}{200} = \boldsymbol{\frac{1}{4}} \ (\boldsymbol{25\%})$$

となります。

練習問題（第5章）

5-1（場合の数と確率）
3枚のコインを同時に投げる試行において、つぎの事象の起こる確率を求めなさい。
① 表が3枚出る事象 A の確率
② 表が1枚、裏が2枚出る事象 B の確率

5-2（場合の数と確率）
3個のサイコロを同時に投げる試行において、つぎの事象の起こる確率を求めなさい。
① すべて1の目が出る事象 A の確率
② 3個とも同じ目の出る事象 B の確率
③ 6の目が1個、5の目が2個出る事象 C の確率
④ すべての目が異なる事象 D の確率
⑤ 目の和が4になる事象 E の確率
⑥ 目の和が5になる事象 F の確率
⑦ 目の和が6になる事象 G の確率
⑧ 目の積が40になる事象 H の確率
⑨ 目の積が60になる事象 I の確率

5-3（場合の数と確率）
甲、乙、丙の3人がジャンケンを1回するとき、つぎの事象の起こる確率を求めなさい。
① 甲だけが勝つ事象 A の確率
② 1人だけが勝つ事象 B の確率
③ あいこになる事象 C の確率

5-4（順列の応用と確率）

大学4年生2人と3年生9人が、円形のテーブルでサブゼミをするとき、4年生2人が隣り合う確率を求めなさい。

5-5（組合せの応用と確率）

1組52枚のトランプがあり、任意に4枚を引くとき、つぎの事象の起こる確率を求めなさい。
① 4枚ともハートの札を引く事象 A の確率
② 4枚とも同じ種類の札を引く事象 B の確率
③ 4枚とも異なる種類の札を引く事象 C の確率
④ 2枚はハート、他の2枚はダイヤの札を引く事象 D の確率
⑤ 2枚はキング、他の2枚はそれ以外の札を引く事象 E の確率

5-6（余事象の確率）

3個のサイコロを同時に投げる試行において、少なくとも1個6の目が出る事象 A の確率を求めなさい。

5-7（排反事象の加法定理）

ある大学サークルには、1年5名、2年4名、3年6名、4年2名の部員がいます。いま、合宿係を3名、クジ引きによって決めるとき、つぎの確率を求めなさい。
① 3名とも同じ学年である確率
② 3名の学年がすべて異なる確率

5-8（一般の加法定理）

ある会社で100人の社員に対して、喫煙習慣と飲酒習慣の有無についてアンケート調査をしたところ、つぎの表のような結果を得ました。100人の社員の中から任意に1人を選んだとき、①と②の確率をそれぞれ求めなさい。

	飲酒習慣あり	飲酒習慣なし	合　　計
喫煙習慣あり	30人	10人	40人
喫煙習慣なし	40人	20人	60人
合　　計	70人	30人	100人

① 喫煙習慣があるか、あるいは飲酒習慣がある確率
② 喫煙習慣がないか、あるいは飲酒習慣がない確率

5-9（独立事象の乗法定理・排反事象の加法定理）

ある商学部の学生A、B、C、Dの4人が、税理士試験に合格する確率は、それぞれ $\frac{1}{4}$、$\frac{2}{3}$、$\frac{3}{5}$、$\frac{1}{2}$ であるとき、つぎの確率を求めなさい。

① 4人全員が合格する確率
② 3人だけが合格する確率

5-10（条件つき確率）

50個の製品が入ったボックスから、2個の製品を無作為に1個ずつ順番に抽出し検査するとき、2個とも良品ならばそのボックスは合格とみなします。いま、あるボックスの中に4個の不良品が含まれているとき、この抽出検査に合格してしまう確率を求めなさい。

5-11（条件つき確率）

ある自動車メーカーでは、同一の部品をａ社から75％、ｂ社から25％仕入れています。ａ社製の部品には0.4％、ｂ社製の部品には0.8％の不合格品が含まれています。大量に混じり合った部品の中から1個を抜き取って検査するとき、つぎの確率を求めなさい。

① 抜き取った部品が、不合格品である確率
② 抜き取った部品が、合格品である確率
③ 抜き取った部品が不合格品であるとき、この部品がａ社製の部品である確率

④ 抜き取った部品が不合格品であるとき、この部品がb社製の部品である確率

5-12（条件つき確率）

ある高校理系コースの生徒のうち、数学が好きな生徒は全体の70%、物理の好きな生徒は50%、どちらも好きな生徒は30%います。つぎの①〜④の確率を求めなさい。

① 数学が好きな生徒を1人選んだとき、その生徒が物理も好きである確率
② 物理が好きな生徒を1人選んだとき、その生徒が数学も好きである確率
③ 数学が好きな生徒を1人選んだとき、その生徒が物理が好きでない確率
④ 数学が好きでない生徒を1人選んだとき、その生徒が物理が好きである確率

5-13（乗法定理・排反事象の加法定理）

50本のクジの中に8本の当たりクジが含まれています。いま、aが1本クジを引き、それをもとに戻さないで、bが1本クジを引くとき、つぎの確率を求めなさい。

① aもbも当たりクジを引く確率
② aがはずれて、bが当たりクジを引く確率
③ bが当たりクジを引く確率

5-14（ベイズの定理）

冬期のある北国の県では、低気圧が接近してくる確率が0.6であり、低気圧が接近してきたとき降雪を観測する確率が0.8、低気圧が接近していないとき降雪を観測する確率が0.1であるとします。低気圧が接近してくるという事象を A、降雪を観測するという事象を B とすると、降雪を観測したときに低気圧が実際に接近している確率 $P(A|B)$ を求めなさい。

5-15（ベイズの定理）

あるチョコレートのCMをテレビで放映したところ、55%の人がこのCM

を見ました。このCMを見た人の中で60％の人がそのチョコレートを購入し、一方、このCMを見なかった人の中では、20％の人がそのチョコレートを購入しました。いま、ある人がそのチョコレートを購入したとき、その人がテレビのCMを見ていた確率を求めなさい。

第6章 確率変数と確率分布

1. 確率変数・確率分布とは

　10円玉を4回投げたとき、「表」の出る回数をxとすると、xはある確率のもとで0、1、2、3、4のいずれかの値をとります。このようにxは確率が対応している変数なので、**確率変数**（random variable）といいます。表6-1は、確率変数xとその起こる確率$P(x)$との関係を表したもので、この対応関係をxの**確率分布**（probability distribution）といいます。

表6-1　10円玉を4回投げ「表」が出る回数xの確率分布

確率変数 x	0	1	2	3	4
確　率 $P(x)$	$\frac{1}{16}$	$\frac{1}{4}$	$\frac{3}{8}$	$\frac{1}{4}$	$\frac{1}{16}$

　さて、サイコロやコイン投げのように、とびとびの値で有限個の値をとる確率変数を**離散型確率変数**（discrete random variable）、その分布を**離散型確率分布**といいます。一方、身長や体重のデータのように、連続的な値をとる確率変数を**連続型確率変数**（continuous random variable）、その分布を**連続型確率分布**といいます。

〔補足〕離散型確率変数の期待値（expectation または expected value）
　　離散型確率変数xが$x_1, x_2, \cdots, x_n$の値をとり、それに対応する確率がそれぞ

れ $p_1, p_2, \cdots, p_n$ であるとき、

$$E(x) = x_1 p_1 + x_2 p_2 + \cdots + x_n p_n \qquad (6-1)$$

（ただし、$p_1 + p_2 + \cdots + p_n = 1$）

上式を、x の**期待値**または**平均値**といいます。

また、$E(x) = \overset{\text{ミュー}}{\mu}$ とおくと、確率変数 x の**分散**と**標準偏差**は、以下のようになります。

$$\text{分散} = (x_1 - \mu)^2 p_1 + (x_2 - \mu)^2 p_2 + \cdots + (x_n - \mu)^2 p_n \qquad (6-2)$$

$$\text{標準偏差} = \sqrt{\text{分散}} \qquad (6-3)$$

例題 6-1　確率変数と確率分布・期待値

下表に示したようなクジがあります。このクジを 1 本引いたときに得られる賞金を確率変数 x とするとき、以下の設問に答えなさい。

① x の確率分布を求めなさい。
② x の期待値 $E(x)$ を求めなさい。
③ x の分散と標準偏差を求めなさい。

1等 10000円	2等 5000円	3等 3000円	4等 1000円	5等 100円	ハズレ 0円	合計
1本	2本	7本	40本	150本	800本	1000本

〔解答〕

① x の確率分布は、以下の表のようになります。

確率変数　x	10000	5000	3000	1000	100	0
確　率　$P(x)$	0.001	0.002	0.007	0.04	0.15	0.8

② x の期待値 $E(x)$ を、(6-1) を用いて求めます。

$$E(x) = 10000 \times 0.001 + 5000 \times 0.002 + 3000 \times 0.007 + 1000 \times 0.04$$
$$+ 100 \times 0.15 + 0 \times 0.8 = \mathbf{96 \text{ 円}}$$

③ x の分散と標準偏差を、(6-2)、(6-3) を用いて求めます。

$$\text{分散} = (10000 - 96)^2 \times 0.001 + (5000 - 96)^2 \times 0.002$$
$$+ (3000 - 96)^2 \times 0.007 + (1000 - 96)^2 \times 0.04 + (100 - 96)^2 \times 0.15$$
$$+ (0 - 96)^2 \times 0.8 = \mathbf{245284}$$

$$\text{標準偏差} = \sqrt{\text{分散}} = \sqrt{245284} = \mathbf{495.26 \text{ 円}}$$

2．二項分布

二項分布（binomial distribution）は、離散型確率分布の中でもっとも基本的な分布であり、「二項」という言葉は、起こりうる事象が2通りしかないことに由来しています。スイスの数学者ヤコブ・ベルヌーイ（Jakob Bernoulli, 1654〜1705年）によって考案されました。

いま、1回の試行で事象 A の起こる確率が p（起こらない確率は $q = 1 - p$）であるとき、n 回この試行を独立に繰り返し、事象 A が x 回起こる確率 $P(x)$ は、

$$P(x) = {}_nC_x \, p^x q^{n-x} \tag{6-4}$$
$(q = 1 - p, \quad x = 0, 1, 2, \cdots, n)$

となります。この x の確率分布は二項分布といわれ、その形は n と p の2つの値（パラメータ）によって決まるので、binominalの頭文字をとって、$B(n, p)$ と表記されます。

また、二項分布の平均値（期待値ともいう）、分散、標準偏差は、以下のようになります（導き方は入門レベルを越えるので省略しますが、関心のある読者は宮川（1999）を参照して下さい）。

$$平均値 = np \tag{6-5}$$
$$分散 = npq = np(1-p) \tag{6-6}$$
$$標準偏差 = \sqrt{分散} = \sqrt{npq} = \sqrt{np(1-p)} \tag{6-7}$$

例題 6-2　二項分布

1枚の100円硬貨を6回投げたとき、つぎの設問に答えなさい。
① 表が4回出る確率を求めなさい。
② 表が5回以上出る確率を求めなさい。
③ 表が平均して何回出るか、平均値（＝期待値）を求めなさい。
④ 分散と標準偏差を求めなさい。

〔解答〕

① 100円硬貨を6回投げて、表が4回出る確率を $P(4)$ とすると、二項分布の確率関数（6-4）より、

$$P(4) = {}_6C_4\left(\frac{1}{2}\right)^4\left(\frac{1}{2}\right)^2 = {}_6C_2\left(\frac{1}{2}\right)^4\left(\frac{1}{2}\right)^2 = \frac{6\cdot 5}{2\cdot 1}\times\left(\frac{1}{2}\right)^6 \quad \leftarrow {}_6C_4 = {}_6C_2\ \text{より}$$

$$= 15\times\frac{1}{2^6} = \boldsymbol{\frac{15}{64}}$$

となります。

② 表が5回以上（すなわち5回と6回）出る確率は、

$$P(5)+P(6) = {}_6C_5\left(\frac{1}{2}\right)^5\left(\frac{1}{2}\right)^1 + {}_6C_6\left(\frac{1}{2}\right)^6\left(\frac{1}{2}\right)^0$$

$$= 6\times\frac{1}{2^6} + 1\times\frac{1}{2^6} = \boldsymbol{\frac{7}{64}}$$

となります。

③ 表の出る回数 x は確率変数であり、いま x は二項分布 $B\left(\underset{\underset{n}{\uparrow}}{6},\ \underset{\underset{p}{\uparrow}}{\frac{1}{2}}\right)$ に従うので、求める平均値は（6-5）より、

平均値 $= np = 6\times\frac{1}{2} = \boldsymbol{3}$ 回

となります。

④ 分散と標準偏差を（6-6）と（6-7）より求めます。

分散 $= np(1-p)$

$$= 6\times\frac{1}{2}\times\left(1-\frac{1}{2}\right) = \boldsymbol{\frac{3}{2}} \quad \leftarrow \text{単位はつかない}$$

標準偏差 $= \sqrt{\text{分散}} = \sqrt{\frac{3}{2}} = \sqrt{1.5} = \boldsymbol{1.225}$ 回

例題 6-3　二項分布

ゴールを狙ったフリーキックの決定率が20%のサッカー選手が、1試合で4回フリーキックを蹴るとき、つぎの設問に答えなさい。
① ノーゴールの確率を求めなさい。
② 1ゴールの確率を求めなさい。
③ 2ゴール以上の確率を求めなさい。
④ 4回フリーキックを蹴ったときの平均ゴール数と標準偏差を求めなさい。

〔解答〕

① フリーキックを4回蹴って、ノーゴールの確率を $P(0)$ とすると、二項分布の確率関数（6-4）より、

$P(0) = {}_4C_0(0.2)^0(0.8)^4 = 1 \times 1 \times 0.4096$
$= \mathbf{0.4096}$

となります。

② 1ゴールの確率を $P(1)$ とすると、（6-4）より、

$P(1) = {}_4C_1(0.2)^1(0.8)^3$
$= 4 \times 0.2 \times 0.512 = \mathbf{0.4096}$

となります。

③ 2ゴール以上（すなわち2、3、4ゴール）の確率は、

$P(2)+P(3)+P(4)$
$= {}_4C_2(0.2)^2(0.8)^2 + {}_4C_3(0.2)^3(0.8)^1 + {}_4C_4(0.2)^4(0.8)^0$
$= 6 \times 0.04 \times 0.64 + 4 \times 0.008 \times 0.8 + 1 \times 0.0016 \times 1$
$= 0.1536 + 0.0256 + 0.0016 = \mathbf{0.1808}$

となります。

④ ゴールの決まる回数 x は確率変数であり、x は二項分布 $B(4, 0.2)$ に従うので、平均値（平均ゴール数）は（6-5）より、
（↑ n　↑ p）

平均値 $= np = 4 \times 0.2 = \mathbf{0.8}$ ゴール

標準偏差は（6-7）より、

標準偏差 $= \sqrt{np(1-p)} = \sqrt{4 \times 0.2 \times (1-0.2)}$
$= \sqrt{0.64} = \mathbf{0.8}$ ゴール

となります。

3．ポアソン分布

ポアソン分布（Poisson distribution）は、二項分布と同様、代表的な離散型確率分布であり、起こる確率pが非常に小さく、しかも試行回数nがきわめて大きい場合（たとえば、工場の不良品の発生数、火災の発生件数などといった、めったに起こらないような事象の場合）、計算がたいへんな二項分布に代わって、その簡単な近似法として用いられます。フランスの数学者 **ポアソン**（S. D. Poisson, 1781～1840年）によって1837年に考案されました。

ポアソン分布において、n回の試行で、事象がx回起こる確率$P(x)$は、

$$P(x) = \frac{e^{-\lambda}\lambda^x}{x!} \qquad (6-8)$$

$$\begin{pmatrix} x = 0,\ 1,\ 2,\ \cdots \\ \lambda = n \times p \quad \leftarrow 平均発生回数〔\lambdaはラムダと読む〕\\ e = 2.7182818\cdots \quad \leftarrow ネイピア数〔自然対数の底ともいう〕\end{pmatrix}$$

となります。すなわち、ポアソン分布では、**平均発生回数λ**だけが未知のパラメータであり、λの値さえ決まれば$P(x)$を求めることができます。

ポアソン分布の平均値、分散、標準偏差は、つぎのようになります（導き方は入門レベルを越えるので省略しますが、学びたい読者には篠崎・竹内（2009）、宮川（1999）がわかりやすい）。

$$平均値 = \lambda = np \qquad (6-9)$$

$$分散 = \lambda = np \qquad (6-10)$$

$$標準偏差 = \sqrt{分散} = \sqrt{np} \qquad (6-11)$$

ポアソン分布では、平均値と分散が等しくなります。

〔補足〕ポアソン分布を用いる「目安」

ポアソン分布を用いて、二項分布$B(n, p)$を近似するための「目安」は、$0 < np \leqq 5$（たとえば$n = 100$、$p = 0.03$のケースなど）となります。

例題 6-4　ポアソン分布

ある電器メーカーの工場で生産される液晶テレビは、1000台に4台の割合で不良品が発生します。いま、500台の液晶テレビを家電量販店A社に納品する場合、不良品がそれぞれ①0台、②1台、③2台、④3台、⑤4台含まれる確率を求めなさい。

〔解答〕

不良品の発生する確率 p は、

$$p = \frac{4}{1000}$$

となります。また、$n=500$ だから、(6-9)より平均値（平均発生回数）を求めると、

$$平均値 = \lambda = np = 500 \times \frac{4}{1000} = 2 台$$

となります。したがって、$\lambda = 2$ と x の値 (0, 1, 2, 3, 4) を、ポアソン分布の確率関数(6-8)へ代入すると、納品に不良品の含まれる確率が求まります。

① $P(0) = \dfrac{e^{-2}2^0}{0!} = \dfrac{e^{-2} \times 1}{1} = e^{-2}$

$\qquad = \dfrac{1}{e^2} = \dfrac{1}{(2.7182818)^2} = \dfrac{1}{7.3891}$

$\qquad = \mathbf{0.1353}$　←不良品が含まれない確率

② $P(1) = \dfrac{e^{-2}2^1}{1!} = \dfrac{e^{-2} \times 2}{1} = 2e^{-2}$

$\qquad = \dfrac{2}{e^2} = \dfrac{2}{7.3891}$

$\qquad = \mathbf{0.2707}$　←1台の不良品が含まれる確率

③ $P(2) = \dfrac{e^{-2}2^2}{2!} = \dfrac{e^{-2} \times 4}{2 \cdot 1} = \dfrac{4e^{-2}}{2}$

$\qquad = \dfrac{2}{e^2} = \dfrac{2}{7.3891}$

$\qquad = \mathbf{0.2707}$　←2台の不良品が含まれる確率

④ $P(3) = \dfrac{e^{-2} 2^3}{3!} = \dfrac{e^{-2} \times 8}{3 \cdot 2 \cdot 1} = \dfrac{8e^{-2}}{6}$

$ = \dfrac{4}{3e^2} = \dfrac{4}{3 \times 7.3891}$

$ = \mathbf{0.1804}$ ←3台の不良品が含まれる確率

⑤ $P(4) = \dfrac{e^{-2} 2^4}{4!} = \dfrac{e^{-2} \times 16}{4 \cdot 3 \cdot 2 \cdot 1} = \dfrac{16 e^{-2}}{24}$

$ = \dfrac{2}{3e^2} = \dfrac{2}{3 \times 7.3891}$

$ = \mathbf{0.0902}$ ←4台の不良品が含まれる確率

ちなみに、不良品が5、6、7、8、9台含まれる確率をそれぞれ求めると、以下のようになり、確率がだんだん小さくなっているのがわかります。

$P(5) = 0.0361$

$P(6) = 0.0120$

$P(7) = 0.0034$

$P(8) = 0.0009$

$P(9) = 0.0002$

〔補足〕ポアソン分布表

統計学のテキストの中には、**ポアソン分布表**が巻末についているものもあります。この数値表があると、求めたい確率を、わざわざポアソン分布の確率関数（6-8）を用いて計算しなくても、表から簡単に見つけることができます。

4．正規分布

　二項分布とポアソン分布は、離散型確率分布の代表的な分布モデルでしたが、これから学ぶ正規分布（normal distribution：ガウス分布ともいう）は、連続型確率分布の代表的なもので、理論的にも実用的にも統計学の中でもっとも重要な役割をはたす分布です。フランスの数学者ド・モアブル（A. deMoivre, 1667〜1754年）によって、1733年に発見されました。なぜ、そこまで正規分布が大切かというと、自然現象や社会現象などにおいて、母集団が正規分布をするものが非常に多いこと、さらに7、8章で学ぶ「推定」や第9、10章で学ぶ「検定」の重要な基礎となるからです。

　いま確率変数 x が正規分布をするとき、その**確率密度関数**（確率分布のかたちを表す関数）は、つぎのような式で表されます。

$$f(x) = \frac{1}{\sigma\sqrt{2\pi}} e^{-\frac{(x-\mu)^2}{2\sigma^2}} \tag{6-12}$$

　ここで、μ は平均、σ は標準偏差（σ^2 は分散）、π は円周率（3.14159…）、e は自然対数の底（2.7182818…）です。$f(x)$ の値は、平均 μ と標準偏差 σ の2つの値（パラメータ）によって決定されるので、正規分布は一般にnormalの頭文字をとって $\boldsymbol{N(\mu, \sigma^2)}$ と表記されます。

　正規分布の基本的な性質と特徴を整理すると、以下のようになります。

① 　正規分布の確率密度関数 $f(x)$ は、平均 μ を中心にして左右対称であり、$x = \mu$ のとき最大値 $\dfrac{1}{\sigma\sqrt{2\pi}}$ をとる（図6-1参照）。

② 　正規分布においては、平均 μ ＝ メジアン ＝ モードとなる（図6-1参照）。

③ 　標準偏差 σ を一定にして、平均 μ だけを変えると、形は変化しないが正規分布は左右に平行移動する（図6-2参照）。

④ 　平均 μ を一定にして、標準偏差 σ だけを変えると、正規分布の中心の位置は変化しないが、形が変化する。すなわち σ が大きくなると、正規分布の山が低くなって横に広がり、逆に σ が小さくなると

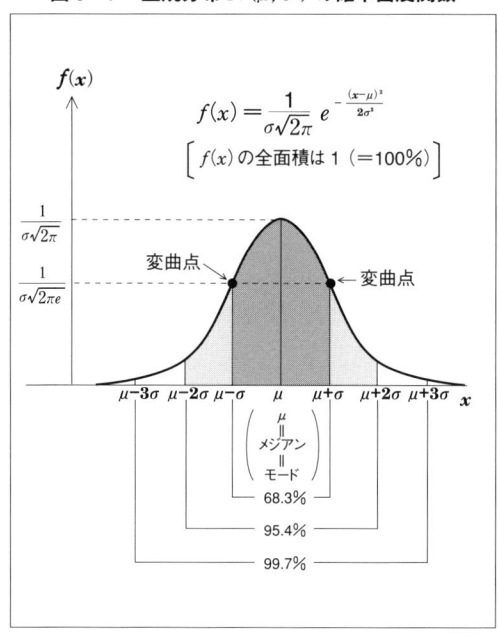

図6-1 正規分布 $N(\mu, \sigma^2)$ の確率密度関数

$$f(x) = \frac{1}{\sigma\sqrt{2\pi}} e^{-\frac{(x-\mu)^2}{2\sigma^2}}$$

[$f(x)$の全面積は1（＝100%）]

- $\frac{1}{\sigma\sqrt{2\pi}}$
- $\frac{1}{\sigma\sqrt{2\pi e}}$
- 変曲点
- $\mu-3\sigma$, $\mu-2\sigma$, $\mu-\sigma$, μ, $\mu+\sigma$, $\mu+2\sigma$, $\mu+3\sigma$
- μ ＝ メジアン ＝ モード
- 68.3%
- 95.4%
- 99.7%

山が高くなってデータが中心付近に集中する（図6-3参照）。

⑤ $x \to \pm\infty$ のとき、$f(x)$ は限りなく0に近づく（＝x軸を漸近線とする）。

⑥ つねに $f(x) \geqq 0$ であり、$f(x)$ の全積分（全面積）は1である。

⑦ $x = \mu \pm \sigma$ は、**正規曲線**（正規分布のグラフ）の**変曲点**（曲線の凹凸が変化する点）である（図6-1参照）。

⑧ 平均 μ を中心に、標準偏差 σ のある倍数を正と負の方向にとったとき、その範囲に含まれる面積（＝確率）は、図6-1あるいは表6-2のようになる。

⑨ 確率変数 x_1 と x_2 が互いに正規分布 $N(\mu_1, \sigma_1^2)$、$N(\mu_2, \sigma_2^2)$ に従うとき、確率変数の和 $x_1 + x_2$ は $N(\mu_1+\mu_2, \sigma_1^2+\sigma_2^2)$ に、確率変数の差 $x_1 - x_2$ は $N(\mu_1-\mu_2, \sigma_1^2-\sigma_2^2)$ に従う。この性質を**正規分布の再生性**という。

図6-2 平均 μ が異なる正規分布
（標準偏差 σ は一定）

$\mu_1 < \mu_2 < \mu_3$ のケース

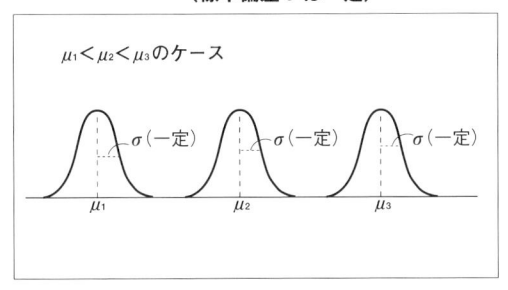

図6-3 標準偏差 σ が異なる正規分布
（平均 μ は一定）

$\sigma_1 < \sigma_2 < \sigma_3$ のケース

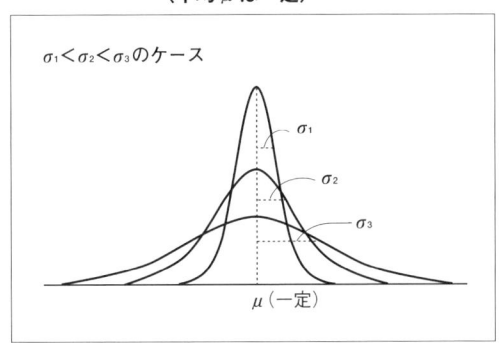

表6-2 正規分布における標準偏差 σ と
その範囲に含まれる面積（確率）

範囲	面積	（確率）
① $\mu - \sigma \leq x \leq \mu + \sigma$	0.683	(68.3%)
② $\mu - 1.645\,\sigma \leq x \leq \mu + 1.645\,\sigma$	0.900	(90.0%)
③ $\mu - 1.96\,\sigma \leq x \leq \mu + 1.96\,\sigma$	0.950	(95.0%)
④ $\mu - 2\,\sigma \leq x \leq \mu + 2\,\sigma$	0.954	(95.4%)
⑤ $\mu - 2.576\,\sigma \leq x \leq \mu + 2.576\,\sigma$	0.990	(99.0%)
⑥ $\mu - 3\,\sigma \leq x \leq \mu + 3\,\sigma$	0.997	(99.7%)
⑦ $\mu - 3.291\,\sigma \leq x \leq \mu + 3.291\,\sigma$	0.999	(99.9%)

5. 標準正規分布

正規分布の確率密度関数(6-12)をわざわざ変換し、**標準正規分布**（standard normal distribution）の確率密度関数(6-14)を導く目的は、確率密度関数の値（確率）を容易に求めるためです。つまりこの変換を行うと、求めたい確率を、苦労して(6-12)を計算しなくても、表1枚（表6-3の**標準正規分布表**）から知ることができるからです。

表6-3　標準正規分布表

z	.00	.01	.02	.03	.04	.05	.06	.07	.08	.09
0.0	0.0000	0.0040	0.0080	0.0120	0.0160	0.0199	0.0239	0.0279	0.0319	0.0359
0.1	0.0398	0.0438	0.0478	0.0517	0.0557	0.0596	0.0636	0.0675	0.0714	0.0753
0.2	0.0793	0.0832	0.0871	0.0910	0.0948	0.0987	0.1026	0.1064	0.1103	0.1141
0.3	0.1179	0.1217	0.1255	0.1293	0.1331	0.1368	0.1406	0.1443	0.1480	0.1517
0.4	0.1554	0.1591	0.1628	0.1664	0.1700	0.1736	0.1772	0.1808	0.1844	0.1879
0.5	0.1915	0.1950	0.1985	0.2019	0.2054	0.2088	0.2123	0.2157	0.2190	0.2224
0.6	0.2257	0.2291	0.2324	0.2357	0.2389	0.2422	0.2454	0.2486	0.2517	0.2549
0.7	0.2580	0.2611	0.2642	0.2673	0.2704	0.2734	0.2764	0.2794	0.2823	0.2852
0.8	0.2881	0.2910	0.2939	0.2967	0.2995	0.3023	0.3051	0.3078	0.3106	0.3133
0.9	0.3159	0.3186	0.3212	0.3238	0.3264	0.3289	0.3315	0.3340	0.3365	0.3389
1.0	0.3413	0.3438	0.3461	0.3485	0.3508	0.3531	0.3554	0.3577	0.3599	0.3621
1.1	0.3643	0.3665	0.3686	0.3708	0.3729	0.3749	0.3770	0.3790	0.3810	0.3830
1.2	0.3849	0.3869	0.3888	0.3907	0.3925	0.3944	0.3962	0.3980	0.3997	0.4015
1.3	0.4032	0.4049	0.4066	0.4082	0.4099	0.4115	0.4131	0.4147	0.4162	0.4177
1.4	0.4192	0.4207	0.4222	0.4236	0.4251	0.4265	0.4279	0.4292	0.4306	0.4319
1.5	0.4332	0.4345	0.4357	0.4370	0.4382	0.4394	0.4406	0.4418	0.4429	0.4441
1.6	0.4452	0.4463	0.4474	0.4484	0.4495	0.4505	0.4515	0.4525	0.4535	0.4545
1.7	0.4554	0.4564	0.4573	0.4582	0.4591	0.4599	0.4608	0.4616	0.4625	0.4633
1.8	0.4641	0.4649	0.4656	0.4664	0.4671	0.4678	0.4686	0.4693	0.4699	0.4706
1.9	0.4713	0.4719	0.4726	0.4732	0.4738	0.4744	0.4750	0.4756	0.4761	0.4767
2.0	0.4772	0.4778	0.4783	0.4788	0.4793	0.4798	0.4803	0.4808	0.4812	0.4817
2.1	0.4821	0.4826	0.4830	0.4834	0.4838	0.4842	0.4846	0.4850	0.4854	0.4857
2.2	0.4861	0.4864	0.4868	0.4871	0.4875	0.4878	0.4881	0.4884	0.4887	0.4890
2.3	0.4893	0.4896	0.4898	0.4901	0.4904	0.4906	0.4909	0.4911	0.4913	0.4916
2.4	0.4918	0.4920	0.4922	0.4925	0.4927	0.4929	0.4931	0.4932	0.4934	0.4936
2.5	0.4938	0.4940	0.4941	0.4943	0.4945	0.4946	0.4948	0.4949	0.4951	0.4952
2.6	0.49534	0.49547	0.49560	0.49573	0.49585	0.49598	0.49609	0.49621	0.49632	0.49643
2.7	0.49653	0.49664	0.49674	0.49683	0.49693	0.49702	0.49711	0.49720	0.49728	0.49736
2.8	0.49744	0.49752	0.49760	0.49767	0.49774	0.49781	0.49788	0.49795	0.49801	0.49807
2.9	0.49813	0.49819	0.49825	0.49831	0.49836	0.49841	0.49846	0.49851	0.49856	0.49861
3.0	0.49865	0.49869	0.49874	0.49878	0.49882	0.49886	0.49889	0.49893	0.49897	0.49900

注）単に「正規分布表」ともいう。

いま、確率変数 x が、平均 μ、標準偏差 σ の正規分布 $N(\mu, \sigma^2)$ に従うとき、

$$z = \frac{x - 平均}{標準偏差} = \frac{x - \mu}{\sigma} \qquad (6\text{-}13)$$

とおくと、z は平均 0、標準偏差 1 の正規分布 $N(0, 1)$〔$= N(0, 1^2)$〕に従います。このような x から z への変換を、**標準化**（基準化または**ノーマライズ**）といい、変換された正規分布を**標準正規分布**といいます。

標準正規分布の確率密度関数は、

$$f(z) = \frac{1}{\sqrt{2\pi}} e^{-\frac{1}{2}z^2} \qquad (6\text{-}14)$$

となります。表 6-3 が、標準正規分布表であり、さまざまな z の値に対する、標準正規分布の面積（図の着色部分）つまり確率を、数値化したものです。

例題 6-5　標準正規分布表の利用法

確率変数 z が標準正規分布に従うとき、標準正規分布表（表 6-3）を用いて、つぎの確率を求めなさい。

① $P(0 \leq z \leq 1.45)$　　② $P(z \geq 1.82)$
③ $P(-0.86 \leq z \leq 1.57)$　　④ $P(0.42 \leq z \leq 1.79)$
⑤ $P(-1.93 \leq z \leq -0.61)$　　⑥ $P(z \geq -1.53)$
⑦ $P(z \leq -0.78)$

〔解答〕

① まず、1.45 を 1.4 と 0.05 に分けます。つぎに、表 6-3 から、縦が 1.4、横が 0.05 の交差するところの値 (0.4265) を読みとります。すなわち、0.4265 が求める確率にあたります。

$P(0 \leq z \leq 1.45)$

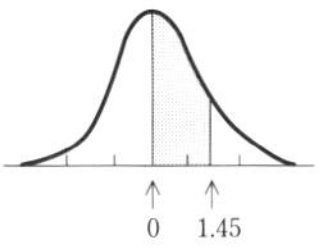

$= $ 〔図〕 $= \mathbf{0.4265}$

② $P(z \geq 1.82)$

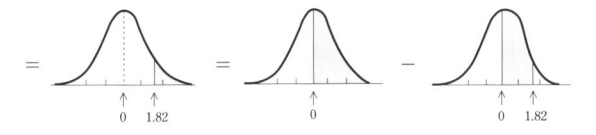

$= $ 〔図〕 $= $ 〔図〕 $- $ 〔図〕

$$= P(z \geqq 0) - P(0 \leqq z \leqq 1.82)$$
$$= 0.5 - 0.4656 = \mathbf{0.0344}$$

←連続的な確率分布なので、$P(z = 1.82) = 0$ だから、$P(0 \leqq z \leqq 1.82) = P(0 \leqq z < 1.82)$ となる。すなわち、≦は<を使用しても同じである。

③ $P(-0.86 \leqq z \leqq 1.57)$

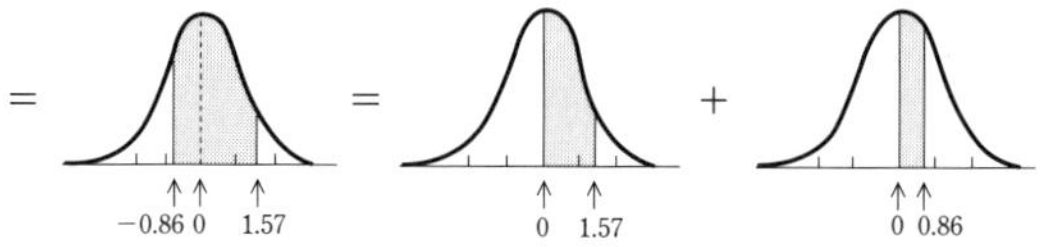

$$= P(0 \leqq z \leqq 1.57) + P(0 \leqq z \leqq 0.86)$$
$$= 0.4418 + 0.3051 = \mathbf{0.7469}$$

④ $P(0.42 \leqq z \leqq 1.79)$

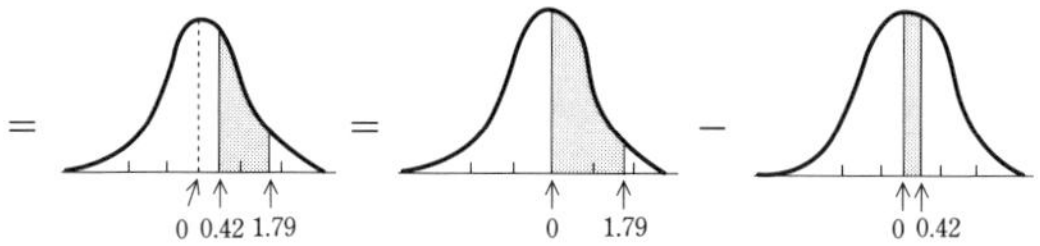

$$= P(0 \leqq z \leqq 1.79) - P(0 \leqq z \leqq 0.42)$$
$$= 0.4633 - 0.1628 = \mathbf{0.3005}$$

⑤ $P(-1.93 \leqq z \leqq -0.61)$

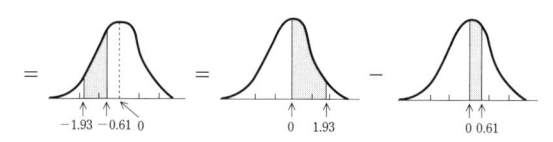

$$= P(0 \leqq z \leqq 1.93) - P(0 \leqq z \leqq 0.61)$$
$$= 0.4732 - 0.2291 = \mathbf{0.2441}$$

⑥ $P(z \geqq -1.53)$

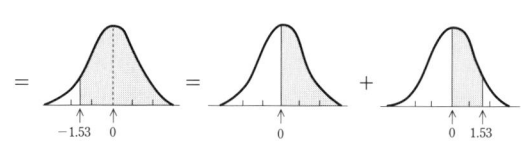

$$= P(z \geqq 0) + P(0 \leqq z \leqq 1.53)$$
$$= 0.5 + 0.4370 = \mathbf{0.9370}$$

⑦　$P(z \leqq -0.78)$

$= P(z \geqq 0) - P(0 \leqq z \leqq 0.78)$

$= 0.5 - 0.2823 = \mathbf{0.2177}$

例題 6-6　正規分布の標準化

確率変数 x が正規分布 $N(78, 8^2)$ に従うとき、つぎの確率を、表 6-3 の標準正規分布表（110頁）を調べることによって求めなさい。
①　$P(60 \leqq x \leqq 72)$　　②　$P(x \geqq 88)$

〔解答〕

x が $N(78, 8^2)$ に従うとき、(6-13) より、

$$z = \frac{x-78}{8}$$

とおくと、z は標準正規分布 $N(0, 1)$ に従います。

①　$P(60 \leqq x \leqq 72)$

$= P\left(\dfrac{60-78}{8} \leqq z \leqq \dfrac{72-78}{8}\right)$

$= P(-2.25 \leqq z \leqq -0.75)$

$= P(0 \leqq z \leqq 2.25) - P(0 \leqq z \leqq 0.75)$

$= 0.4878 - 0.2734 = \mathbf{0.2144}$

②　$P(x \geqq 88)$

$= P\left(z \geqq \dfrac{88-78}{8}\right)$

$= P(z \geqq 1.25)$

$= P(z \geqq 0) - P(0 \leqq z \leqq 1.25)$

$= 0.5 - 0.3944 = \mathbf{0.1056}$

例題6-7　正規分布の応用

ある栄養ドリンク剤には、タウリン1000mg配合とラベルに書かれているが、実際には製造工程で平均1010mg、標準偏差4mgとなるよう管理し製造されており、その分布は正規分布に従うものとします。タウリンの配合量が999mg以下になる確率を求めなさい。

〔解答〕

タウリンの配合量 x は、正規分布 $N(1010, 4^2)$ に従うので、（6-13）より、

$$z = \frac{x-1010}{4}$$

とおくと、z は標準正規分布 $N(0, 1)$ に従います。

よって、タウリンの配合量が999mg以下になる確率は、

$P(x \leq 999)$

$= P\left(z \leq \dfrac{999-1010}{4}\right)$

$= P(z \leq -2.75)$

$= P(z \geq 0) - P(0 \leq z \leq 2.75)$　←表6-3の標準正規分布表（110頁）を調べる

$= 0.5 - 0.49702 = \mathbf{0.00298}$　←つまり1000本のうち約3本がタウリン999mg以下

となります。したがって、求める確率は **0.298%** になります。

例題6-8　正規分布の応用

先日ある公務員の採用試験が行なわれ、採用人数が100名のところ、1500名の受験者がありました。試験は600満点であり、採点の結果、平均点が365点、標準偏差が50点で、得点の分布は正規分布をしていることがわかりました。
① 400点以上得点した受験者は、およそ何名いるでしょうか。
② 合格最低点は、およそ何点でしょうか。

〔解答〕

① 受験者の得点 x は、正規分布 $N(365, 50^2)$ に従うので、（6-13）より、

$$z = \frac{x-365}{50}$$

とおくと、z は標準正規分布 $N(0, 1)$ に従います。

ここで、400点以上得点した受験者の割合を求めると、

$P(x \geqq 400)$

$= P\left(z \geqq \dfrac{400-365}{50}\right)$

$= P(z \geqq 0.7)$

$= P(z \geqq 0) - P(0 \leqq z \leqq 0.7)$　←表6-3の標準正規分布表（110頁）を調べる

$= 0.5 - 0.2580 = 0.2420$

となります。よって、400点以上得点した受験者数は、

1500名×0.2420＝ **約363名**

になります。

② 採用人数が100名だから、100位の受験者の得点が合格最低点になります。

まず、100位までの受験者の割合を求めると、

$\dfrac{100名}{1500名} = 0.0667$

になります。つぎに、$P(z \geqq a) = 0.0667$ となるような a の値を求めるため、下式を設定します。

$P(0 \leqq z \leqq a) = P(z \geqq 0) - P(z \geqq a)$
$ = 0.5 - 0.0667 = 0.4333$

ここで、表6-3の標準正規分布表（110頁）から、$P(0 \leqq z \leqq a) = 0.4333$ にもっとも近い a の値を探すと、

$a \fallingdotseq 1.50$

となります。よって、100位（最下位合格の順位）の受験生の得点を x とし、標準化の式（6-13）に、$\mu = 365$、$\sigma = 50$、$z = a \fallingdotseq 1.50$ を代入すると、

$z = \dfrac{x-\mu}{\sigma}$

$1.50 = \dfrac{x-365}{50}$

$x =$ **440点**

となります。したがって、合格最低点はおよそ **440点** になります。

練習問題（第6章）

6-1（確率変数と確率分布）
　表6-1（99頁）の確率分布より、xの①期待値、②分散、③標準偏差を求めなさい。

6-2（二項分布）
　つぎの二項分布の平均値（期待値）、分散、標準偏差を求めなさい。
① $B(18, \frac{1}{3})$　② $B(36, \frac{1}{2})$　③ $B(48, \frac{1}{4})$　④ $B(150, \frac{2}{5})$

6-3（二項分布）
　ある大学では、4人に1人が自転車で通学しています。いま無作為に選んだ5人の学生のうち、自転車で通学している学生が、①0人、②1人、③2人、④3人、⑤4人、⑥5人　である確率を、それぞれ求めなさい。

6-4（ポアソン分布）
　カボチャをある国から輸入すると、平均して0.5%が腐っているそうです。いま、300個の輸入したカボチャを調べたところ、腐ったカボチャが①0個、②1個、③2個、④3個、⑤4個、⑥5個、⑦6個　見つかる確率を、それぞれ求めなさい。

6-5（ポアソン分布）
　ある病院では、緊急に入院する患者が、1日平均3.5人いるそうです。緊急入院する患者数がポアソン分布に従うものと考えて、つぎの確率を求めなさい。
①　1日に緊急入院する患者が1人もいない確率
②　1日に緊急入院する患者が1人いる確率
③　1日に緊急入院する患者が少なくとも1人いる確率

④　1日に緊急入院する患者が5人いる確率
⑤　1日に緊急入院する患者が5人以上いる確率
⑥　2日間、緊急入院する患者が1人もいない確率

6-6（正規分布）

確率変数zが標準正規分布に従うとき、標準正規分布表（110頁の表6-3）を用いて、つぎの確率を求めなさい。

① $P(-0.97 \leq z \leq 0)$　　② $P(-2.14 \leq z \leq 0.67)$
③ $P(z \geq 1.29)$　　　　　 ④ $P(1.03 \leq z \leq 1.91)$

6-7（正規分布）

確率変数xが正規分布$N(52.0, 7.5^2)$に従うとき、標準正規分布表（110頁の表6-3）を用いて、つぎの確率を求めなさい。

① $P(x \geq 59.8)$　　　　　② $P(61.3 \leq x \leq 70.6)$
③ $P(x \geq 36.4)$　　　　　④ $P(45.7 \leq x \leq 64.3)$

6-8（正規分布）

ある県の小学6年生男子の身長が、平均151.4cm、標準偏差5.0cmの正規分布に従うものとします。
①　身長が160cm以上の児童は、200人中約何人いますか。
②　身長が145cmから155cmの児童は、200人中約何人いますか。
③　200人の中で、身長が高い方から5番以内に入るには、約何cm以上あればよいですか。

6-9（正規分布）

あるコンビニエンスストアでは、1日の「のり弁当」の売上数が、平均68食、標準偏差12食の正規分布に従います。いま、確率95％で売り切れがないようにするためには、1日のはじめに何食の仕入れをしておくとよいでしょうか。ただし、のり弁当の賞味期限は1日となっています。

第7章 母平均の区間推定

　前の4、5、6章では、確率（順列と組合せを含む）と確率分布について学びましたが、本章では、その知識を生かして、実際には知ることがむずかしい母平均（母集団の平均）を、標本の「情報」から、ある一定の幅をもたせて推定する方法、すなわち母平均の区間推定の方法について解説します。一部（標本）から全体（母集団）を推測すること、これが統計学の真骨頂です。

1. 母平均の区間推定とは

　母平均の区間推定（interval estimation）とは、実際には知ることのむずかしい母集団の平均（母平均）μが、母集団から無作為に取り出した標本の「情報」を用いて、ある確率のもとでどのくらいの区間に含まれるか、推定することをいいます。この区間のことを**信頼区間**（confidence interval）といい、その両端を**信頼限界**（confidence limit）といいます。そして、信頼限界の小さい端を**下側信頼限界**（lower confidence limit）または**下限値**、一方大きい端を**上側信頼限界**（upper confidence limit）または**上限値**と呼びます。真の母平均が、信頼区間に含まれる確率を**信頼係数**（confidence coefficient）あるいは**信頼度**（degree of confidence）といい、一般には90％、95％、99％がよく用いられます。ちなみに、信頼係数が高いほど誤りをおかす確率は小さくなりますが信頼区間は広くなり、反対に、信頼係数が低いほど誤りをおかす確率は大きくなりますが信頼区間は狭くなります。

表7-1 母平均の区間推定の方法（使用する標本分布の種類）

母集団の分布の形	母標準偏差σが既知（実際には稀なケース）		母標準偏差σが未知（現実的なケース）	
	大標本 $n \geq 30$	小標本 $n < 30$	大標本 $n \geq 30$	小標本 $n < 30$
正規分布	A 正規分布	B 正規分布	C t分布または正規分布による近似	D t分布
非正規分布	E 正規分布による近似	F なし	G 正規分布による近似	H なし

注）大標本と小標本の区分は、一概に決定することはむずかしく、テキストによっても異なります。たとえば、$n \geq 25$、$n \geq 40$、$n \geq 50$、$n \geq 100$ などで大標本としているものもあります。いずれにせよ、最終的に推定の精度を高めるためには、n をできるだけ大きくすることが大切です。とくに、「Gのケース」では、分布の歪みが大きい場合、$n \geq 50$ ないし $n \geq 100$ にすることが望ましく、分布の歪みの状況に応じて、可能な限り n を大きくすることが必要です。また、F、Hのケースも、n を大きくする努力をして、それぞれEかGのケースにすると、区間推定が可能になります。

　さて、母平均の区間推定を行うとき、つぎの①、②、③の条件によって、計算する公式が異なってきます。

① 母集団の分布の形（正規分布か非正規分布か？）
② 母集団の標準偏差（母標準偏差）σが事前にわかっているか（σが既知か未知か？）
③ 母集団から抽出した標本の大きさ（**大標本〔$n \geq 30$〕か小標本〔$n < 30$〕か？**）

　表7-1は、①～③の条件の組合せA～Hのケースに対して、母平均の区間推定を行うとき、使用する標本分布の種類を整理したものです。次頁の(1)から126頁の(3)まで、この表にもとづいて、各ケースごとに母平均の区間推定の方法を解説していきます。

(1) 母集団が正規分布で、母標準偏差 σ が既知のケース（表7-1、A・B）

標本の大きさに関係なく、以下の公式が成り立ちます。

信頼係数90%の信頼区間

$$\overline{X} - 1.645 \cdot \frac{\sigma}{\sqrt{n}} \leq \mu \leq \overline{X} + 1.645 \cdot \frac{\sigma}{\sqrt{n}} \qquad (7-1)$$

信頼係数95%の信頼区間

$$\overline{X} - 1.96 \cdot \frac{\sigma}{\sqrt{n}} \leq \mu \leq \overline{X} + 1.96 \cdot \frac{\sigma}{\sqrt{n}} \qquad (7-2)$$

信頼係数99%の信頼区間

$$\overline{X} - 2.576 \cdot \frac{\sigma}{\sqrt{n}} \leq \mu \leq \overline{X} + 2.576 \cdot \frac{\sigma}{\sqrt{n}} \qquad (7-3)$$

$\left(\begin{array}{ll}\mu：母平均（母集団の平均） & \overline{X}：標本平均（標本の平均）\\ \sigma：母標準偏差（母集団の標準偏差） & n：標本の大きさ（標本の個数）\end{array}\right)$

ここで信頼係数の意味について、より正確に説明しておきましょう。

たとえば信頼係数90%とは、無作為抽出を繰りかえして区間推定を100回行ったとき、90回は母平均が信頼区間に入るが、10回は入らない可能性があるということです。同様に、信頼係数95%とは、無作為抽出を繰りかえして区間推定を100回行ったとき、95回は母平均が信頼区間に入るが、5回は入らない可能性があるということです。

〔補足〕公式(7-2)の導き方

母集団の分布が正規分布 $N(\overset{平均}{\mu},\overset{分散}{\sigma^2})$ であるとき、そこから無作為に抽出して計算された標本平均 $\overline{X}$ の分布（＝標本を何度も抽出し、そのたびに標本平均 $\overline{X}$ を求めると、$\overline{X}$ はいろいろな値をとる、すなわち $\overline{X}$ は分布をすることになる）は、つねに正規分布 $N(\overset{平均}{\mu}, \overset{分散}{\frac{\sigma^2}{n}})$ になるという性質があります。よって、$\overline{X}$ を標準化した

$$z = \frac{\overline{X} - \mu}{\frac{\sigma}{\sqrt{n}}}$$

←標準化については111頁を参照して下さい。
←$\overline{X}$ の標準偏差であり、標準誤差（standard error）という

の分布も、必ず標準正規分布 $N(0, 1)$ になります。

したがって、信頼係数95%の信頼区間は、標準正規分布の性質より（確率95%の z の範囲は $-1.96 \sim +1.96$：図7-1参照）、つぎのように導かれます。

$$-1.96 \leqq z \leqq 1.96$$

$$-1.96 \leqq \frac{\overline{X}-\mu}{\frac{\sigma}{\sqrt{n}}} \leqq 1.96$$

$$\overline{X} - 1.96 \cdot \boxed{\frac{\sigma}{\sqrt{n}}} \leqq \mu \leqq \overline{X} + 1.96 \cdot \boxed{\frac{\sigma}{\sqrt{n}}}$$

　　　　　　　　↑　　　　　　　　　　　↑
　　　　　　標準誤差　　　　　　　　標準誤差

（7-1）、（7-3）も、同様の方法で導くことができます。

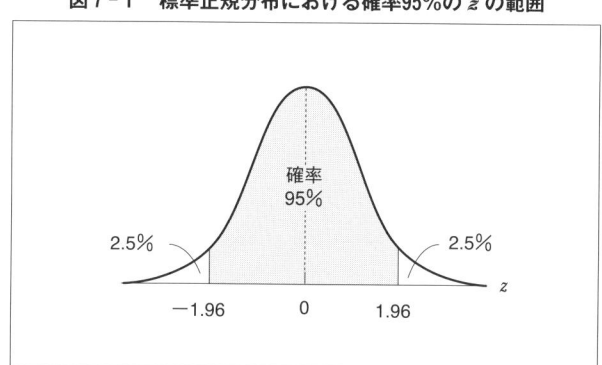

図7-1　標準正規分布における確率95%の z の範囲

例題7-1　母平均の区間推定（正規母集団で母標準偏差 σ が既知：$n \geqq 30$）

母集団が正規分布（**正規母集団**という）で、母標準偏差 σ が20であることがわかっているとき、この母集団から大きさ100の標本を取り出し、標本平均 $\overline{X}$ を求めたところ80になりました。母集団の平均値（母平均）μ を、信頼係数95%で区間推定しなさい。

〔解答〕

この問題は、表7-1の「Aのケース」にあたります。

標本の大きさ（個数）$n = 100$、標本平均 $\overline{X} = 80$、母標準偏差 $\sigma = 20$ を、（7-2）へ代入し、母平均 μ の信頼係数95%の信頼区間を求めます。

$$\overline{X} - 1.96 \cdot \frac{\sigma}{\sqrt{n}} \leqq \mu \leqq \overline{X} + 1.96 \cdot \frac{\sigma}{\sqrt{n}}$$

$$80 - 1.96 \cdot \frac{20}{\sqrt{100}} \leqq \mu \leqq 80 + 1.96 \cdot \frac{20}{\sqrt{100}}$$

$$80 - 1.96 \cdot 2.0 \leqq \mu \leqq 80 + 1.96 \cdot 2.0$$

$$76.08 \leq \mu \leq 83.92$$

↑ 下側信頼限界（下限値）　　↑ 上側信頼限界（上限値）

〔補足〕下側信頼限界は小さ目に、上側信頼限界は大き目にとる！

　信頼区間を実際に計算するとき、下側信頼限界は小さ目にとるため切り下げ、上側信頼限界は大き目にとるため切り上げます。たとえば、例題7-1の場合、有効数字を2桁で求めると、$76 \leq \mu \leq 84$ ということになります。

例題7-2　母平均の区間推定（正規母集団で母標準偏差σが既知：$n \geq 30$）

　例題7-1において、標本の大きさを100から10000に変更し、母平均μを信頼係数95％で区間推定しなさい。なお、標本平均$\overline{X}$と母標準偏差σは不変とします。

〔解答〕

　この問題も、表7-1の「Aのケース」にあたります。

　$n = 10000, \overline{X} = 80, \sigma = 20$ を、（7-2）へ代入します。

$$80 - 1.96 \cdot \frac{20}{\sqrt{10000}} \leq \mu \leq 80 + 1.96 \cdot \frac{20}{\sqrt{10000}}$$

$$80 - 1.96 \cdot 0.20 \leq \mu \leq 80 + 1.96 \cdot 0.20$$

$$79.608 \leq \mu \leq 80.392$$

$$79.60 \leq \mu \leq 80.40 \quad \leftarrow 例題7-1の推定結果と比較してみよう！$$

↑ 下側信頼限界　　↑ 上側信頼限界

　標本の大きさnが大きくなるほど、信頼区間の幅は狭くなり、すなわち「推定の精度」が高くなることがわかります。

例題7-3　母平均の区間推定（正規母集団で母標準偏差σが既知：$n < 30$）

　A社で大量生産されているアルカリ乾電池の中から、いま16個を無作為に抽出しテストしたところ、それらの平均寿命（標本平均）$\overline{X}$は3098時間でした。また、アルカリ乾電池の寿命は正規分布に従い、母標準偏差σは200時間であることが経験的にわかっています。A社で生産されるアルカリ乾電池の平均寿命（母平均）μを、それぞれ①信頼係数90％、②信頼係数95％、③信頼係数99％で区間推定しなさい。

〔解答〕

この問題は、表 7-1 の「B のケース」にあたります。

① 標本の大きさ $n = 16$、標本平均 $\overline{X} = 3098$、母標準偏差 $\sigma = 200$ を、(7-1) へ代入し、μ に関する信頼係数 90% の信頼区間を求めます。

$$\overline{X} - 1.645 \cdot \frac{\sigma}{\sqrt{n}} \leq \mu \leq \overline{X} + 1.645 \cdot \frac{\sigma}{\sqrt{n}}$$

$$3098 - 1.645 \cdot \frac{200}{\sqrt{16}} \leq \mu \leq 3098 + 1.645 \cdot \frac{200}{\sqrt{16}}$$

$$3098 - 1.645 \cdot 50 \leq \mu \leq 3098 + 1.645 \cdot 50$$

3015.75 時間 $\leq \mu \leq$ **3180.25 時間**
　　↑　　　　　　　　　　↑
下側信頼限界　　　　　上側信頼限界

② 同様に、(7-2) より、信頼係数 95% の信頼区間を求めます。

$$\overline{X} - 1.96 \cdot \frac{\sigma}{\sqrt{n}} \leq \mu \leq \overline{X} + 1.96 \cdot \frac{\sigma}{\sqrt{n}}$$

$$3098 - 1.96 \cdot \frac{200}{\sqrt{16}} \leq \mu \leq 3098 + 1.96 \cdot \frac{200}{\sqrt{16}}$$

$$3098 - 1.96 \cdot 50 \leq \mu \leq 3098 + 1.96 \cdot 50$$

3000.00 時間 $\leq \mu \leq$ **3196.00 時間**
　　↑　　　　　　　　　　↑
下側信頼限界　　　　　上側信頼限界

③ 同様に、(7-3) より、信頼係数 99% の信頼区間を求めます。

$$\overline{X} - 2.576 \cdot \frac{\sigma}{\sqrt{n}} \leq \mu \leq \overline{X} + 2.576 \cdot \frac{\sigma}{\sqrt{n}}$$

$$3098 - 2.576 \cdot \frac{200}{\sqrt{16}} \leq \mu \leq 3098 + 2.576 \cdot \frac{200}{\sqrt{16}}$$

$$3098 - 2.576 \cdot 50 \leq \mu \leq 3098 + 2.576 \cdot 50$$

2969.20 時間 $\leq \mu \leq$ **3226.80 時間**
　　↑　　　　　　　　　　↑
下側信頼限界　　　　　上側信頼限界

(2)　a）母集団が正規分布で、母標準偏差 σ が未知（かつ $n \geq 30$）のケース（表7-1、**C**）

または、

b）母集団が非正規分布で、母標準偏差 σ が未知（かつ $n \geq 30$）のケース（表7-1、**G**）

現実的には、母標準偏差 σ が未知である、本項(2)や次項(3)のケースがほとんどであり、前項(1)のように σ が既知のケースはむしろ稀です。

a）とb）のケースでは、以下の公式が成り立ちます。

信頼係数90％の信頼区間

$$\overline{X} - 1.645 \cdot \frac{s}{\sqrt{n}} \leq \mu \leq \overline{X} + 1.645 \cdot \frac{s}{\sqrt{n}} \tag{7-4}$$

信頼係数95％の信頼区間

$$\overline{X} - 1.96 \cdot \frac{s}{\sqrt{n}} \leq \mu \leq \overline{X} + 1.96 \cdot \frac{s}{\sqrt{n}} \tag{7-5}$$

信頼係数99％の信頼区間

$$\overline{X} - 2.576 \cdot \frac{s}{\sqrt{n}} \leq \mu \leq \overline{X} + 2.576 \cdot \frac{s}{\sqrt{n}} \tag{7-6}$$

$\begin{pmatrix} \mu：母平均（母集団の平均） & \overline{X}：標本平均（標本の平均） \\ s：標本標準偏差（標本の標準偏差） & n：標本の大きさ（標本の個数） \end{pmatrix}$

$s = \sqrt{\dfrac{\sum(X-\overline{X})^2}{n-1}}$ （39頁を参照してください。）

〔補足〕中心極限定理と公式（7-5）の導き方

　　フランスの数学者ラプラス（P. S. Laplace, 1749～1827年）が1809年に発見した**中心極限定理**（central limit theorem）によると、母集団の分布がどのような分布でも（正規分布でも、非正規分布でも）、そこから無作為に抽出して計算された標本平均 $\overline{X}$ の分布は、標本の大きさ n が大きくなるに従って、正規分布 $N(\overset{平均}{\mu}, \overset{分散}{\dfrac{\sigma^2}{n}})$ に近づいていきます。

　　よって、$\overline{X}$ を標準化した

$$z = \frac{\overline{X} - \mu}{\dfrac{\sigma}{\sqrt{n}}}$$

の分布も、n が大きくなるに従って、標準正規分布 $N(0, 1)$ に近づいていきます。

ここで、母標準偏差 σ は未知なので、σ の代わりに標本標準偏差 s を用いて、

$$\frac{\overline{X}-\mu}{\frac{s}{\sqrt{n}} \leftarrow 標準誤差}$$

の分布も、近似的に標準正規分布に近づいていくと考えます。

したがって、標準正規分布の性質（確率95％の z の範囲は $-1.96 \sim +1.96$）より、信頼係数95％の信頼区間は、以下のようにして導かれます。

$$-1.96 \leq \frac{\overline{X}-\mu}{\frac{s}{\sqrt{n}}} \leq 1.96$$

$$\overline{X} - 1.96 \cdot \underset{標準誤差}{\frac{s}{\sqrt{n}}} \leq \mu \leq \overline{X} + 1.96 \cdot \underset{標準誤差}{\frac{s}{\sqrt{n}}}$$

（7-4）、（7-6）も同様の方法で導くことができます。

例題 7-4　母平均の区間推定（母集団分布の形と母標準偏差 σ が未知：$n \geq 30$）

中学受験を目指す小学 6 年生の父母400名を対象に、1 カ月の補習教育費（塾・家庭教師等の費用）を調査したところ、平均が 3 万2000円、標準偏差が5500円でした。母集団の分布の形はわからないものとして、中学受験を目指す小学 6 年生の父母が 1 カ月に負担する平均的な補習教育費 μ を、信頼係数95％で区間推定しなさい。

〔解答〕

この問題は、表7-1の「Gのケース」にあたります。

標本の大きさ $n = 400$、標本平均 $\overline{X} = 32000$、標本標準偏差 $s = 5500$ を、（7-5）へ代入し、μ に関する信頼係数95％の信頼区間を求めます。

$$\overline{X} - 1.96 \cdot \frac{s}{\sqrt{n}} \leq \mu \leq \overline{X} + 1.96 \cdot \frac{s}{\sqrt{n}}$$

$$32000 - 1.96 \cdot \frac{5500}{\sqrt{400}} \leq \mu \leq 32000 + 1.96 \cdot \frac{5500}{\sqrt{400}}$$

$$32000 - 1.96 \cdot 275 \leq \mu \leq 32000 + 1.96 \cdot 275$$

$$\underset{下側信頼限界}{\mathbf{3万1461円}} \leq \mu \leq \underset{上側信頼限界}{\mathbf{3万2539円}}$$

(3) 母集団が正規分布で、母標準偏差 σ が未知（かつ $n < 30$）のケース（表7-1、D）

母集団が正規分布で、母標準偏差 σ が未知であり、標本の大きさ n が小さい（$n<30$：小標本）このケースでは、これまで利用してきた標準正規分布ではなく、**t 分布**（t-distribution）を用いて、母平均 μ の区間推定を行います。

使用する公式は以下のとおりであり、公式中の $t_{0.050}$、$t_{0.025}$、$t_{0.005}$（t 値という）は、次頁の表7-2の **t 分布表**から、**自由度**（$n-1=$ 標本の個数-1）に対応する値を求めます。

信頼係数90%の信頼区間

$$\overline{X} - t_{0.050} \cdot \frac{s}{\sqrt{n}} \leq \mu \leq \overline{X} + t_{0.050} \cdot \frac{s}{\sqrt{n}} \tag{7-7}$$

信頼係数95%の信頼区間

$$\overline{X} - t_{0.025} \cdot \frac{s}{\sqrt{n}} \leq \mu \leq \overline{X} + t_{0.025} \cdot \frac{s}{\sqrt{n}} \tag{7-8}$$

信頼係数99%の信頼区間

$$\overline{X} - t_{0.005} \cdot \frac{s}{\sqrt{n}} \leq \mu \leq \overline{X} + t_{0.005} \cdot \frac{s}{\sqrt{n}} \tag{7-9}$$

$\begin{pmatrix} \mu：母平均（母集団の平均） & \overline{X}：標本平均（標本の平均） \\ s：標本標準偏差（標本の標準偏差） & n：標本の大きさ（標本の個数） \\ t：t 値 & \end{pmatrix}$

なお、母集団が正規分布で、母標準偏差 σ が未知であり、標本の大きさ n が大きい（$n \geq 30$）表7-1の「Cのケース」でも、t 分布を用いた方が、正規分布で近似するよりも、より精確に母平均 μ の区間推定を行うことができます。

表7-2 t分布表（0からt_aまでの「距離」）

片側確率 α 自由度 $(n-1)$	0.050（5%） （信頼係数90%の区間推定のケース）	0.025（2.5%） （信頼係数95%の区間推定のケース）	0.005（0.5%） （信頼係数99%の区間推定のケース）
1	6.314	12.706	63.657
2	2.920	4.303	9.925
3	2.353	3.182	5.841
4	2.132	2.776	4.604
5	2.015	2.571	4.032
6	1.943	2.447	3.707
7	1.895	2.365	3.499
8	1.860	2.306	3.355
9	1.833	2.262	3.250
10	1.812	2.228	3.169
11	1.796	2.201	3.106
12	1.782	2.179	3.055
13	1.771	2.160	3.012
14	1.761	2.145	2.977
15	1.753	2.131	2.947
16	1.746	2.120	2.921
17	1.740	2.110	2.898
18	1.734	2.101	2.878
19	1.729	2.093	2.861
20	1.725	2.086	2.845
21	1.721	2.080	2.831
22	1.717	2.074	2.819
23	1.714	2.069	2.807
24	1.711	2.064	2.797
25	1.708	2.060	2.787
26	1.706	2.056	2.779
27	1.703	2.052	2.771
28	1.701	2.048	2.763
29	1.699	2.045	2.756
30	1.697	2.042	2.750
40	1.684	2.021	2.704
50	1.676	2.009	2.678
60	1.671	2.000	2.660
80	1.664	1.990	2.639
100	1.660	1.984	2.626
120	1.658	1.980	2.617
∞	1.645	1.960	2.576

注）自由度 $n-1$ の t 分布で、片側確率 a が 0.050（5%）、0.025（2.5%）、0.005（0.5%）となる点 $t_{0.050}$、$t_{0.025}$、$t_{0.005}$ をそれぞれ示している。n は標本の大きさ。

例）自由度 $n-1 = 6$、片側確率 $a = 0.050$（5%）のとき、$t_{0.050} = 1.943$ となる。

〔補足1〕 t 分布とは

ゴセット（W. S. Gosset, 1876～1937年）が1908年の論文で発表した t 分布は、小標本のために考案された分布で、標準正規分布によく似ており、平均値0を中心とした左右対称な分布です。しかし、両者が異なるのは、t 分布が自由度 $n-1$ によってその形が変わる点です。標本の大きさ n が30以上になると、両者の形にほとんど差はなくなりますが、n がそれより小さいとき、t 分布の頂点は低く、分布の裾は厚く長くなります（図7-2参照）。n が小さいほど、この特徴は強まります。

ゴセットは、生涯イギリスのビール会社ギネス社の技術者であり、「スチューデント」のペンネームで、すぐれた統計学の論文を残しました。この t 分布も、通称「スチューデントの t 分布」と呼ばれています。

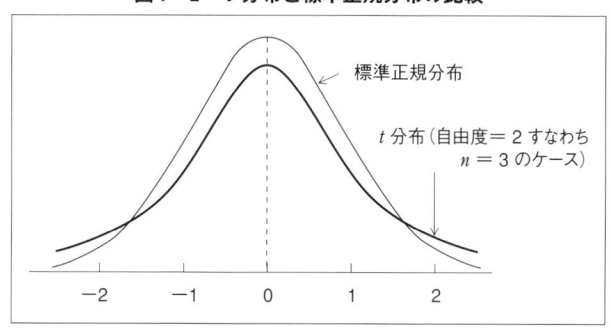

図7-2　t 分布と標準正規分布の比較

〔補足2〕 公式（7-8）の導き方

標本の大きさが小さいケース（$n < 30$）では、$\overline{X}$ を標準化した

$$\frac{\overline{X}-\mu}{\frac{s}{\sqrt{n}}} \leftarrow 標準誤差$$

の分布は、前節で用いた標準正規分布ではなく、自由度 $n-1$ の t 分布に従います。

よって、信頼係数95％の信頼区間は、以下のようにして導かれます。

$$-t_{0.025} \leqq \frac{\overline{X}-\mu}{\frac{s}{\sqrt{n}}} \leqq t_{0.025}$$

$$\overline{X} - t_{0.025} \cdot \underset{標準誤差}{\frac{s}{\sqrt{n}}} \leqq \mu \leqq \overline{X} + t_{0.025} \cdot \underset{標準誤差}{\frac{s}{\sqrt{n}}}$$

（7-7）、（7-9）も同様の方法で導くことができます。

例題 7-5　母平均の区間推定（正規母集団で母標準偏差σが未知：n＜30）t 分布

ある正規母集団から、大きさ25の標本を抽出し、その平均（標本平均）$\overline{X}$ と標準偏差（標本標準偏差）s を計算したところ、50と15になりました。母集団の平均値（母平均）μ を、それぞれ①信頼係数90％、②信頼係数95％、③信頼係数99％で区間推定しなさい。

〔解答〕

この問題は、母集団が正規分布で、標本の大きさが $n=25$ の小標本（$n<30$）だから、表7-1の「Dのケース」にあたります。したがって、t 分布を用いて区間推定を行います。

① 自由度（$n-1=25-1$）が24で、信頼係数90％だから、t 分布表より $t_{0.050}=1.711$ が得られます。よって、$n=25$、$\overline{X}=50$、$s=15$、$t_{0.050}=1.711$ を（7-7）へ代入し、母平均 μ の信頼係数90％の信頼区間を求めます。

$$\overline{X}-t_{0.050}\cdot\frac{s}{\sqrt{n}}\leq\mu\leq\overline{X}+t_{0.050}\cdot\frac{s}{\sqrt{n}}$$

$$50-1.711\cdot\frac{15}{\sqrt{25}}\leq\mu\leq50+1.711\cdot\frac{15}{\sqrt{25}}$$

$$50-1.711\cdot3\leq\mu\leq50+1.711\cdot3$$

$$44.867\leq\mu\leq55.133$$

$$\mathbf{44.86}\leq\mu\leq\mathbf{55.14}$$

　　　　↑　　　　　　↑
　　下側信頼限界　　上側信頼限界

② 自由度が24で、信頼係数95％だから、t 分布表より $t_{0.025}=2.064$ が得られます。よって、$n=25$、$\overline{X}=50$、$s=15$、$t_{0.025}=2.064$ を（7-8）へ代入し、母平均 μ の信頼係数95％の信頼区間を求めます。

$$\overline{X}-t_{0.025}\cdot\frac{s}{\sqrt{n}}\leq\mu\leq\overline{X}+t_{0.025}\cdot\frac{s}{\sqrt{n}}$$

$$50-2.064\cdot\frac{15}{\sqrt{25}}\leq\mu\leq50+2.064\cdot\frac{15}{\sqrt{25}}$$

$$50-2.064\cdot3\leq\mu\leq50+2.064\cdot3$$

$$43.808\leq\mu\leq56.192$$

$$\mathbf{43.80}\leq\mu\leq\mathbf{56.20}$$

　　　　↑　　　　　　↑
　　下側信頼限界　　上側信頼限界

③ 自由度が24で、信頼係数99%だから、t 分布表より $t_{0.005} = 2.797$ が得られます。よって、$n = 25$、$\overline{X} = 50$、$s = 15$、$t_{0.005} = 2.797$ を (7-9) へ代入し、母平均 μ の信頼係数99%の信頼区間を求めます。

$$\overline{X} - t_{0.005} \cdot \frac{s}{\sqrt{n}} \leq \mu \leq \overline{X} + t_{0.005} \cdot \frac{s}{\sqrt{n}}$$

$$50 - 2.797 \cdot \frac{15}{\sqrt{25}} \leq \mu \leq 50 + 2.797 \cdot \frac{15}{\sqrt{25}}$$

$$50 - 2.797 \cdot 3 \leq \mu \leq 50 + 2.797 \cdot 3$$

$$41.609 \leq \mu \leq 58.391$$

$$\mathbf{41.60} \leq \mu \leq \mathbf{58.40}$$

　　　　　　　↑　　　　　↑
　　　　　下側信頼限界　上側信頼限界

　信頼係数が90%、95%、99%と大きくなるにつれて、誤りをおかす確率は小さくなりますが、信頼区間が広くなっているのがわかります。

例題 7-6 母平均の区間推定（正規母集団で母標準偏差σが未知：n＜30）t分布

あるスーパーマーケットで、いちごの販売量を、無作為に選んだ9日について調べたところ、つぎのようなデータが得られました。このスーパーマーケットの1日当たりのいちごの平均販売量μを、信頼係数90％で区間推定しなさい。ただし、このスーパーのいちごの販売量は、正規分布に従うものと仮定します。

66　75　73　62　70　65　77　64　78　（単位：パック）

〔解答〕

〈順序1〉から〈順序6〉の順に、計算をすすめます。

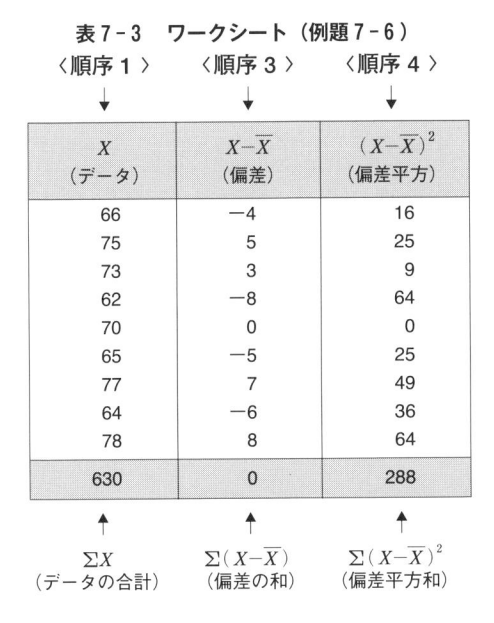

表7-3　ワークシート（例題7-6）

〈順序1〉　　〈順序3〉　　〈順序4〉

X (データ)	$X-\overline{X}$ (偏差)	$(X-\overline{X})^2$ (偏差平方)
66	−4	16
75	5	25
73	3	9
62	−8	64
70	0	0
65	−5	25
77	7	49
64	−6	36
78	8	64
630	0	288

$\sum X$ (データの合計)　$\sum(X-\overline{X})$ (偏差の和)　$\sum(X-\overline{X})^2$ (偏差平方和)

〈順序2〉

算術平均（標本平均）$\overline{X}$ を計算します。

$$\overline{X} = \frac{\sum X}{n} = \frac{630}{9} = 70 \text{ パック}$$

〈順序5〉

偏差平方和 $\sum(X-\overline{X})^2 = 288$ と $n=9$ を、つぎの公式(3-11)に代入し、標本標準偏差 s を求めます。

$$s = \sqrt{\frac{\sum(X-\overline{X})^2}{n-1}} = \sqrt{\frac{288}{9-1}} = \sqrt{36} = 6 \text{パック}$$

〈順序6〉

母集団が正規分布で、標本の大きさが $n=9$ の小標本（$n<30$）だから（表7-1の「Dのケース」）、t 分布を用いて区間推定を行います。

自由度（$n-1=9-1$）が8で、信頼係数が90％だから、表7-2の t 分布表より、$t_{0.050}=1.860$ が得られます。よって、$n=9$、$\overline{X}=70$、$s=6$、$t_{0.050}=1.860$ を（7-7）へ代入し、μ に関する信頼係数90％の信頼区間を求めます。

$$\overline{X} - t_{0.050} \cdot \frac{s}{\sqrt{n}} \leq \mu \leq \overline{X} + t_{0.050} \cdot \frac{s}{\sqrt{n}}$$

$$70 - 1.860 \cdot \frac{6}{\sqrt{9}} \leq \mu \leq 70 + 1.860 \cdot \frac{6}{\sqrt{9}}$$

$$70 - 1.860 \cdot 2 \leq \mu \leq 70 + 1.860 \cdot 2$$

$$\mathbf{66.28\text{パック}} \leq \mu \leq \mathbf{73.72\text{パック}}$$

　　　　　↑　　　　　　　　↑
　　下側信頼限界　　　　上側信頼限界

2．標本の大きさの決定方法

母平均 μ の区間推定において、分析者が、推定の誤差 $|\overline{X}-\mu|$ をある値 e 以下にしたいとき、必要な標本の大きさ n は、以下の公式によって決定することができます。公式の導き方は、〔補足〕を参照してください。

信頼係数90％の区間推定のケース

$$n \geq \left(\frac{1.645 \cdot \sigma}{e}\right)^2 \qquad (7-10)$$

信頼係数95％の区間推定のケース

$$n \geq \left(\frac{1.96 \cdot \sigma}{e}\right)^2 \qquad (7-11)$$

信頼係数99％の区間推定のケース

$$n \geq \left(\frac{2.576 \cdot \sigma}{e}\right)^2 \qquad (7-12)$$

$\begin{pmatrix} n：分析者が決定したい標本の大きさ \\ \sigma：母標準偏差（既知） \\ e：分析者が設定する「推定の誤差」（誤差の限界、あるいは許容誤差ともいう） \end{pmatrix}$

ここで、母標準偏差 σ が未知のケースでは、小規模の事前調査（パイロット調査）や前回の調査から標本標準偏差 s を求めて、σ の代用にします。

また、「推定の誤差」を小さくしようとすると、必要となる標本の大きさは大きくなります。

〔補足〕公式(7-11)の導き方

母平均を μ、標本平均を $\overline{X}$、標本の大きさを n とすると、信頼係数95％のケースにおける推定の誤差 $|\overline{X}-\mu|$ は、(7-2)を変形して、

$$|\overline{X}-\mu| \leq 1.96 \cdot \frac{\sigma}{\sqrt{n}}$$

と書けます。いま、上式の右辺が、分析者が指定する「推定の誤差」e 以下になるようにおくと、

$$1.96 \cdot \frac{\sigma}{\sqrt{n}} \leqq e \quad \leftarrow e は分析者が設定する「推定の誤差」$$

$$\sqrt{n} \geqq \frac{1.96 \cdot \sigma}{e}$$

$$n \geqq \left(\frac{1.96 \cdot \sigma}{e}\right)^2$$

となり、公式(7-11)を導くことができます。

(7-10)、(7-12)も同様の方法で導くことができます。

例題 7-7　母平均の区間推定における標本の大きさの決定

ある正規母集団 $N(\mu, 7^2)$ から、大きさ n の標本を取り出して、信頼係数 95% で母平均 μ の区間推定をするとき、推定の誤差を①2以下、②1以下、③0.5以下にするためには、それぞれ標本の大きさ n をいくら以上にする必要がありますか。

〔解答〕

① 母標準偏差 $\sigma = 7$、推定の誤差 $e = 2$ を、(7-11)へ代入すると、

$$n \geqq \left(\frac{1.96 \cdot \sigma}{e}\right)^2$$

$$n \geqq \left(\frac{1.96 \cdot 7}{2}\right)^2$$

$$n \geqq 47.0596$$

となります。

したがって、標本の大きさは、**48以上**必要になります。

② $\sigma = 7$、$e = 1$ を、(7-11)へ代入すると、

$$n \geqq \left(\frac{1.96 \cdot 7}{1}\right)^2$$

$$n \geqq 188.2384$$

となります。

したがって、標本の大きさは、**189以上**必要になります。

③ $\sigma = 7$、$e = 0.5$ を、(7-11)へ代入すると、

$$n \geqq \left(\frac{1.96 \cdot 7}{0.5}\right)^2$$

$$n \geqq 752.9536$$

となります。

したがって、標本の大きさは、**753以上**必要になります。

以上、①～③のケースからもわかるように、推定の誤差 e を小さく指定すればするほど、必要となる標本の大きさは大きくなります。

例題7-8　母平均の区間推定における標本の大きさの決定

ある製薬会社では、体脂肪を減少させる新薬を開発し、任意に抽出した100匹のマウスにこの新薬を毎日経口投与して、1カ月後に体重の変化を測定したところ、体重の減少量は平均7.8g、標準偏差1.5gという結果を得ました。ただし、マウスの体重の減少量の分布は正規分布に従うと仮定します。
① 母平均 μ を、信頼係数99%で区間推定しなさい。
② 標本平均 $\overline{X}$ と母平均 μ の差（推定の誤差）を0.3g以下にするためには、標本数 n をいくら以上にする必要があるか、(1)信頼係数90%、(2)信頼係数95%、(3)信頼係数99%の3ケースについて求めなさい。

〔解答〕

① この問題は、表7-1の「Cのケース」にあたります。t 分布による区間推定も可能ですが、ここでは、正規分布による近似によって区間推定を行います。

標本の大きさ $n=100$、標本平均 $\overline{X}=7.8$、標本標準偏差 $s=1.5$ を、(7-6)へ代入し、母平均 μ の信頼係数99%の信頼区間を求めます。

$$\overline{X} - 2.576 \cdot \frac{s}{\sqrt{n}} \leq \mu \leq \overline{X} + 2.576 \cdot \frac{s}{\sqrt{n}}$$

$$7.8 - 2.576 \cdot \frac{1.5}{\sqrt{100}} \leq \mu \leq 7.8 + 2.576 \cdot \frac{1.5}{\sqrt{100}}$$

$$7.8 - 2.576 \cdot 0.15 \leq \mu \leq 7.8 + 2.576 \cdot 0.15$$

$$7.4136 \leq \mu \leq 8.1864$$

$$\mathbf{7.41g} \leq \mu \leq \mathbf{8.19g}$$

　　　　↑　　　　　　↑
　下側信頼限界　　上側信頼限界

②(1) 信頼係数90%のケース

いま、母標準偏差 σ は未知なので、標本標準偏差 s で代用します。$\sigma \fallingdotseq s = 1.5$、推定の誤差 $e = 0.3$ を、(7-10)へ代入すると、

$$n \geq \left(\frac{1.645 \cdot 1.5}{0.3} \right)^2$$

$$n \geq 67.650625$$

となります。

したがって、標本の大きさは、**68以上**必要になります。

(2) 信頼係数95%のケース

$\sigma \fallingdotseq s = 1.5$、$e = 0.3$ を、(7 - 11)へ代入すると、

$$n \geqq \left(\frac{1.96 \cdot 1.5}{0.3}\right)^2$$

$$n \geqq 96.04$$

となります。

したがって、標本の大きさは、**97**以上必要になります。

(3) 信頼係数99%のケース

$\sigma \fallingdotseq s = 1.5$、$e = 0.3$ を、(7 - 12)へ代入すると、

$$n \geqq \left(\frac{2.576 \cdot 1.5}{0.3}\right)^2$$

$$n \geqq 165.8944$$

となります。

したがって、標本の大きさは、**166**以上必要になります。

以上、(1)～(3)のケースからもわかるように、信頼係数を高くすればするほど、必要となる標本の大きさは大きくなります。

練習問題（第7章）

7-1（母平均の区間推定［正規母集団で母標準偏差 σ が既知：$n \geq 30$］）

母集団が正規分布で、母標準偏差 σ が2.1であることがわかっているとき、この母集団から大きさ $n = 49$ の標本を抽出して、標本平均 $\overline{X}$ を求めたところ14.5になりました。母集団の平均値（母平均）μ を、それぞれ①信頼係数90％、②信頼係数95％、③信頼係数99％で区間推定しなさい。

7-2（母平均の区間推定［正規母集団で母標準偏差 σ が既知］）

正規母集団 $N(\mu, 8.0^2)$ から、n 個の標本を取り出し、その標本平均 $\overline{X}$ を求めたところ100.0になりました。もしこのとき、標本の大きさ n が、① $n = 4$、② $n = 16$、③ $n = 64$、④ $n = 256$ ならば、信頼係数95％の母平均 μ の信頼区間はそれぞれいくらになりますか。

7-3（母平均の区間推定［母集団分布の形と母標準偏差 σ が未知：$n \geq 30$］）

ある県の高齢者121人を無作為に抽出して、1日のテレビ視聴時間を調査しました。その結果、標本平均 $\overline{X}$ は76.0分、標本標準偏差 s は19.8分でした。
① この県の高齢者の1日の平均テレビ視聴時間 μ を、それぞれ(1)信頼係数90％、(2)信頼係数95％、(3)信頼係数99％で区間推定しなさい。
② 標本平均 $\overline{X}$ と母平均 μ の差 $|\overline{X}-\mu|$（＝推定の誤差 e）を2.0分以下にするためには、標本の大きさ n を少なくともいくら以上にする必要があるか、(1)信頼係数90％、(2)信頼係数95％、(3)信頼係数99％の3つのケースについて求めなさい。

7-4（母平均の区間推定［正規母集団で母標準偏差 σ が未知：$n < 30$］
t 分布）

あるスーパーマーケットに入荷した、トラック1台分のトマトの中から20個を無作為に選び、その重さを測定したところ、平均値 $\overline{X}$ が120.3g、標本標準偏差 s が8.6gでした。入荷したトマト1個当たりの平均的な重さ μ を、

①信頼係数90％、②信頼係数95％、③信頼係数99％で区間推定しなさい。ただし、入荷したトマトの重さの分布は、正規分布に従うものと仮定します。

7-5 （母平均の区間推定［正規母集団で母標準偏差 σ が未知：$n < 30$］ t 分布）

　ある大学の学食で、トンカツ定食の販売数を、無作為に選んだ16日について調べたところ、以下のようなデータが得られました。1日当たりのトンカツ定食の平均的な販売数を、(1)信頼係数90％、(2)信頼係数95％、(3)信頼係数99％で区間推定しなさい。ただし、この学食のトンカツ定食の販売数は、正規分布に従うものと仮定します。

（単位：食）

| 84 | 102 | 110 | 107 | 95 | 127 | 109 | 115 |
| 108 | 103 | 83 | 106 | 100 | 126 | 104 | 101 |

第8章 母比率の区間推定

　母比率の区間推定とは、母平均の区間推定の場合と同様、実際には知ることがむずかしい母比率（たとえば、あるテレビ番組の成人全員の視聴率、日本の成人男性全員の喫煙率、現内閣の有権者全員の支持率など）を、母集団から無作為に抽出した標本の「情報」にもとづいて、ある確率のもと、一定の幅をもたせて推定することをいいます。この推定した幅のことを信頼区間、そして真の母比率が、信頼区間に含まれる確率を、信頼係数あるいは信頼度（一般には90%、95%、99%が用いられる）といいます。母平均の区間推定と同様、信頼係数を高くすると誤りをおかす確率は小さくなりますが信頼区間は広くなり、一方、信頼係数を低くすると誤りをおかす確率は大きくなりますが信頼区間は狭くなります。

1. 母比率の区間推定の公式

　標本の大きさ n が十分大きい場合（$n > 30$, $np > 5$, $n(1-p) > 5$ のとき）、標本比率 $\hat{p}$ は近似的に正規分布に従うとみなせるので、母比率 p は、区間推定を行うことができます。母比率の区間推定の公式は、以下のとおりです。

信頼係数90%の信頼区間

$$\hat{p} - 1.645\sqrt{\frac{\hat{p}(1-\hat{p})}{n}} \leq p \leq \hat{p} + 1.645\sqrt{\frac{\hat{p}(1-\hat{p})}{n}} \qquad (8-1)$$

信頼係数95%の信頼区間

$$\hat{p} - 1.96\sqrt{\frac{\hat{p}(1-\hat{p})}{n}} \leqq p \leqq \hat{p} + 1.96\sqrt{\frac{\hat{p}(1-\hat{p})}{n}} \quad (8\text{-}2)$$

信頼係数99%の信頼区間

$$\hat{p} - 2.576\sqrt{\frac{\hat{p}(1-\hat{p})}{n}} \leqq p \leqq \hat{p} + 2.576\sqrt{\frac{\hat{p}(1-\hat{p})}{n}} \quad (8\text{-}3)$$

$\begin{pmatrix} p：母比率（母集団の比率）\quad n：標本の大きさ（標本の個数） \\ \hat{p}：標本比率（標本の比率） \end{pmatrix}$

（注）標本の大きさが小さいときは、正規分布による近似ができないので、F分布を用いて母比率の区間推定を行う。関心のある読者は、縣（2009）等を参照。

〔補足〕公式(8-2)の導き方

　ある事柄に対して、YesかNo（1か0）からなる**二項分布**の母集団があり、Yes(1)の割合を母比率pとします。いま、この母集団から無作為に抽出した標本より**標本比率**$\hat{p}$（調査でYes(1)と答えた割合）を求めると、$\hat{p}$は、nが大きくなるにつれて、近似的に正規分布$N\left(\overset{平均}{p},\ \overset{分散}{\frac{p(1-p)}{n}}\right)$に従います（一般に、$n > 30$, $np > 5$, $n(1-p) > 5$のとき、二項分布は正規分布で近似可能）。

　　　　　　　　　　　　　　↑
　　　　　　　　二項分布の正規近似という

よって、$\hat{p}$を標準化した

$$z = \frac{\hat{p} - p}{\sqrt{\dfrac{p(1-p)}{n}}}$$

の分布も、近似的に標準正規分布$N(0,1)$に従うことになります。

　そこで、母平均の区間推定のときと同様、標準正規分布の性質（確率95%のzの範囲は$-1.96 \sim +1.96$）より、

$$-1.96 \leqq z \leqq 1.96$$

$$-1.96 \leqq \frac{\hat{p} - p}{\sqrt{\dfrac{p(1-p)}{n}}} \leqq 1.96$$

$$\hat{p} - 1.96\sqrt{\frac{p(1-p)}{n}} \leqq p \leqq \hat{p} + 1.96\sqrt{\frac{p(1-p)}{n}}$$

となります。

　ここで、nが十分に大きいので$p \fallingdotseq \hat{p}$（母比率≒標準比率）とみなし、$\sqrt{}$内のpを$\hat{p}$で代用すると、母比率pの信頼係数95%の信頼区間(8-2)が導かれま

す。

$$\hat{p} - 1.96\sqrt{\frac{\hat{p}(1-\hat{p})}{n}} \leq p \leq \hat{p} + 1.96\sqrt{\frac{\hat{p}(1-\hat{p})}{n}}$$

（8-1）、（8-3）も同様の方法で導くことができます。

例題 8-1　母比率の区間推定

あるスポーツのテレビ中継の視聴率を、900人に対して調査したところ、324人が見たと答えました。このテレビ中継の視聴率（母比率）p を、信頼係数95％で区間推定しなさい。

〔解答〕

まず、調査結果から、視聴率（標本比率）$\hat{p}$ を計算します。

$$\hat{p} = \frac{324人}{900人} = 0.36 \quad \leftarrow 点推定という$$

$\hat{p} = 0.36$、$n = 900$ を、（8-2）へ代入し、母集団における視聴率（＝母比率）p の信頼係数95％の信頼区間を求めます。

$$\hat{p} - 1.96\sqrt{\frac{\hat{p}(1-\hat{p})}{n}} \leq p \leq \hat{p} + 1.96\sqrt{\frac{\hat{p}(1-\hat{p})}{n}}$$

$$0.36 - 1.96\sqrt{\frac{0.36(1-0.36)}{900}} \leq p \leq 0.36 + 1.96\sqrt{\frac{0.36(1-0.36)}{900}}$$

$$0.36 - 1.96 \cdot 0.016 \leq p \leq 0.36 + 1.96 \cdot 0.016$$

$$0.32864 \leq p \leq 0.39136$$

32.8% $\leq p \leq$ **39.2%**　←下側信頼限界は小さ目に、上側信頼限界は大き目にとる（第7章　122頁を復習しておこう！）

↑下側信頼限界　　↑上側信頼限界

〔補足〕点推定（point estimation）

　点推定とは、母集団から無作為に抽出した標本から、標本平均や標本比率をただ1つの値で求め、母平均や母比率を推定することをいいます。

例題 8-2　母比率の区間推定

ある政策に対する支持率を調べるため、全国の有権者から無作為に3900人を選び世論調査を行ったところ、2028人が支持すると回答しました。

全国の有権者のこの政策に対する支持率（母比率）p を、信頼係数99％で区間推定しなさい。

〔解答〕

世論調査による、ある政策に対する支持率（標本比率）$\hat{p}$ を計算します。

$$\hat{p} = \frac{2028人}{3900人} = 0.52 \quad \leftarrow \text{点推定}$$

$\hat{p} = 0.52$、$n = 3900$ を（8-3）へ代入し、全国の有権者のこの政策に対する支持率（母比率）p を、信頼係数99％で区間推定します。

$$\hat{p} - 2.576\sqrt{\frac{\hat{p}(1-\hat{p})}{n}} \leq p \leq \hat{p} + 2.576\sqrt{\frac{\hat{p}(1-\hat{p})}{n}}$$

$$0.52 - 2.576\sqrt{\frac{0.52(1-0.52)}{3900}} \leq p \leq 0.52 + 2.576\sqrt{\frac{0.52(1-0.52)}{3900}}$$

$$0.52 - 2.576 \cdot 0.008 \leq p \leq 0.52 + 2.576 \cdot 0.008$$

$$0.499392 \leq p \leq 0.540608$$

$$\mathbf{49.9\%} \leq \boldsymbol{p} \leq \mathbf{54.1\%}$$

　　　　　　　↑　　　　　　　↑
　　　　下側信頼限界　　　上側信頼限界

2．標本の大きさの決定方法

母比率 p の区間推定において、分析者が**推定の誤差** $|\hat{p}-p|$ をある値 e 以下におさえたいとき、必要な標本の大きさ n は、以下の公式によって決定することができます。公式の導き方は、〔補足〕を参照してください。

▶母比率の区間推定における標本の大きさ n の決定（標本比率 $\hat{p}$ の情報あり）

信頼係数90％の区間推定のケース
$$n \geq \left(\frac{1.645}{e}\right)^2 \hat{p}(1-\hat{p}) \qquad (8-4)$$

信頼係数95％の区間推定のケース
$$n \geq \left(\frac{1.96}{e}\right)^2 \hat{p}(1-\hat{p}) \qquad (8-5)$$

信頼係数99％の区間推定のケース
$$n \geq \left(\frac{2.576}{e}\right)^2 \hat{p}(1-\hat{p}) \qquad (8-6)$$

$\begin{pmatrix} n：分析者が決定したい標本の大きさ \\ \hat{p}：標本比率（分析者が設定する）\\ e：分析者が設定する「推定の誤差」\end{pmatrix}$

このとき、標本比率 $\hat{p}$ は、分析者が設定しなければなりません。ふつう、小規模の事前調査（パイロット調査）や前回の調査の値などを用いて、$\hat{p}$ の値を設定します。当然、「推定の誤差」も分析者が設定します。誤差を小さくしようすると、必要となる標本の大きさは大きくなります。

さて、$\hat{p}$ の情報が得られず、まったく見当もつかないときは、（8-4）〜（8-6）の中に含まれる $\hat{p}(1-\hat{p})$ が最大になる値 $\left(\dfrac{1}{4}\right)^*$ を、それぞれの公式に代入し、必要となる標本の大きさ n を求めます。

> ＊証明
> $\hat{p}(1-\hat{p}) = \dfrac{1}{4} - \left(\hat{p} - \dfrac{1}{2}\right)^2$ となり、$\hat{p} = \dfrac{1}{2}$ のとき、最大値 $\dfrac{1}{4}$ をとることがわかります。

公式として整理すると、つぎのようになります。

▶母比率の区間推定における標本の大きさ n の決定(標本比率 $\hat{p}$ の情報なし)

信頼係数90%の区間推定のケース
$$n \geq \left(\frac{1.645}{e}\right)^2 \times \frac{1}{4} \tag{8-7}$$

信頼係数95%の区間推定のケース
$$n \geq \left(\frac{1.96}{e}\right)^2 \times \frac{1}{4} \tag{8-8}$$

信頼係数99%の区間推定のケース
$$n \geq \left(\frac{2.576}{e}\right)^2 \times \frac{1}{4} \tag{8-9}$$

(n：分析者が決定したい標本の大きさ
e：分析者が設定する「推定の誤差」)

〔補足〕公式(8-5)の導き方

母比率を p、標本比率を $\hat{p}$、標本の大きさを n とすると、信頼係数95%のケースにおける推定の誤差 $|\hat{p}-p|$ は、(8-2)を変形して、

$$|\hat{p}-p| \leq 1.96\sqrt{\frac{\hat{p}(1-\hat{p})}{n}}$$

と書けます。いま、上式の右辺が、分析者が指定する「推定の誤差」e 以下になるようにおくと、

$$1.96\sqrt{\frac{\hat{p}(1-\hat{p})}{n}} \leq e \quad \leftarrow 分析者が設定する「推定の誤差」$$

$$\frac{\hat{p}(1-\hat{p})}{n} \leq \left(\frac{e}{1.96}\right)^2$$

$$n \geq \left(\frac{1.96}{e}\right)^2 \hat{p}(1-\hat{p})$$

となり、公式(8-5)を導くことができます。

(8-4)、(8-6)も同様の方法で導くことができます。

例題 8-3　母比率の区間推定の応用

ある森に生息する「野鳥の総数」を推定する目的で、1000羽の野鳥を捕獲し、目印のリングを付けた後、森へ帰しました。数日後、再度野鳥を300羽捕獲して調査した結果、75羽に目印のリングが付いていました。
① 目印のリングの付いた野鳥の比率（母比率）p を、信頼係数90％で区間推定しなさい。
② ①の推定結果を利用して、この森に生息する野鳥の総数を、信頼係数90％で区間推定しなさい。

〔解答〕

① まず、調査結果から、標本比率 $\hat{p}$ を計算します。

$$\hat{p} = \frac{75羽}{300羽} = 0.25 \quad \leftarrow 点推定$$

$\hat{p} = 0.25$、$n = 300$ を、(8-1)へ代入し、目印のリングの付いた野鳥の比率（母比率）p を、信頼係数90％で区間推定します。

$$\hat{p} - 1.645\sqrt{\frac{\hat{p}(1-\hat{p})}{n}} \leq p \leq \hat{p} + 1.645\sqrt{\frac{\hat{p}(1-\hat{p})}{n}}$$

$$0.25 - 1.645\sqrt{\frac{0.25(1-0.25)}{300}} \leq p \leq 0.25 + 1.645\sqrt{\frac{0.25(1-0.25)}{300}}$$

$$0.25 - 1.645 \cdot 0.025 \leq p \leq 0.25 + 1.645 \cdot 0.025$$

$$0.208875 \leq p \leq 0.291125$$

$$\underset{\text{下側信頼限界}}{\mathbf{20.8\%}} \leq p \leq \underset{\text{上側信頼限界}}{\mathbf{29.2\%}}$$

② 母比率 p は、

$$p = \frac{1000羽}{野鳥の総数}$$

だから、①の推定結果に上式を代入すると、

$$0.208875 \leq p \leq 0.291125$$

$$0.208875 \leq \frac{1000羽}{野鳥の総数} \leq 0.291125$$

$$3434.95 \leq 野鳥の総数 \leq 4787.55$$

$$\mathbf{3434羽 \leq 野鳥の総数 \leq 4788羽}$$

例題 8-4　標本の大きさの決定（標本比率 $\hat{p}$ の情報あり）

ある都市の理工系大学生の中から無作為に300人を選び、大学院への進学希望の有無について調査したところ、225人が進学を希望すると答えました。
① ある都市の理工系大学生の大学院への進学希望者の割合 p を、信頼係数95％で区間推定しなさい。
② ある都市の理工系大学生の大学院への進学希望者の割合を、信頼係数95％で、推定の誤差 e が3％以下になるように推定するには、標本の大きさをいくつ以上にする必要があるでしょうか。
③ ②の設問において、推定の誤差 e が1％以下になるように推定するには、標本の大きさをいくつ以上にする必要があるでしょうか。

〔解答〕
① まず調査結果から、標本比率 $\hat{p}$ を計算します。

$$\hat{p} = \frac{225人}{300人} = 0.75 \quad \leftarrow 点推定$$

$\hat{p} = 0.75$、$n = 300$ を (8-2) へ代入し、ある都市の理工系大学生の大学院への進学希望者の割合（母比率）p を、信頼係数95％で区間推定します。

$$\hat{p} - 1.96\sqrt{\frac{\hat{p}(1-\hat{p})}{n}} \leqq p \leqq \hat{p} + 1.96\sqrt{\frac{\hat{p}(1-\hat{p})}{n}}$$

$$0.75 - 1.96\sqrt{\frac{0.75(1-0.75)}{300}} \leqq p \leqq 0.75 + 1.96\sqrt{\frac{0.75(1-0.75)}{300}}$$

$$0.75 - 1.96 \cdot 0.025 \leqq p \leqq 0.75 + 1.96 \cdot 0.025$$

$$0.701 \leqq p \leqq 0.799$$

$$\mathbf{70.1\%} \leqq \boldsymbol{p} \leqq \mathbf{79.9\%}$$
　　　　↑　　　　　　　↑
　下側信頼限界　　上側信頼限界

② $\hat{p} = 0.75$、推定の誤差 $e = 0.03$ を、(8-5) へ代入すると、

$$n \geqq \left(\frac{1.96}{e}\right)^2 \hat{p}(1-\hat{p})$$

$$n \geqq \left(\frac{1.96}{0.03}\right)^2 \times 0.75(1-0.75)$$

$$n \geqq 800.33\cdots$$

となります。したがって、標本の大きさは、**801以上**必要になります。

③ 同様に、$\hat{p} = 0.75$、$e = 0.01$ を、(8-5)へ代入すると、

$$n \geq \left(\frac{1.96}{0.01}\right)^2 \times 0.75(1-0.75)$$

$$n \geq 7203.00$$

となります。したがって、標本の大きさは、**7203**以上必要になります。

例題 8-5　標本の大きさの決定（標本比率 $\hat{p}$ の情報なし）

日本の20代の男女を対象に、現在の生活に満足している人の割合を、信頼係数99％で、推定の誤差 e が3％以下になるように推定するためには、標本の大きさをいくら以上にする必要がありますか。

〔解答〕

いま、標本比率 $\hat{p}$ の情報がまったくないので、(8-9)に推定の誤差 $e = 0.03$ を代入して、必要な標本の大きさ n を求めます。

$$n \geq \left(\frac{2.576}{誤差}\right)^2 \times \frac{1}{4}$$

$$n \geq \left(\frac{2.576}{0.03}\right)^2 \times \frac{1}{4}$$

$$n \geq 1843.27\cdots$$

したがって、必要な標本の大きさは、**1844**以上になります。

練習問題（第8章）

8-1 （母比率の区間推定）

ある都市の大学生を無作為に850人選んで、海外旅行の経験の有無について調査した結果、578人が海外旅行をしたことがあると答えました。海外旅行をしたことのある大学生の比率（母比率）p を、①信頼係数90％、②信頼係数95％、③信頼係数99％で区間推定しなさい。

8-2 （母比率の区間推定・標本の大きさの決定［標本比率 $\hat{p}$ の情報あり］）

ある工場で大量生産されている製品の中から、無作為に2400個を抜き取って検査したところ、96個の不良品が見つかりました。

① この工場で生産される製品全体における不良品の割合（母比率）p を、(1)信頼係数90％、(2)信頼係数95％、(3)信頼係数99％で区間推定しなさい。

② この工場で生産される製品全体における不良品の割合を、信頼係数99％で、推定の誤差が0.5％以下になるように推定するためには、標本の大きさを少なくともいくら以上にする必要がありますか。

8-3 （母比率の区間推定の応用）

ある島で、タヌキが増加して問題化してきたため、タヌキの総数を推定することにしました。まず、300匹のタヌキを捕獲し、マークを付けた後、島内に逃がしました。数日後、再度タヌキを100匹捕獲してマークの有無を調べた結果、20匹にマークが付いていました。

① マークの付いたタヌキの比率（母比率）p を、信頼係数90％で区間推定しなさい。

② ①の推定結果を利用して、島内にいるタヌキの総数を、信頼係数90％で区間推定しなさい。

8-4 （母比率の区間推定・標本の大きさの決定［標本比率 $\hat{p}$ の情報あり］）

ある内閣発足時の全国世論調査によると、無作為に抽出した2100人中1470

人がこの内閣を支持すると答えました。
① 全国の有権者におけるこの内閣の支持率（母比率）p を、(1)信頼係数90％、(2)信頼係数95％、(3)信頼係数99％で区間推定しなさい。
② 全国の有権者におけるこの内閣の支持率を、信頼係数95％で、推定の誤差が1％以下になるように推定するためには、標本の大きさをいくつ以上にする必要があるでしょうか。

8-5 （標本の大きさの決定［標本比率 $\hat{p}$ の情報なし］）
　ある都市の大学1年生を対象に、第2外国語として中国語を選択した学生の割合を、信頼係数95％で、推定の誤差 e が4％以下になるように推定するためには、標本の大きさをいくら以上にする必要がありますか。

仮説検定の方法(1)
：母平均の検定

第**9**章

　本章と第10章では、第7、8章と同様に標本の「情報」から、母平均や母比率などに仮説を立てて、その仮説が正しいかどうか、確率を用いてテストする方法、すなわち**仮説検定**（hypothesis testing）の方法について解説します。仮説検定の応用されている学問分野は、医学・薬学・工学・農学から経済学・経営学・社会学・心理学、教育学まで、実に広範です。今日の仮説検定の方法は、1930年前後、**イェジー・ネイマン**（Jerzy Neyman, 1894〜1981年）と**エゴン・ピアソン**（Egon S. Pearson, 1895〜1980年、カール・ピアソンの息子）の共同研究によって確立されました。先に学んだ区間推定の方法も、この二人の研究にもとづくものです。

　本章で学ぶ**母平均の検定**とは、実際には知ることがむずかしい母集団の平均値（母平均）μが、比較する値μ_0と「等しいか」どうか、あるいは「大きいか」、「小さいか」を調べるために行うテストのことをいいます。

1. 母標準偏差σが既知のケース

　まず、母集団が正規分布で、母標準偏差（母集団の標準偏差）σが既知のケースについて、検定の順序と方法を説明しましょう。いま母集団が正規分布（正規母集団）なので、標本の大きさnに関係なく、以下の検定方法が使えます（ただし、母集団が非正規分布の場合でも、$n \geq 30$であれば中心極限定理（124頁）によって正規分布に近似させると、この検定方法が使

用できる）。

〈順序1〉**帰無仮説 H_0**（null hypothesis）と**対立仮説 H_1**（alternative hypothesis）を立てます。μ は母平均、μ_0 は比較する値です。

　　帰無仮説　　$H_0 : \mu = \mu_0$　（母平均 μ が μ_0 と等しいという仮説）

　　対立仮説　　$H_1 : \mu \neq \mu_0$　（母平均 μ が μ_0 と等しくないという仮説：両側検定）
　　　　　　　　$H_1 : \mu > \mu_0$　（母平均 μ が μ_0 より大きいという仮説：右片側検定）　いずれか1つを選択する
　　　　　　　　$H_1 : \mu < \mu_0$　（母平均 μ が μ_0 より小さいという仮説：左片側検定）

検定は、一般に、帰無仮説 H_0 が「正しくない」として**棄却**（reject）され、対立仮説 H_1 が「正しい」として**採択**（accept：受容ともいう）されることを期待して行われます。ちなみに帰無仮説とは、「無に帰したい仮説」、つまり「否定したい仮説」という意味です。

対立仮説について何も情報がないときは、**両側検定**（two-sided test）を選択します。一方、母平均 μ が以前より大きくなったとか、小さくなったとか、事前に情報がえられており、そのこと自体を検定したいときは、**片側検定**（one-sided test）を選択します。

〈順序2〉調査結果（もしくは実験結果）を整理します。

　① 標本の大きさ　n
　② 標本平均　$\overline{X}$
　③ 母標準偏差　σ（既知）
　④ 比較する値　μ_0

ここで、標本平均 $\overline{X}$ の分布は、帰無仮説 H_0 が正しいとすれば、正規分布 $N\left(\overset{平均}{\mu_0}, \dfrac{\overset{分散}{\sigma^2}}{n}\right)$ に従います。

〈順序3〉**検定統計量**（test statistic）z を計算します。

$$z = \frac{\overline{X} - \mu_0}{\dfrac{\sigma}{\sqrt{n}}} \tag{9-1}$$

なお、z は、$\overline{X}$ を標準化した値であり、帰無仮説 H_0 が正しいとすれば、その分布は標準正規分布 $N(\overset{平均}{0}, \overset{分散}{1})$ に従います（第6章111頁参照）。このよ

表9-1　検定における判定の基準（標準正規分布を用いるケース：正規検定）

① 両側検定

　a. 有意水準5％
- $z<-1.96$ または $z>1.96$ のとき、H_0 は棄却される
- $-1.96<z<1.96$ のとき、H_0 は採択される

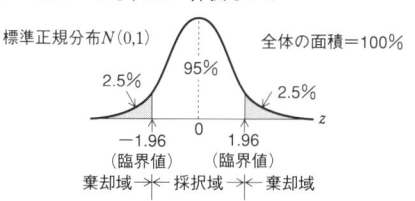

　b. 有意水準1％
- $z<-2.576$ または $z>2.576$ のとき、H_0 は棄却される
- $-2.576<z<2.576$ のとき、H_0 は採択される

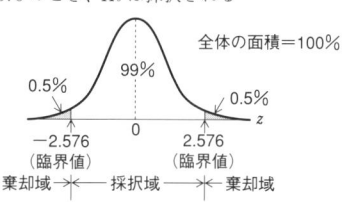

② 片側検定

　a. 有意水準5％

　（左片側検定）
- $z<-1.645$ のとき、H_0 は棄却される
- $z>-1.645$ のとき、H_0 は採択される

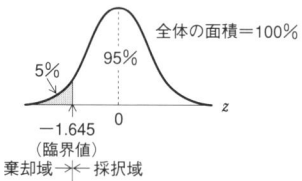

　（右片側検定）
- $z>1.645$ のとき、H_0 は棄却される
- $z<1.645$ のとき、H_0 は採択される

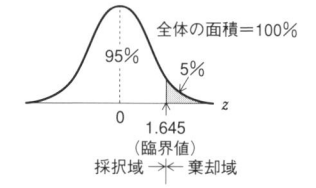

　b. 有意水準1％

　（左片側検定）
- $z<-2.326$ のとき、H_0 は棄却される
- $z>-2.326$ のとき、H_0 は採択される

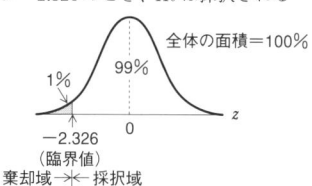

　（右片側検定）
- $z>2.326$ のとき、H_0 は棄却される
- $z<2.326$ のとき、H_0 は採択される

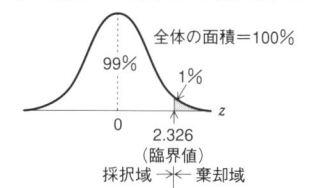

うに標準化することによって、検定が可能になります。

〈順序4〉 有意水準 **α**（significance level：**危険率**ともいい、帰無仮説 H_0 が「正しい」にもかかわらず、誤って「正しくない」と判断して H_0 を棄却してしまう確率、通常5％か1％）を決め、**臨界値**（critical value：**境界値**ともいう）を求めます。そして、〈順序3〉で求めた z_0（z を実際に計算した値で**実現値**という）が、臨界値を境目として、**棄却域**（rejection region）に入るか、あるいは**採択域**（acceptance region）に入るかを判定します。

この判定の基準を整理すると、前頁の表9－1のようになります。検定に正規分布を用いることから、一般に**正規検定**（**z 検定**）といいます。

〔補足〕第Ⅰ種の誤り（type Ⅰ error）と第Ⅱ種の誤り（type Ⅱ error）

第Ⅰ種の誤りとは、帰無仮説 H_0 が「正しい」にもかかわらず、誤って「正しくない」と判断して、H_0 を棄却してしまうことをいいます。この第Ⅰ種の誤りの確率 $α$ が、有意水準です。一方、**第Ⅱ種の誤り**とは、帰無仮説 H_0 が「正しくない」にもかかわらず、誤って「正しい」と判断して、H_0 を採択してしまうことをいいます（第Ⅱ種の誤りの確率を $β$ とする）。ここで、$α$ を小さくしようとすると $β$ が大きくなり、反対に、$β$ を小さくしようとすると $α$ が大きくなります（トレードオフの関係）。このように、第Ⅰ種の誤りと第Ⅱ種の誤りを避けることは、完全にはできません。したがって、結論として、「仮説検定」では、$α$ の管理はできるが、$β$ の方は一般に管理がむずかしいので、「$α$ の危険はあるけれども、H_0 が棄却されたときのみ、明確な結論を出す」という方法をとります。

例題9－1　母平均の検定（正規母集団で母標準偏差 σ が既知・n＜30：両側検定）

ある工場では、プリン1個の脂質について、平均9.0g、標準偏差0.5gで品質管理し生産しています。本日生産されたプリンから、無作為に16個を抜き取って脂質を検査した結果、その平均（標本平均）は9.3gでした。脂質の量は変化しておらず、本日の工程に異常はなかったといえるか、有意水準5％で検定（両側検定）しなさい。ただし、プリンの脂質の量の分布は、正規分布に従うものとします。

〔解答〕

〈順序1〉 帰無仮説 H_0 と対立仮説 H_1 を立てます。

　帰無仮説　$H_0：μ = 9.0$　←脂質の量は変化していない

第9章 仮説検定の方法(1):母平均の検定

対立仮説　$H_1: \mu \neq 9.0$　←脂質の量は変化している(両側検定)

脂質は多過ぎても少な過ぎても問題があるので(容器に表示したエネルギー[kcal]などに偽りが生じる)、両側検定が適切な検定方法になります。

〈順序2〉抜き取り検査の結果を整理します。

① 標本の大きさ　　$n = 16$
② 標本平均　　　　$\overline{X} = 9.3$
③ 母標準偏差　　　$\sigma = 0.5$
④ 比較する値　　　$\mu_0 = 9.0$

〈順序3〉(9-1)より、検定統計量 z_0(zの実現値)を計算します。

$$z_0 = \frac{\overline{X} - \mu_0}{\frac{\sigma}{\sqrt{n}}} = \frac{9.3 - 9.0}{\frac{0.5}{\sqrt{16}}} = \frac{0.3}{0.125} = 2.4$$

〈順序4〉有意水準5%の両側検定(表9-1の①aのケース)だから、

$$z_0 = 2.4 > 1.96$$　←有意水準5%(両側検定)の臨界値

となり、z_0は棄却域に入ります(図9-1参照)。したがって、帰無仮説 H_0 は棄却され、対立仮説 H_1 が採択されます。

結論として、本日生産されたプリンの脂質の量は変化しており、本日の工程に異常があったといえます。

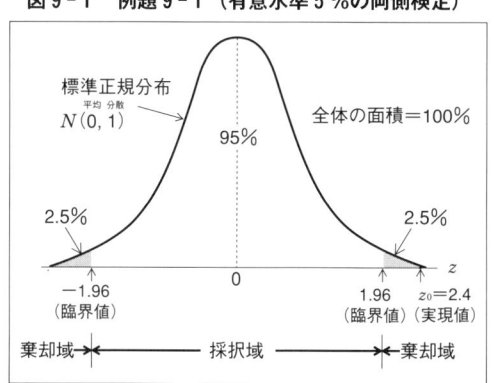

図9-1　例題9-1(有意水準5%の両側検定)

2．母標準偏差σが未知（$n \geq 30$）のケース

母標準偏差σが未知（$n \geq 30$：大標本）のケースについて、検定の順序と方法を説明しましょう（ただし、母集団が非正規分布のときは、分布の歪みが大きければ、$n \geq 50$ ないし $n \geq 100$ が望ましい）。

〈順序１〉帰無仮説 H_0 と対立仮説 H_1 を立てます。

　　帰無仮説　$H_0 : \mu = \mu_0$
　　対立仮説　$H_1 : \mu \neq \mu_0$　（両側検定）　⎫
　　　　　　　$H_1 : \mu > \mu_0$　（右片側検定）　⎬ いずれか1つを選択する
　　　　　　　$H_1 : \mu < \mu_0$　（左片側検定）　⎭

〈順序２〉調査結果（もしくは実験結果）を整理します。

① 標本の大きさ　n
② 標本平均　$\overline{X}$
③ 標本標準偏差　s
④ 比較する値　μ_0

標本平均 $\overline{X}$ の分布は、帰無仮説 H_0 が正しいとすれば、$n \geq 30$（大標本）なので中心極限定理により、近似的に正規分布 $N\left(\overset{平均}{\mu}, \overset{分散}{\dfrac{s^2}{n}}\right)$ に従います（第7章124頁参照）。

〈順序３〉検定統計量 z を計算します。

$$z = \frac{\overline{X} - \mu_0}{\dfrac{s}{\sqrt{n}}} \tag{9-2}$$

z は、$\overline{X}$ を標準化した値であり、帰無仮説 H_0 が正しいとすれば、その分布は近似的に標準正規分布 $N(\overset{平均}{0}, \overset{分散}{1})$ に従います。このように標準化することによって、検定が可能になります。

〈順序４〉有意水準 α を決め（**5％か1％**）、臨界値を求めます。そして、〈順序３〉で求めた z_0（z の実現値）が、臨界値を境目として、棄却域に入るか、あるいは採択域に入るかを判定します。このとき、判定の基準は、前節と同様、表9-1のようになります（**正規検定〔z検定〕**）。

> **例題 9-2　母平均の検定（正規母集団で母標準偏差 σ が未知・$n \geq 30$：右片側検定）**
>
> あるコンビニの1日の売上高の平均値は、従来は53万円でした。店長が変わったので、売上高を無作為に選んだ36日について調査したところ、標本平均 $\overline{X}$ は55万円、標本標準偏差 s は4.8万円でした。店長が変わったことで、このコンビニの1日の売上高は増加しているといえるでしょうか、有意水準1％で検定（右片側検定）しなさい。ただし、売上高の分布は、正規分布に従うものとします。

〔解答〕

〈順序1〉帰無仮説 H_0 と対立仮説 H_1 を立てます。

　　帰無仮説　$H_0 : \mu = 53$　←売上高は変化していない

　　対立仮説　$H_1 : \mu > 53$　←売上高は増加している（右片側検定）

〈順序2〉調査結果を整理します。

　　① 標本の大きさ　　$n = 36$
　　② 標本平均　　　　$\overline{X} = 55$
　　③ 標本標準偏差　　$s = 4.8$
　　④ 比較する値　　　$\mu_0 = 53$

〈順序3〉（9-2）より、検定統計量 z_0（実現値）を計算します。

$$z_0 = \frac{\overline{X} - \mu_0}{\frac{s}{\sqrt{n}}} = \frac{55 - 53}{\frac{4.8}{\sqrt{36}}} = \frac{2}{0.8} = 2.5$$

〈順序4〉有意水準1％の右片側検定（表9-1の②bの右片側検定のケース）だから、

　　$z_0 = 2.5 > 2.326$　←有意水準1％（右片側検定）の臨界値

となり、z_0 は棄却域に入ります（次頁の図9-2参照）。したがって、帰無仮説 H_0 は棄却され、対立仮説 H_1 が採択されます。

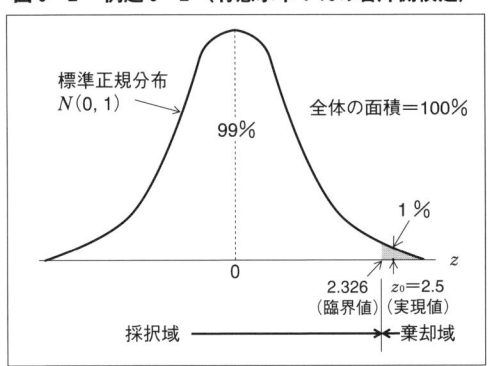

図9-2 例題9-2（有意水準1％の右片側検定）

標準正規分布 $N(0, 1)$
99％
全体の面積＝100％
1％
0
2.326（臨界値）
z_0＝2.5（実現値）
採択域　棄却域

結論として、店長が変わったことで、このコンビニの1日の売上高は、増加しているといえます。

3．母標準偏差σが未知（n＜30）のケース

母集団が正規分布で、母標準偏差σが未知（$n<30$：小標本）のケースについて、検定の順序と方法を説明しましょう。

〈順序 1〉帰無仮説 H_0 と対立仮説 H_1 を立てます。

 帰無仮説 $H_0: \mu = \mu_0$

 対立仮説 $H_1: \mu \neq \mu_0$ （両側検定）　⎫
      $H_1: \mu > \mu_0$ （右片側検定）⎬　いずれか1つを選択する
      $H_1: \mu < \mu_0$ （左片側検定）⎭

〈順序 2〉調査結果（もしくは実験結果）を整理します。

① 標本の大きさ n
② 標本平均 $\overline{X}$
③ 標本標準偏差 s
④ 比較する値 μ_0

〈順序 3〉検定統計量 t を計算します。

$$t = \frac{\overline{X} - \mu_0}{\dfrac{s}{\sqrt{n}}} \tag{9-3}$$

t は、帰無仮説 H_0 が正しいとすれば、標準正規分布 $N(0,1)$ ではなく、**自由度 $n-1$ の t 分布**に従います（第7章126〜128頁参照）。t 分布を用いることから、この検定方法を **t 検定**（t-test）といいます。

〈順序 4〉有意水準 α を決め（5％か1％）、次頁の表9-2の **t 分布表**から自由度 $n-1$ の t 値（臨界値）を探し、棄却域を求めます。そして、〈順序3〉で求めた t_0（t の実現値）が、この棄却域に入るか、あるいは採択域に入るかを判定します。判定の基準を整理すると、表9-3のようになります。

表9-2 t 分布表（0からt_αまでの「距離」）

片側確率 α 自由度 $(n-1)$	0.050 (有意水準5％の片側検定のケース)	0.025 (有意水準5％の両側検定のケース)	0.010 (有意水準1％の片側検定のケース)	0.005 (有意水準1％の両側検定のケース)
1	6.314	12.706	31.821	63.657
2	2.920	4.303	6.965	9.925
3	2.353	3.182	4.541	5.841
4	2.132	2.776	3.747	4.604
5	2.015	2.571	3.365	4.032
6	1.943	2.447	3.143	3.707
7	1.895	2.365	2.998	3.499
8	1.860	2.306	2.896	3.355
9	1.833	2.262	2.821	3.250
10	1.812	2.228	2.764	3.169
11	1.796	2.201	2.718	3.106
12	1.782	2.179	2.681	3.055
13	1.771	2.160	2.650	3.012
14	1.761	2.145	2.624	2.977
15	1.753	2.131	2.602	2.947
16	1.746	2.120	2.583	2.921
17	1.740	2.110	2.567	2.898
18	1.734	2.101	2.552	2.878
19	1.729	2.093	2.539	2.861
20	1.725	2.086	2.528	2.845
21	1.721	2.080	2.518	2.831
22	1.717	2.074	2.508	2.819
23	1.714	2.069	2.500	2.807
24	1.711	2.064	2.492	2.797
25	1.708	2.060	2.485	2.787
26	1.706	2.056	2.479	2.779
27	1.703	2.052	2.473	2.771
28	1.701	2.048	2.467	2.763
29	1.699	2.045	2.462	2.756
30	1.697	2.042	2.457	2.750
40	1.684	2.021	2.423	2.704
50	1.676	2.009	2.403	2.678
60	1.671	2.000	2.390	2.660
80	1.664	1.990	2.374	2.639
100	1.660	1.984	2.364	2.626
120	1.658	1.980	2.358	2.617
∞	1.645	1.960	2.326	2.576

表9-3　検定における判定の基準（t分布を用いるケース：t検定）

①両側検定
　　a. 有意水準5％
　　　・$t<-t_{0.025}$ または $t>t_{0.025}$ のとき、H_0 は棄却される
　　　・$-t_{0.025}<t<t_{0.025}$ のとき、H_0 は採択される
　　b. 有意水準1％
　　　・$t<-t_{0.005}$ または $t>t_{0.005}$ のとき、H_0 は棄却される
　　　・$-t_{0.005}<t<t_{0.005}$ のとき、H_0 は採択される

②片側検定
　　a. 有意水準5％
　　　　　（左片側検定）　　　　　　　　　　（右片側検定）
　　　・$t<-t_{0.05}$ のとき、H_0 は棄却される　　・$t>t_{0.05}$ のとき、H_0 は棄却される
　　　・$t>-t_{0.05}$ のとき、H_0 は採択される　　・$t<t_{0.05}$ のとき、H_0 は採択される
　　b. 有意水準1％
　　　　　（左片側検定）　　　　　　　　　　（右片側検定）
　　　・$t<-t_{0.01}$ のとき、H_0 は棄却される　　・$t>t_{0.01}$ のとき、H_0 は棄却される
　　　・$t>-t_{0.01}$ のとき、H_0 は採択される　　・$t<t_{0.01}$ のとき、H_0 は採択される

例題9-3　母平均の検定（正規母集団で母標準偏差 σ が未知・$n<30$：t検定・左片側）

　20代の起業家25人に、平日の睡眠時間を尋ねたところ、平均値は4.8時間で、標準偏差は0.5時間でした。このデータにもとづいて、「20代の起業家の平日の睡眠時間は5時間以下である」という仮説を、有意水準5％で検定（左片側検定）しなさい。ただし、20代の起業家の平日睡眠時間の分布は、正規分布に従うものとします。

〔解答〕

〈順序1〉帰無仮説 H_0 と対立仮説 H_1 を立てます。

　　帰無仮説　$H_0: \mu = 5.0$　←20代の起業家の平日睡眠時間は5時間

　　対立仮説　$H_1: \mu < 5.0$　←20代の起業家の平日睡眠時間は5時間以下（左片側検定）

〈順序2〉調査結果を整理します。

　① 標本の大きさ　　$n = 25$
　② 標本平均　　　　$\overline{X} = 4.8$
　③ 標本標準偏差　　$s = 0.5$
　④ 比較する値　　　$\mu_0 = 5.0$

〈順序3〉母集団が正規分布であり、母標準偏差 σ が未知で $n < 30$ なので、t 検定になります。（9-3）より、検定統計量 t_0（実現値）を計算します。

$$t_0 = \frac{\overline{X} - \mu_0}{\frac{s}{\sqrt{n}}} = \frac{4.8 - 5.0}{\frac{0.5}{\sqrt{25}}} = \frac{-0.2}{0.1} = -2.0$$

〈順序4〉自由度 $n-1 = 24$ の t 分布の片側5％の臨界値は、表9-2の t 分布表より -1.711（左片側検定なのでマイナスの符号をつける）だから、

$t_0 = -2.0 <$ **-1.711** ←有意水準5％（t 検定・左片側）の臨界値

となり、t_0 は棄却域に入ります（図9-3参照）。したがって、帰無仮説 H_0 は棄却され、対立仮説 H_1 が採択されます。

結論として、20代の起業家の平日の睡眠時間は5時間以下であるといえます。

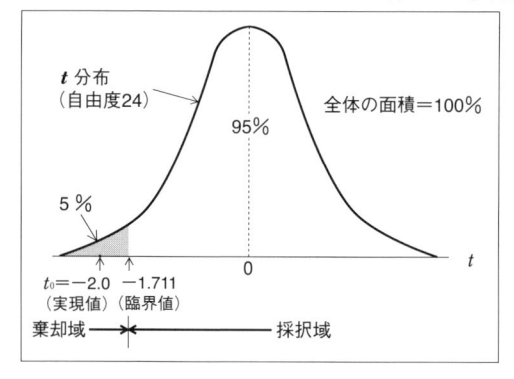

図9-3　例題9-3（有意水準5％の左片側検定：t 検定）

練習問題（第9章）

9-1（母平均の検定［正規母集団で母標準偏差 σ が既知・$n < 30$：両側検定］）

ある製パン会社では、クリームパンの重量を平均185.0g、標準偏差1.2gで管理して製造しています。今日の製品の中から25個を無作為に選んで重量を測定したところ、その平均（標本平均）$\overline{X}$ は184.1gでした。本日のクリームパンの製造工程に異常があったといえるか、有意水準5％で検定（両側検定）しなさい。ただし、クリームパンの重量の分布は、正規分布に従うものとします。

9-2（母平均の検定［正規母集団で母標準偏差 σ が既知・$n \geqq 30$：右片側検定］）

ある進学塾の小学6年生用の算数テストは、過去の経験から正規分布 $N(60.3, 11.2^2)$ に従うことがわかっています。このテストを49人のあるクラスで実施した結果、平均点 $\overline{X}$ が63.5点でした。このクラスの試験結果は、過去の平均点を上回っているといえるか、有意水準5％で検定（右片側検定）しなさい。

9-3（母平均の検定［母集団分布の形と母標準偏差が未知・$n \geqq 30$：両側検定］）

ある製薬会社の解熱鎮痛剤には、1錠当たりアスピリン330.0mg含有と表記されています。いま、50錠を無作為に抜き取って、アスピリンの含有量を測定したところ、標本平均 $\overline{X}$ が329.8mg、標本標準偏差 s が0.7mgでした。アスピリンの含有量330.0mgという表記は、誤りであるといえるか、有意水準1％で検定（両側検定）しなさい。

9-4（母平均の検定［正規母集団で母標準偏差 σ が未知・$n < 30$：t 検定・右片側］）

ある週刊誌の1週間の販売部数は24.7万部でした。編集長が変わったので、

販売部数を無作為に選んだ16週間について調べたところ、標本平均が26.5万部、標本標準偏差が3.2万部でした。編集長が変わったことで、この週刊誌の販売部数は増加したといえるか、有意水準5％で検定（右片側検定）しなさい。ただし、この週刊誌の販売部数の分布は、正規分布に従うものとします。

9-5（母平均の検定［正規母集団で母標準偏差 σ が未知・$n < 30$: t 分布・右片側］）

　A社の電気自動車は、これまで、1回の充電で200km走行することができました。いま、バッテリーを改良し、9台の電気自動車でテスト走行をした結果、以下のような走行距離のデータがえられました。このテスト結果から、バッテリーの改良により、走行距離は延びたといってよいか、①有意水準5％および②有意水準1％で検定（右片側検定）しなさい。ただし、電気自動車の走行距離の分布は、正規分布に従うものとします。

(単位：km)

| 197 | 215 | 199 | 223 | 209 | 193 | 225 | 219 | 201 |

第10章 仮説検定の方法(2)
：母比率・母平均の差・母比率の差の検定

1. 母比率の検定

母比率の検定とは、実際には知ることができない、母集団の比率（母比率）p が、比較する値 p_0 と等しいかどうか、あるいは大きくなったか、小さくなったかを調べるために行うテストのことをいいます。ここでは、n が十分に大きいケース（$n > 30$, $np > 5$, $n(1-p) > 5$）について、母比率の検定の順序と方法について解説します。

〈順序1〉帰無仮説 H_0 と対立仮説 H_1 を立てます。

帰無仮説　$H_0 : p = p_0$　（母比率 p が p_0 と等しいという仮説）

対立仮説　$H_1 : p \neq p_0$　（母比率 p が p_0 と等しくないという仮説：両側検定）
　　　　　$H_1 : p > p_0$　（母比率 p が p_0 より大きいという仮説：右片側検定）
　　　　　$H_1 : p < p_0$　（母比率 p が p_0 より小さいという仮説：左片側検定）

いずれか1つを選択する

「母比率の検定」も、前章の「母平均の検定」と同様、帰無仮説 H_0 が「正しくない」として棄却され、対立仮説 H_1 が「正しい」として採択されることを期待して行われます。

対立仮説について何も情報がえられないときは、両側検定を選択することになります。一方、母比率 p が以前より大きくなったとか、小さくなったとか、事前に情報がえられており、そのこと自体を検定したいときは、片側検定を選択します。

〈順序2〉調査結果（もしくは実験結果）を整理します。

① 標本の大きさ n
② 標本比率 $\hat{p}$
③ 比較する比率 p_0

ここで、標本比率 $\hat{p}$ の分布は、帰無仮説 H_0 が正しいとすれば（$p = p_0$）、n が大きくなるにつれて、近似的に正規分布

$$N\left(\overset{平均}{p_0},\ \overset{分散}{\frac{p_0(1-p_0)}{n}}\right)$$

に従います（二項分布の正規近似：第8章141頁参照）。

〈順序3〉検定統計量 z を計算します。

$$z = \frac{\hat{p} - p_0}{\sqrt{\dfrac{p_0(1-p_0)}{n}}} \tag{10-1}$$

z は、$\hat{p}$ を標準化した値であり、帰無仮説 H_0 が正しいとすれば、中心極限定理（p.124）によりその分布は近似的に標準正規分布 $N(0, 1)$ に従います。この標準化によって、検定が可能になります。

〈順序4〉有意水準 α を決め（**5％か1％**）、臨界値を求めます。そして、〈順序3〉で求めた z_0（z の実現値）が、臨界値を境目として、棄却域に入るか、あるいは採択域に入るかを判定します。この判定の基準を整理すると、前述した表9-1（153頁）と同じになります（**正規検定〔z 検定〕**）。

例題10-1　母比率の検定（左片側検定）

昨年の大学受験生の72％は、A予備校の模擬試験を受けていたという宣伝広告があります。いま、昨年の大学受験生から無作為に350人を選んで、A予備校の模擬試験を受けたかどうか調査した結果、231人が受けたと答えました。この宣伝広告が正しいかどうか、有意水準5％で検定（左片側検定）しなさい。

〔解答〕

〈順序1〉帰無仮説 H_0 と対立仮説 H_1 を立てます。

　帰無仮説　$H_0 : p = 0.72$　←受験生の72％はA予備校の模試を受けていた
　対立仮説　$H_1 : p < 0.72$　←A予備校の模試を受けた受験生は72％より少ない

　72％より少なければこの宣伝は誇大広告にあたり問題があるので、対立仮

説を $p < 0.72$ とする左片側検定が適切な検定方法といえます。

〈順序2〉 調査結果を整理します。

① 標本の大きさ　$n = 350$

② 標本比率　$\hat{p} = \dfrac{231人}{350人} = 0.66$

③ 比較する比率　$p_0 = 0.72$

〈順序3〉 （10-1）より、検定統計量 z_0（実現値）を計算します。

$$z_0 = \frac{\hat{p} - p_0}{\sqrt{\dfrac{p_0(1-p_0)}{n}}} = \frac{0.66 - 0.72}{\sqrt{\dfrac{0.72(1-0.72)}{350}}}$$

$$= \frac{-0.06}{\sqrt{0.000576}} = \frac{-0.06}{0.024} = -2.5$$

〈順序4〉 有意水準5％の左片側検定だから（表9-1の②aの左片側検定のケース）、

$z_0 = -2.5 < -1.645$　←有意水準5％（左片側検定）の臨界値

となり、z_0 は棄却域に入ります（図10-1参照）。したがって、帰無仮説 H_0 は棄却され、対立仮説 H_1 が採択されます。

結論として、昨年Ａ予備校の模擬試験を受けた受験生は、72％より少なく、この宣伝広告には問題がある（正しくない）といえます。

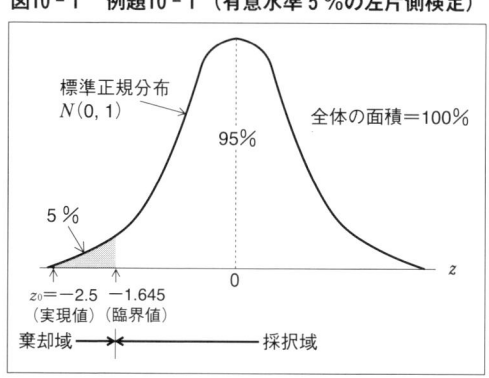

図10-1　例題10-1（有意水準5％の左片側検定）

2．母平均の差の検定

母平均の差の検定とは、2つの異なる母集団から大きさが n_1 と n_2 の標本をそれぞれ無作為に抽出し、標本平均 $\overline{X_1}$ と $\overline{X_2}$、標本標準偏差 s_1 と s_2 を求め、母平均 μ_1 と μ_2 の間に差があるかどうかテストすることをいいます。ここでは、n が十分に大きいケース（**$n_1 \geqq 30$ かつ $n_2 \geqq 30$**）について、母平均の差の検定方法を解説します（母集団が正規分布でなくても検定可能）。

〈順序1〉 帰無仮説 H_0 と対立仮説 H_1 を立てます。

　　帰無仮説　$H_0: \mu_1 = \mu_2$（母平均 μ_1 と μ_2 が等しいという仮説）

　　対立仮説　$H_1: \mu_1 \neq \mu_2$（母平均 μ_1 と μ_2 は等しくないという仮説：両側検定）　⎫
　　　　　　　$H_1: \mu_1 > \mu_2$（母平均 μ_1 が μ_2 より大きいという仮説：右片側検定）　⎬ いずれか1つを選択する
　　　　　　　$H_1: \mu_1 < \mu_2$（母平均 μ_1 が μ_2 より小さいという仮説：左片側検定）　⎭

「母平均の差の検定」も、帰無仮説 H_0 が「正しくない」として棄却され、対立仮説 H_1 が「正しい」として採択されることを期待して行われます。

〈順序2〉 調査結果（もしくは実験結果）を整理します。

　① 標本の大きさ　n_1, n_2
　② 標本平均　$\overline{X_1}$, $\overline{X_2}$
　③ 標本標準偏差　s_1, s_2

〈順序3〉 検定統計量 z を計算します。

$$z = \frac{\overline{X_1} - \overline{X_2}}{\sqrt{\dfrac{s_1^2}{n_1} + \dfrac{s_2^2}{n_2}}} \tag{10-2}$$

〈順序4〉 有意水準 α を決め（**5%か1%**）、臨界値を求めます。そして、〈順序3〉で求めた z_0（z の実現値）が、臨界値を境目として、棄却域に入るか、あるいは採択域に入るかを判定します。判定の基準は、すでに学んだ表9-1（153頁）と同じです。

〔補足〕（10-2）の導き方

　2つの母集団の母平均と母標準偏差を、μ_1, μ_2 および σ_1, σ_2 とすると、標本平均の差 $\overline{X_1} - \overline{X_2}$ は、n_1 と n_2 が十分に大きいとき、近似的に正規分布

$N\left(\mu_1-\mu_2, \dfrac{\sigma_1^2}{n_1}+\dfrac{\sigma_2^2}{n_2}\right)$（平均, 分散）に従います（もし2つの母集団の分布がともに正規分布ならば、$\overline{X_1}-\overline{X_2}$ の分布は必ず正規分布になる）。さらに、帰無仮説 H_0 が正しいならば ($\mu_1-\mu_2=0$)、$\overline{X_1}-\overline{X_2}$ は $N\left(0, \dfrac{\sigma_1^2}{n_1}+\dfrac{\sigma_2^2}{n_2}\right)$（平均, 分散）に従い、$\overline{X_1}-\overline{X_2}$ を標準化すると、

$$z' = \dfrac{\overline{X_1}-\overline{X_2}}{\sqrt{\dfrac{\sigma_1^2}{n_1}+\dfrac{\sigma_2^2}{n_2}}} \tag{10-3}$$

が得られます。

いま、n_1 と n_2 が十分に大きいので、上式の σ_1, σ_2 を標本標準偏差 s_1, s_2 に置き換えると、

$$z = \dfrac{\overline{X_1}-\overline{X_2}}{\sqrt{\dfrac{s_1^2}{n_1}+\dfrac{s_2^2}{n_2}}} \quad \leftarrow (10-2)$$

となります。z は、帰無仮説 H_0 が正しいとすれば、中心極限定理（p.124）によりその分布は近似的に標準正規分布 $N(0, 1)$ に従い、これによって、検定が可能になります（母集団が正規分布でなくても検定可能）。ちなみに、母標準偏差 σ_1 と σ_2 が既知のケースでは、検定統計量の計算式は(10-3)を用います。

例題10-2　母平均の差の検定（両側検定）

A県とB県のガソリン価格に差があるかどうか調べるために、それぞれの県のガソリンスタンドを無作為に選び調査したところ、以下のような結果がえられました。この調査結果から、A県とB県のガソリン価格に差があるかどうか、有意水準1％で検定（両側検定）しなさい。

	A県	B県
標本の大きさ	$n_1=75$	$n_2=150$
標本平均	$\overline{X_1}=149$ 円	$\overline{X_2}=147$ 円
標本標準偏差	$s_1=2$ 円	$s_2=4$ 円

〔解答〕

〈順序1〉帰無仮説 H_0 と対立仮説 H_1 を立てます。

　　帰無仮説　$H_0: \mu_1 = \mu_2$　←両県のガソリン価格（母平均）は等しい

　　対立仮説　$H_1: \mu_1 \neq \mu_2$　←両県のガソリン価格（母平均）は異なる

〈順序2〉 調査結果を整理します。

① 標本の大きさ　$n_1 = 75$　　$n_2 = 150$
② 標本平均　$\overline{X_1} = 149$　　$\overline{X_2} = 147$
③ 標本標準偏差　$s_1 = 2$　　$s_2 = 4$

〈順序3〉 (10-2) より、検定統計量 z_0 (実現値) を計算します。

$$z_0 = \frac{\overline{X_1} - \overline{X_2}}{\sqrt{\frac{s_1^2}{n_1} + \frac{s_2^2}{n_2}}} = \frac{149 - 147}{\sqrt{\frac{2^2}{75} + \frac{4^2}{150}}} = \frac{2}{\sqrt{\frac{4}{75} + \frac{16}{150}}}$$

$$= \frac{2}{\sqrt{\frac{24}{150}}} = \frac{2}{0.4} = 5.0$$

〈順序4〉 有意水準1％の両側検定だから (表9-1の①bのケース)、

　　$z_0 = 5.0 > 2.576$　←有意水準1％ (両側検定) の臨界値

となり、z_0 は棄却域に入ります (図10-2参照)。したがって、帰無仮説 H_0 は棄却され、対立仮説 H_1 が採択されます。

　結論として、A県とB県のガソリン価格には差があるといえます。

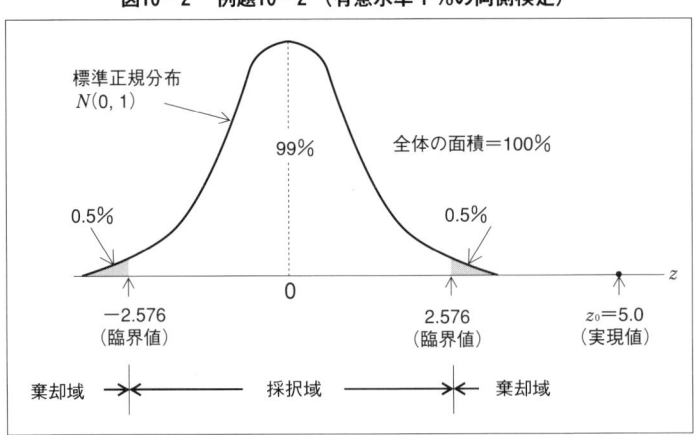

図10-2　例題10-2 (有意水準1％の両側検定)

第10章　仮説検定の方法(2)：母比率・母平均の差・母比率の差の検定　171

例題10-3　母平均の差の検定（右片側検定）

下表は、女子大生の1日のカロリー摂取量を、自宅生と自宅外生に分けて調査した結果です。この調査結果から、自宅生は自宅外生より、1日のカロリー摂取量が多いといえるか、有意水準1％で検定（右片側検定）しなさい。

	自宅生	自宅外生
標本の大きさ	$n_1 = 400$ 人	$n_2 = 400$ 人
標本平均	$\overline{X_1} = 1824$ kcal	$\overline{X_2} = 1815$ kcal
標本標準偏差	$s_1 = 54$ kcal	$s_2 = 72$ kcal

〔解答〕

〈順序1〉帰無仮説 H_0 と対立仮説 H_1 を立てます。

　帰無仮説　$H_0: \mu_1 = \mu_2$　←自宅生と自宅外生の1日のカロリー摂取量は等しい

　対立仮説　$H_1: \mu_1 > \mu_2$　←自宅生の1日のカロリー摂取量は自宅外生より多い

〈順序2〉調査結果を整理します。

① 標本の大きさ　$n_1 = 400$　　$n_2 = 400$

② 標本平均　　　$\overline{X_1} = 1824$　　$\overline{X_2} = 1815$

③ 標本標準偏差　$s_1 = 54$　　$s_2 = 72$

〈順序3〉(10-2)より、検定統計量 z_0（実現値）を計算します。

$$z_0 = \frac{\overline{X_1} - \overline{X_2}}{\sqrt{\frac{s_1^2}{n_1} + \frac{s_2^2}{n_2}}} = \frac{1824 - 1815}{\sqrt{\frac{54^2}{400} + \frac{72^2}{400}}} = \frac{9}{\sqrt{\frac{2916}{400} + \frac{5184}{400}}}$$

$$= \frac{9}{\sqrt{\frac{8100}{400}}} = \frac{9}{4.5} = 2.0$$

〈順序4〉有意水準1％の右片側検定だから（表9-1の②bの右片側検定のケース）、

　$z_0 = 2.0 < 2.326$　←有意水準1％（右片側検定）の臨界値

となり、z_0 は採択域に入ります（図10-3参照）。したがって、帰無仮説 H_0 は採択されます。

結論として、女子大生に関して自宅生は自宅外生より、1日のカロリー摂取量が多いとはいえません。

〔補足〕帰無仮説 H_0 が棄却されず、採択されるケース
　この例題のように、帰無仮説 H_0 が棄却されず採択されたときは、帰無仮説 H_0 が積極的に採択されたわけではなく、対立仮説 H_1 の内容がいえないとすべきです（＝得られたデータからは何もいえない）。

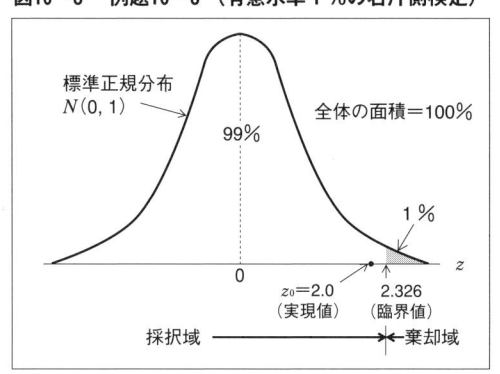

図10-3　例題10-3（有意水準1％の右片側検定）

3．母比率の差の検定

母比率の差の検定とは、2つの異なる母集団から大きさが n_1 と n_2 の標本をそれぞれ無作為に抽出し、標本比率 $\hat{p}_1$ と $\hat{p}_2$ 等を求め、母比率 p_1 と p_2 の間に差があるかどうかテストすることをいいます。ここでは、n が十分に大きいケース（$n_1>30$, $n_2>30$, $n_1p_1>5$, $n_1(1-p_1)>5$, $n_2p_2>5$, $n_2(1-p_2)>5$ の不等式がすべて成り立つケース）について、母比率の差の検定方法を解説します。

〈順序1〉帰無仮説 H_0 と対立仮説 H_1 を立てます。

帰無仮説　$H_0: p_1 = p_2$（母比率 p_1 と p_2 が等しいという仮説）
対立仮説　$H_1: p_1 \neq p_2$（母比率 p_1 と p_2 は等しくないという仮説：両側検定）
　　　　　$H_1: p_1 > p_2$（母比率 p_1 が p_2 より大きいという仮説：右片側検定）　いずれか1つを選択する
　　　　　$H_1: p_1 < p_2$（母比率 p_1 が p_2 より小さいという仮説：左片側検定）

「母比率の差の検定」も、帰無仮説 H_0 が「正しくない」として棄却され、対立仮説 H_1 が「正しい」として採択されることを期待して行われます。

〈順序2〉調査結果を整理します。

①標本の大きさ　n_1, n_2

②標本比率　$\hat{p}_1 = \dfrac{x_1}{n_1}$, $\hat{p}_2 = \dfrac{x_2}{n_2}$, $\hat{p} = \dfrac{x_1+x_2}{n_1+n_2}$

〈順序3〉検定統計量 z を計算します。

$$z = \frac{\hat{p}_1 - \hat{p}_2}{\sqrt{\hat{p}(1-\hat{p})\left(\dfrac{1}{n_1}+\dfrac{1}{n_2}\right)}} \tag{10-4}$$

〈順序4〉有意水準 α を決め（5％か1％）、臨界値を求めます。そして、〈順序3〉で求めた z_0（z の実現値）が、臨界値を境目として、棄却域に入るか、あるいは採択域に入るかを判定します。この判定の基準を整理すると、前述した表9-1（153頁）と同じになります。

〔補足〕（10-4）の導き方

2つの母集団の母比率を p_1, p_2 とすると、標本比率の差 $\hat{p}_1-\hat{p}_2$ は、n_1 と n_2

が十分に大きいとき、近似的に正規分布 $N\left(\overset{平均}{p_1-p_2},\ \overset{分散}{\dfrac{p_1(1-p_1)}{n_1}+\dfrac{p_2(1-p_2)}{n_2}}\right)$ に従います。さらに、帰無仮説 H_0 が正しいとすれば、$p_1 = p_2 = p$ として、いま p は未知なので、$\hat{p} = \dfrac{x_1+x_2}{n_1+n_2}$ で推定し代用すると、$\hat{p}_1 - \hat{p}_2$ の分布は、近似的に正規分布 $N\left(\overset{平均}{0},\ \overset{分散}{\hat{p}(1-\hat{p})\left(\dfrac{1}{n_1}+\dfrac{1}{n_2}\right)}\right)$ に従います。

したがって、z は、

$$z = \dfrac{\hat{p}_1 - \hat{p}_2}{\sqrt{\hat{p}(1-\hat{p})\left(\dfrac{1}{n_1}+\dfrac{1}{n_2}\right)}} \quad \leftarrow (10\text{-}4)$$

となります。z は、$\hat{p}_1 - \hat{p}_2$ を標準化した式であり、帰無仮説 H_0 が正しいとすれば、その分布は近似的に標準正規分布 $N(0, 1)$ に従います。これによって、検定が可能になります。

例題10-4　母比率の差の検定（両側検定）

ある映画を観賞後、「よかった」と答えた観客は、男性が1800人中1116人、女性が900人中504人でした。この映画に対する評価は、男女間で差があるといえるか、有意水準5％で検定（両側検定）しなさい。

〔解答〕

〈順序1〉帰無仮説 H_0 と対立仮説 H_1 を立てます。

　帰無仮説　$H_0: p_1 = p_2$　←この映画の評価は男女間で差がない

　対立仮説　$H_1: p_1 \neq p_2$　←この映画の評価は男女間で差がある

〈順序2〉調査結果を整理します。

①標本の大きさ

　$n_1 = 1800$　←男性

　$n_2 = 900$　←女性

②標本比率

　$\hat{p}_1 = \dfrac{x_1}{n_1} = \dfrac{1116人}{1800人} = 0.62$　←男性

　$\hat{p}_2 = \dfrac{x_2}{n_2} = \dfrac{504人}{900人} = 0.56$　←女性

$$\hat{p} = \frac{x_1+x_2}{n_1+n_2} = \frac{1116人+504人}{1800人+900人} = \frac{1620人}{2700人} = 0.60 \quad \leftarrow 男性と女性をプール$$

〈順序3〉(10-4)より、検定統計量 z_0（実現値）を計算します。

$$z_0 = \frac{\hat{p}_1 - \hat{p}_2}{\sqrt{\hat{p}(1-\hat{p})\left(\dfrac{1}{n_1}+\dfrac{1}{n_2}\right)}}$$

$$= \frac{0.62-0.56}{\sqrt{0.6(1-0.6)\left(\dfrac{1}{1800}+\dfrac{1}{900}\right)}}$$

$$= \frac{0.06}{\sqrt{0.24\left(\dfrac{1}{600}\right)}} = \frac{0.06}{0.02} = 3.0$$

〈順序4〉有意水準5％の両側検定だから（表9-1の①aのケース）、

$$z_0 = 3.0 > 1.96 \quad \leftarrow 有意水準5％（両側検定）の臨界値$$

となり、z_0 は棄却域に入ります（図10-4参照）。したがって、有意水準5％で帰無仮説 H_0 は棄却され、対立仮説 H_1 が採択されます。

結論として、この映画に対する評価は、男女間で差があるといえます。

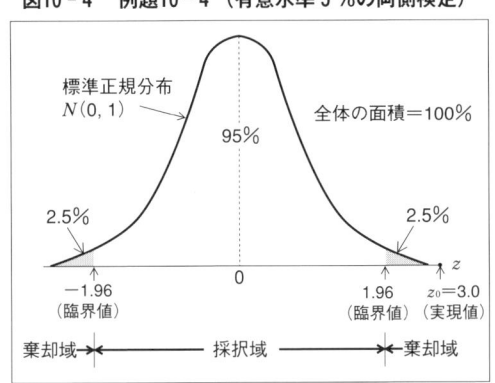

図10-4　例題10-4（有意水準5％の両側検定）

例題10-5　母比率の差の検定（右片側検定）

新薬を開発し、その有効性を調べたところ、患者600人中474人で有効性が確認されました。一方、旧薬では、患者600人中426人で有効性が確認されました。この新薬は、旧薬にくらべて有効であるといえるか、有意水準1％で検定（右片側検定）しなさい。

〔解答〕

〈順序1〉帰無仮説 H_0 と対立仮説 H_1 を立てます。

　帰無仮説　$H_0 : p_1 = p_2$　←新薬と旧薬の有効性は同じである

　対立仮説　$H_1 : p_1 > p_2$　←新薬は旧薬より有効性が高い

〈順序2〉臨床試験の結果を整理します。

　①標本の大きさ

　　$n_1 = 600$　←新薬

　　$n_2 = 600$　←旧薬

　②標本比率

　　$\hat{p}_1 = \dfrac{x_1}{n_1} = \dfrac{474人}{600人} = 0.79$　←新薬

　　$\hat{p}_2 = \dfrac{x_2}{n_2} = \dfrac{426人}{600人} = 0.71$　←旧薬

　　$\hat{p} = \dfrac{x_1 + x_2}{n_1 + n_2} = \dfrac{474人 + 426人}{600人 + 600人} = \dfrac{900人}{1200人}$

　　　$= 0.75$　←新薬と旧薬をプール

〈順序3〉(10-4)より、検定統計量 z_0（実現値）を計算します。

$$z_0 = \dfrac{\hat{p}_1 - \hat{p}_2}{\sqrt{\hat{p}(1-\hat{p})\left(\dfrac{1}{n_1} + \dfrac{1}{n_2}\right)}}$$

$$= \dfrac{0.79 - 0.71}{\sqrt{0.75(1 - 0.75)\left(\dfrac{1}{600} + \dfrac{1}{600}\right)}}$$

$$= \dfrac{0.08}{\sqrt{0.1875\left(\dfrac{1}{300}\right)}} = \dfrac{0.08}{0.025}$$

$$= 3.2$$

〈順序4〉 有意水準1％の右片側検定だから（表9-1の②bの右片側検定のケース）、

$$z_0 = 3.2 > 2.326 \quad \leftarrow\text{有意水準1％（右片側検定）の臨界値}$$

となり、z_0 は棄却域に入ります（図10-5参照）。したがって、有意水準1％で帰無仮説 H_0 は棄却され、対立仮説 H_1 が採択されます。

結論として、この新薬は、旧薬にくらべて有効であるといえます。

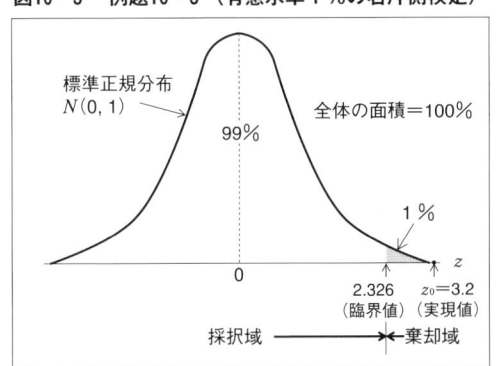

図10-5　例題10-5（有意水準1％の右片側検定）

練習問題（第10章）

10-1 （母比率の検定 ［右片側検定］）
　ある工場で大量生産されている製品の不良率は、従来から5％であることがわかっています。本日生産された製品の中から、1900個を無作為に選んで検査した結果、133個が不良品でした。本日の製造工程において、不良率が上昇したと判断してよいか、有意水準1％で検定（右片側検定）しなさい。

10-2 （母比率の検定 ［右片側検定］）
　ある県で、候補者A、B、Cの3名による県知事選挙が行われました。出口調査を1600名について実施したところ、864名が候補者Cに投票したと答えました。候補者Cは、過半数の得票で当選確実であるといってよいか、有意水準1％で検定（右片側検定）しなさい。

10-3 （母比率の検定 ［右片側検定］）
　ある商品の知名度は、従来18％でした。この商品のテレビでのCM回数を増やした1カ月後、無作為に選んだ4100人に対して、この商品を知っているかどうか尋ねたところ、820人が知っていると回答しました。この商品の知名度は、テレビのCM回数の増加によって、従来の18％より向上したといえるか、有意水準5％で検定（右片側検定）しなさい。

10-4 （母比率の検定 ［左片側検定］）
　ある県では、50歳代で高血圧と診断された人の割合が24％でした。この県内のA市では、メタボリック対策に積極的に取り組んでおり、今回の検診では、50歳代で高血圧と診断された人が2850人中627人でした。A市の50歳代で高血圧の人の割合は、県内の割合より小さいといえるか、有意水準5％（左片側検定）で検定しなさい。

10-5 （母平均の差の検定［両側検定］）

あるタイヤメーカーでは、A国とB国の2つの工場でタイヤを製造しています。いま、タイヤの平均寿命に、2つの工場で差があるかどうか調べるため、無作為にタイヤを抽出して検査をしました。下表の検査結果から、A国とB国の工場で製造されたタイヤの平均寿命に差があるといえるか、有意水準1％で検定（両側検定）しなさい。

	A国の工場	B国の工場
標本の大きさ	$n_1 = 400$	$n_2 = 400$
標本平均	$\overline{X_1} = 27500\mathrm{km}$	$\overline{X_2} = 26800\mathrm{km}$
標本標準偏差	$s_1 = 2400\mathrm{km}$	$s_2 = 3200\mathrm{km}$

10-6 （母平均の差の検定［右片側検定］）

ある県では、5年前から中学校の英語の授業数を週1コマ増やしています。今回、その効果の有無を調べる目的で、前回（6年前）と同一問題の試験を実施したところ、下表の結果をえました。前回も今回も、全答案から無作為に625枚の答案を抽出しました。この調査の結果から、前回よりも今回の試験結果の方がよくなっていると言えるか、有意水準1％で検定（右片側検定）をしなさい。

	今回の試験結果	前回の試験結果
標本の大きさ	$n_1 = 625$	$n_2 = 625$
標本平均	$\overline{X_1} = 64.1$点	$\overline{X_2} = 62.4$点
標本標準偏差	$s_1 = 9.0$点	$s_2 = 12.0$点

10-7 （母比率の差の検定［両側検定］）

ある食品メーカーが、新しいカップ麺のサンプルを完成させたので、関東と関西で試食をしてもらいました。試食後、「おいしい」と答えた人は、関東が800人中536人、関西が800人中488人でした。このカップ麺に対する評価は、関東と関西で差があるといえるか、有意水準5％で検定（両側検定）しなさい。

10-8（母比率の差の検定［左片側検定］）

　ある大都市の男子大学生の喫煙率は、無作為抽出による調査によると、10年前が4200人中1323人、今年が4200人中1197人でした。この10年間で、この大都市の男子大学生の喫煙率は、低下したといえるか、有意水準1％で検定（左片側検定）しなさい。

第11章 母標準偏差の区間推定と検定：カイ2乗分布

本章では、まず1、2節でカイ2乗分布（χ^2分布）という新たな分布について学びます。つぎに3節でこの分布を利用して、実際には知ることがむずかしい母標準偏差（母集団の標準偏差）を、ある確率のもと、一定の幅をもたせて推定する方法、すなわち母標準偏差の区間推定の方法について解説します。最後に4節では、同じくカイ2乗分布を用いて、母標準偏差の仮説検定の方法について説明します。

1. カイ2乗分布とは

カイ2乗分布（chi-squared distribution）は、1875年にドイツの測地学者であり数学者でもあった、**ヘルメルト**（F. R. Helmert, 1843〜1917年）によって考案されました。

いま母集団が正規分布$N(\mu, \sigma^2)$（平均μ、分散σ^2）であるとき、そこからn個の標本$X_1, X_2, \cdots, X_n$を抽出し、$z = \dfrac{\overline{X} - \mu}{\sigma}$という標準化された統計量をつくると、$z$は平均0、分散1の正規分布〔いわゆる標準正規分布$N(0, 1)$〕に従います（111頁を復習）。さらに以下のようにzを2乗して足し合わせ、χ^2という統計量をつくると、

$$\chi^2 = z_1^2 + z_2^2 + \cdots + z_n^2 \tag{11-1}$$

$$= \left(\frac{X_1-\mu}{\sigma}\right)^2 + \left(\frac{X_2-\mu}{\sigma}\right)^2 + \cdots + \left(\frac{X_n-\mu}{\sigma}\right)^2 \qquad (11\text{-}2)$$

$$= \sum \left(\frac{X-\mu}{\sigma}\right)^2 \qquad (11\text{-}3)$$

となり、χ^2 は**自由度 n のカイ 2 乗分布**に従います。

カイ 2 乗分布の形は、図11-1のように、自由度が大きくなるにつれて変わっていきます。もともと右に歪んでいますが（右の裾が長い）、自由度が大きくなるにつれて山の高さは低くそして左右対称的になり、自由度が∞に近づくと正規分布に近似します。

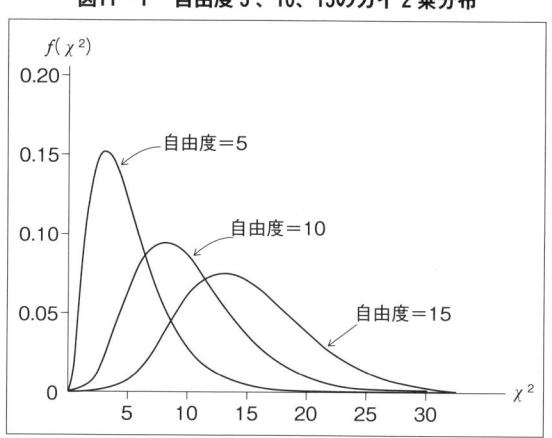

図11-1　自由度 5、10、15のカイ 2 乗分布

さて、(11-2)では母平均 μ を用いてカイ 2 乗分布を導き出しましたが、実際には母平均がわからないことが多くあります。以下では、μ の代わりに標本平均 $\overline{X}$ を用いて、カイ 2 乗分布を導いてみましょう。

$$\chi^2 = \left(\frac{X_1-\overline{X}}{\sigma}\right)^2 + \left(\frac{X_2-\overline{X}}{\sigma}\right)^2 + \cdots + \left(\frac{X_n-\overline{X}}{\sigma}\right)^2 \qquad (11\text{-}4)$$

$$= \frac{(X_1-\overline{X})^2}{\sigma^2} + \frac{(X_2-\overline{X})^2}{\sigma^2} + \cdots + \frac{(X_n-\overline{X})^2}{\sigma^2} \qquad (11\text{-}5)$$

$$= \frac{\sum(X-\overline{X})^2}{\sigma^2} \tag{11-6}$$

$$= \frac{(n-1) \cdot \left\{\dfrac{\sum(X-\overline{X})^2}{n-1}\right\}}{\sigma^2} \quad \leftarrow \{\ \}内は標本分散 \tag{11-7}$$

$$= \frac{(n-1) \cdot s^2}{\sigma^2} \tag{11-8}$$

となり、χ^2 は**自由度 $n-1$ のカイ 2 乗分布**に従う統計量になります。(11-8) には σ が入っており、この式を変形することで、3 節、4 節において σ（母標準偏差）の区間推定や仮説検定を行うことが可能になります。

〔補足〕カイ 2 乗分布の確率密度関数

カイ 2 乗分布は、以下のような確率密度関数をもちます。

$$f(\chi^2) = \frac{1}{2^{\left(\frac{m}{2}\right)} \Gamma\left(\frac{m}{2}\right)} (\chi^2)^{\left(\frac{m}{2}-1\right)} e^{-\frac{\chi^2}{2}} \tag{11-9}$$

m：自由度　　$\Gamma\left(\dfrac{m}{2}\right)$：ガンマ関数

$$\chi^2 分布の平均 = m \tag{11-10}$$

$$\chi^2 分布の分散 = 2m \tag{11-11}$$

$$\chi^2 分布の標準偏差 = \sqrt{2m} \tag{11-12}$$

証明等は、本書のレベルをこえるので省略しますが、関心のある読者は宮川 (1999) を参照して下さい。

2．カイ2乗分布表の読み方

表11-1のカイ2乗分布表は、**右片側確率（＝上側確率）**αのもとで、さまざまな自由度mに対応したχ_α^2の値を表したものです。例えば、自由度4のカイ2乗分布において、右片側確率が5％であるとき、これに対応した$\chi_{0.05}^2$の値は9.488になります（図11-2、3参照）。

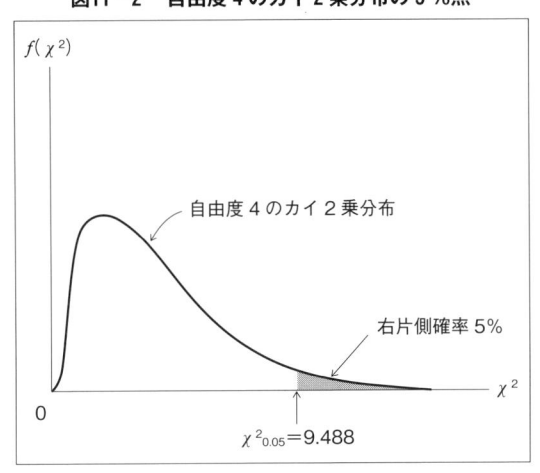

図11-2　自由度4のカイ2乗分布の5％点

図11-3　自由度4のカイ2乗分布の5％点の見つけ方

自由度 m	右片側確率 α
…	…… 0.05 （5％） ‥
4	→ 9.488 ‥

表11-1　カイ2乗分布表

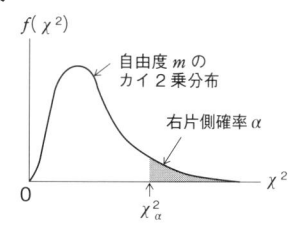

$f(\chi^2)$ 自由度 m のカイ2乗分布　右片側確率 α

右片側確率 α と自由度 m に対応する χ_α^2 の値

自由度 m	右片側確率 α							
	0.995 (99.5%)	0.99 (99%)	0.975 (97.5%)	0.95 (95%)	0.05 (5%)	0.025 (2.5%)	0.01 (1%)	0.005 (0.5%)
1	0.000	0.000	0.001	0.004	3.841	5.024	6.635	7.879
2	0.010	0.020	0.051	0.103	5.991	7.378	9.210	10.597
3	0.072	0.115	0.216	0.352	7.815	9.348	11.345	12.838
4	0.207	0.297	0.484	0.711	9.488	11.143	13.277	14.860
5	0.412	0.554	0.831	1.145	11.070	12.833	15.086	16.750
6	0.676	0.872	1.237	1.635	12.592	14.449	16.812	18.548
7	0.989	1.239	1.690	2.167	14.067	16.013	18.475	20.278
8	1.344	1.646	2.180	2.733	15.507	17.535	20.090	21.955
9	1.735	2.088	2.700	3.325	16.919	19.023	21.666	23.589
10	2.156	2.558	3.247	3.940	18.307	20.483	23.209	25.188
11	2.603	3.053	3.816	4.575	19.675	21.920	24.725	26.757
12	3.074	3.571	4.404	5.226	21.026	23.337	26.217	28.300
13	3.565	4.107	5.009	5.892	22.362	24.736	27.688	29.819
14	4.075	4.660	5.629	6.571	23.685	26.119	29.141	31.319
15	4.601	5.229	6.262	7.261	24.996	27.488	30.578	32.801
16	5.142	5.812	6.908	7.962	26.296	28.845	32.000	34.267
17	5.697	6.408	7.564	8.672	27.587	30.191	33.409	35.718
18	6.265	7.015	8.231	9.390	28.869	31.526	34.805	37.156
19	6.844	7.633	8.907	10.117	30.144	32.852	36.191	38.582
20	7.434	8.260	9.591	10.851	31.410	34.170	37.566	39.997
21	8.034	8.897	10.283	11.591	32.671	35.479	38.932	41.401
22	8.643	9.542	10.982	12.338	33.924	36.781	40.289	42.796
23	9.260	10.196	11.689	13.091	35.172	38.076	41.638	44.181
24	9.886	10.856	12.401	13.848	36.415	39.364	42.980	45.559
25	10.520	11.524	13.120	14.611	37.652	40.646	44.314	46.928
26	11.160	12.198	13.844	15.379	38.885	41.923	45.642	48.290
27	11.808	12.879	14.573	16.151	40.113	43.195	46.963	49.645
28	12.461	13.565	15.308	16.928	41.337	44.461	48.278	50.993
29	13.121	14.256	16.047	17.708	42.557	45.722	49.588	52.336
30	13.787	14.953	16.791	18.493	43.773	46.979	50.892	53.672
40	20.707	22.164	24.433	26.509	55.758	59.342	63.691	66.766
50	27.991	29.707	32.357	34.764	67.505	71.420	76.154	79.490
60	35.534	37.485	40.482	43.188	79.082	83.298	88.379	91.952
70	43.275	45.442	48.758	51.739	90.531	95.023	100.425	104.215
80	51.172	53.540	57.153	60.391	101.879	106.629	112.329	116.321
90	59.196	61.754	65.647	69.126	113.145	118.136	124.116	128.299
100	67.328	70.065	74.222	77.929	124.342	129.561	135.807	140.169

例題11-1　カイ2乗分布表の読み方

つぎの①～⑤は、自由度 m とカイ2乗分布の右片側確率 α を示しています。それぞれのケースに対応する χ_α^2 の値を、カイ2乗分表（表11-1）を用いて求めなさい。

① 自由度2のカイ2乗分布の1％点（$\chi_{0.01}^2$）
② 自由度9のカイ2乗分布の95％点（$\chi_{0.95}^2$）
③ 自由度15のカイ2乗分布の2.5％点（$\chi_{0.025}^2$）
④ 自由度26のカイ2乗分布の99％点（$\chi_{0.99}^2$）
⑤ 自由度90のカイ2乗分布の5％点（$\chi_{0.05}^2$）

〔解答〕

自由度 m、右片側確率 α のカイ2乗 χ_α^2 の値は、以下のように表記することもできます。

$$\chi_\alpha^2(m) = \chi_{右片側確率}^2(自由度)$$

① $\chi_{0.01}^2(2) = \mathbf{9.210}$
② $\chi_{0.95}^2(9) = \mathbf{3.325}$
③ $\chi_{0.025}^2(15) = \mathbf{27.488}$
④ $\chi_{0.99}^2(26) = \mathbf{12.198}$
⑤ $\chi_{0.05}^2(90) = \mathbf{113.145}$

3. 母標準偏差の区間推定

　この節では、母集団の分布が正規分布（正規母集団）であると仮定し、1、2節で学んだカイ2乗分布を用いて、母標準偏差 σ（または母分散 σ^2）の区間推定の方法について説明します。これによって、母標準偏差が、ある確率のもとでとりうる範囲を知ることができます。

　使用する公式は以下の(11-13)、(11-14)、(11-15)であり、公式中の $\chi^2_{0.05}$、$\chi^2_{0.95}$、$\chi^2_{0.025}$、$\chi^2_{0.975}$、$\chi^2_{0.005}$、$\chi^2_{0.995}$ は、表11-1のカイ2乗分布表から、自由度 m（$= n-1 =$ 標本の個数-1）に対応する値を求めます。

信頼係数90%の信頼区間

$$\sqrt{\frac{(n-1)\cdot s^2}{\chi^2_{0.05}}} \leq \sigma \leq \sqrt{\frac{(n-1)\cdot s^2}{\chi^2_{0.95}}} \tag{11-13}$$

信頼係数95%の信頼区間

$$\sqrt{\frac{(n-1)\cdot s^2}{\chi^2_{0.025}}} \leq \sigma \leq \sqrt{\frac{(n-1)\cdot s^2}{\chi^2_{0.975}}} \tag{11-14}$$

信頼係数99%の信頼区間

$$\sqrt{\frac{(n-1)\cdot s^2}{\chi^2_{0.005}}} \leq \sigma \leq \sqrt{\frac{(n-1)\cdot s^2}{\chi^2_{0.995}}} \tag{11-15}$$

$$\begin{pmatrix} \sigma:\text{母標準偏差（母集団の標準偏差）} & n:\text{標本の大きさ（標本の個数）} \\ s:\text{標本標準偏差（標本の標準偏差）} & \chi^2_\alpha:\text{自由度}\,n-1\,\text{の右片側確率}\,\alpha\,\text{の}\,\chi^2\,\text{の値} \end{pmatrix}$$

〔補足1〕公式(11-14)の導き方

　統計量 χ^2 が、いま自由度 $n-1$ のカイ2乗分布に従うとき、信頼係数95%の信頼区間を導くため、

$$\chi^2_{0.975} \leq \chi^2 \leq \chi^2_{0.025}$$

と表します。この式に(11-8)を代入して、σ について解くと、(11-14)が以下のように導かれます。

$$\chi^2_{0.975} \leq \frac{(n-1)\cdot s^2}{\sigma^2} \leq \chi^2_{0.025}$$

$$\frac{1}{\chi^2_{0.025}} \leq \frac{\sigma^2}{(n-1)\cdot s^2} \leq \frac{1}{\chi^2_{0.975}}$$

$$\frac{(n-1)\cdot s^2}{\chi^2_{0.025}} \leqq \sigma^2 \leqq \frac{(n-1)\cdot s^2}{\chi^2_{0.975}} \quad \leftarrow 母分散の区間推定の公式(11-17)$$

$$\sqrt{\frac{(n-1)\cdot s^2}{\chi^2_{0.025}}} \leqq \sigma \leqq \sqrt{\frac{(n-1)\cdot s^2}{\chi^2_{0.975}}}$$

(11-13)、(11-15)も同様の方法で導くことができます。

〔補足2〕 母分散 σ^2 の区間推定の公式

　母分散 σ^2 の区間推定の公式は、母標準偏差 σ の区間推定の公式(11-13)、(11-14)、(11-15)の各辺を2乗すると導かれます。

信頼係数90%の信頼区間
$$\frac{(n-1)\cdot s^2}{\chi^2_{0.05}} \leqq \sigma^2 \leqq \frac{(n-1)\cdot s^2}{\chi^2_{0.95}} \tag{11-16}$$

信頼係数95%の信頼区間
$$\frac{(n-1)\cdot s^2}{\chi^2_{0.025}} \leqq \sigma^2 \leqq \frac{(n-1)\cdot s^2}{\chi^2_{0.975}} \tag{11-17}$$

信頼係数99%の信頼区間
$$\frac{(n-1)\cdot s^2}{\chi^2_{0.005}} \leqq \sigma^2 \leqq \frac{(n-1)\cdot s^2}{\chi^2_{0.995}} \tag{11-18}$$

$\begin{pmatrix} \sigma^2：母分散（母集団の分散） & n：標本の大きさ（標本の個数） \\ s^2：標本分散（標本の分散） & \chi^2_\alpha：自由度 n-1 の右片側確率 \alpha の \chi^2 の値 \end{pmatrix}$

例題11-2　母標準偏差の区間推定

正規分布をするある母集団（正規母集団）から、無作為に6個の標本を取り出し、標本標準偏差 s を求めたところ4になりました。母集団の標準偏差（母標準偏差）σ を、信頼係数95%で区間推定しなさい。

〔解答〕

このケースは、(11-14)を用います。いま、自由度（$n-1=6-1$）が5で、信頼係数が95%だから、表11-1のカイ2乗分布表より、右片側2.5%点（$\chi^2_{0.025}=12.833$）と右片側97.5%点（$\chi^2_{0.975}=0.831$）が得られます（図11-4参照）。

図11-4　例題11-2

自由度 m	右片側確率 α	
	0.975 (97.5%)	0.025 (2.5%)
⋮	⋮	⋮
5	0.831	12.833
⋮	⋮	⋮

よって、$n=6$、$s=4$、$\chi^2_{0.025}=12.833$、$\chi^2_{0.975}=0.831$ を、(11-14)へ代入し、母標準偏差 σ の信頼係数95%の信頼区間を求めます。

$$\sqrt{\frac{(n-1)\cdot s^2}{\chi^2_{0.025}}} \leqq \sigma \leqq \sqrt{\frac{(n-1)\cdot s^2}{\chi^2_{0.975}}}$$

$$\sqrt{\frac{(6-1)\cdot 4^2}{12.833}} \leqq \sigma \leqq \sqrt{\frac{(6-1)\cdot 4^2}{0.831}}$$

$$\sqrt{\frac{80}{12.833}} \leqq \sigma \leqq \sqrt{\frac{80}{0.831}}$$

$$2.49678 \leqq \sigma \leqq 9.81170$$

$$\mathbf{2.49} \leqq \boldsymbol{\sigma} \leqq \mathbf{9.82}$$

　　　　　↑　　　　↑
　　　下側信頼限界　上側信頼限界

〔補足〕下側信頼限界は小さ目に、上側信頼限界は大き目にとる！

母平均の区間推定のケースと同様、母標準偏差の区間推定も、下側信頼限界は端数を切り下げて小さ目に、一方、上側信頼限界は端数を切り上げて大き目に計算します。

例題11－3　母標準偏差の区間推定

A社のポテトチップスの内容量を無作為に選んだ15袋について調べたところ、標本標準偏差 s は3.8gでした。A社のポテトチップスの内容量は正規分布すると仮定して、母標準偏差 σ を、①信頼係数90％、②信頼係数99％で区間推定しなさい。

〔解答〕

① このケースは、(11-13)を用います。いま、自由度 $(n-1=15-1)$ が14で、信頼係数が90％だから、表11-1のカイ2乗分布表より、右片側5％点 $(\chi^2_{0.05}=23.685)$ と右片側95％点 $(\chi^2_{0.95}=6.571)$ が得られます。よって、$n=15$、$s=3.8$、$\chi^2_{0.05}=23.685$、$\chi^2_{0.95}=6.571$ を、(11-13)へ代入し、母標準偏差 σ の信頼係数90％の信頼区間を求めます。

$$\sqrt{\frac{(n-1)\cdot s^2}{\chi^2_{0.05}}} \leq \sigma \leq \sqrt{\frac{(n-1)\cdot s^2}{\chi^2_{0.95}}}$$

$$\sqrt{\frac{(15-1)\cdot 3.8^2}{23.685}} \leq \sigma \leq \sqrt{\frac{(15-1)\cdot 3.8^2}{6.571}}$$

$$2.92153 \leq \sigma \leq 5.54666$$

$$\mathbf{2.92g} \leq \sigma \leq \mathbf{5.55g}$$
　　　↑　　　　　↑
　　下側信頼限界　上側信頼限界

② このケースでは、(11-15)を用います。いま、自由度が14で、信頼係数が99％なので、表11-1のカイ2乗分布表より、右片側0.5％点 $(\chi^2_{0.005}=31.319)$ と右片側99.5％点 $(\chi^2_{0.995}=4.075)$ が得られます。よって、$n=15$、$s=3.8$、$\chi^2_{0.005}=31.319$、$\chi^2_{0.995}=4.075$ を、(11-15)へ代入し、母標準偏差 σ の信頼係数99％の信頼区間を求めます。

$$\sqrt{\frac{(n-1)\cdot s^2}{\chi^2_{0.005}}} \leq \sigma \leq \sqrt{\frac{(n-1)\cdot s^2}{\chi^2_{0.995}}}$$

$$\sqrt{\frac{(15-1)\cdot 3.8^2}{31.319}} \leqq \sigma \leqq \sqrt{\frac{(15-1)\cdot 3.8^2}{4.075}}$$

$$2.54064 \leqq \sigma \leqq 7.04342$$

$$\mathbf{2.54g} \leqq \boldsymbol{\sigma} \leqq \mathbf{7.05g}$$
　　　　　　↑　　　　　↑
　　　　下側信頼限界　上側信頼限界

　信頼係数が90％から99％になると、信頼度は高まりますが、信頼区間が広くなっているのがわかります。

4. 母標準偏差の検定

第9章では、母平均 μ に関する検定を学びましたが、母標準偏差 σ も、以下の手順でカイ2乗分布を用いて検定することができます。

〈順序1〉帰無仮説 H_0 と対立仮説 H_1 を立てます（σ_0 は比較する値）。

 帰無仮説 $H_0 : \sigma = \sigma_0$ （母標準偏差 σ が σ_0 と等しいという仮説）

 対立仮説 $H_1 : \sigma \neq \sigma_0$ （母標準偏差 σ が σ_0 と等しくないという仮説：両側検定） ⎫
      $H_1 : \sigma > \sigma_0$ （母標準偏差 σ が σ_0 より大きいという仮説：右片側検定） ⎬ いずれか1つを選択する
      $H_1 : \sigma < \sigma_0$ （母標準偏差 σ が σ_0 より小さいという仮説：左片側検定） ⎭

検定は、一般に、帰無仮説 H_0 が「正しくない」として**棄却**され、対立仮説 H_1 が「正しい」として**採択**されることを期待して行われます。

〈順序2〉調査結果（もしくは実験結果）を整理します。
 ① 標本の大きさ n
 ② 標本標準偏差 s
 ③ 比較する値 σ_0

〈順序3〉検定統計量 χ^2 を計算します。

$$\chi^2 = \frac{(n-1) \cdot s^2}{\sigma_0^2} \tag{11-19}$$

この統計量の分布は、帰無仮説 H_0 が正しいとすれば、**自由度 $n-1$ のカイ2乗分布**に従います。

〈順序4〉**有意水準 α**（帰無仮説 H_0 が「正しい」にもかかわらず、誤って「正しくない」と判断して H_0 を棄却してしまう確率、通常5％か1％）を決め、表11-1の**カイ2乗分布表**から自由度（$= n-1$）に対応した**臨界値**を求めます。そして、〈順序3〉で求めた χ_0^2（χ^2 を実際に計算した値で**実現値**という）が、臨界値を境目として、**棄却域**に入るか、あるいは**採択域**に入るかを判定します。

例題11-4　母標準偏差の検定（左片側検定）

あるジーンズメーカーでは、従来、ウエストサイズの標準偏差が3mmで生産を行っていました。しかし、今月から高性能のミシンを導入したため、無作為に20着のジーンズを抜き取って検査したところ、標本標準偏差 s は1.8mmでした。高性能ミシンの導入によって、ジーンズのウエストサイズのばらつきは小さくなったといえるか、有意水準5％で検定（左片側検定）しなさい。ただし、ジーンズのウエストサイズの分布は、正規分布に従うものとします。

〔解答〕

〈順序1〉帰無仮説 H_0 と対立仮説 H_1 を立てます。

　帰無仮説　$H_0 : \sigma = 3$　←ジーンズのウエストサイズのばらつきは変化していない

　対立仮説　$H_1 : \sigma < 3$　←ジーンズのウエストサイズのばらつきは小さくなっている

〈順序2〉抜き取り検査の結果を整理します。

① 標本の大きさ　　$n = 20$
② 標本標準偏差　　$s = 1.8$
③ 比較する値　　　$\sigma_0 = 3$

〈順序3〉(11-19)より、検定統計量 χ_0^2（χ^2の実現値）を計算します。

$$\chi_0^2 = \frac{(n-1) \cdot s^2}{\sigma_0^2} = \frac{(20-1) \cdot 1.8^2}{3^2}$$

$$= \frac{61.56}{9} = 6.84$$

〈順序4〉有意水準5％の左片側検定だから、

　　$\chi_0^2 = 6.84 < 10.117$　←有意水準5％の臨界値（表11-1から、自由度19の右片側95％点〔＝左片側5％点〕を見つける）

となり、χ_0^2 は棄却域に入ります（図11-5参照）。したがって、帰無仮説 H_0 は棄却され、対立仮説 H_1 が採択されます。

結論として、高性能ミシンの導入によって、ジーンズのウエストサイズのばらつきは小さくなったといえます。

図11-5　例題11-4（有意水準5％の左片側検定：カイ2乗検定）

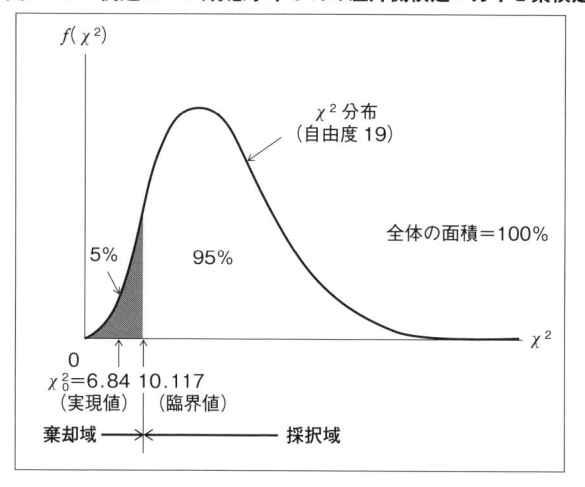

$f(\chi^2)$

χ^2分布
（自由度19）

全体の面積＝100％

5％　95％

0
$\chi_0^2=6.84$　10.117
（実現値）（臨界値）

棄却域 ← | → 採択域

練習問題（第11章）

11－1 （カイ2乗分布表の読み方）

①〜④は、自由度mとカイ2乗分布の右片側確率（＝上側確率）αを示しています。それぞれのケースに対応するχ_α^2の値を、表11－1のカイ2乗分布表を用いて求めなさい。

① 自由度8のカイ2乗分布の0.5％点（$\chi_{0.005}^2$）
② 自由度17のカイ2乗分布の99.5％点（$\chi_{0.995}^2$）
③ 自由度40のカイ2乗分布の97.5％点（$\chi_{0.975}^2$）
④ 自由度80のカイ2乗分布の1％点（$\chi_{0.01}^2$）

11－2 （母標準偏差の区間推定）

正規分布をする母集団から、12個の標本を無作為に抽出し、標本標準偏差sを調べたところ6.3になりました。母集団の標準偏差（母標準偏差）σを、信頼係数90％で区間推定しなさい。

11－3 （母標準偏差の区間推定）

ある駅の売店の売上高を、無作為に選んだ14日について調べたところ、標本標準偏差sは2.1万円でした。売上高は正規分布すると仮定して、母標準偏差σを、信頼係数95％で区間推定しなさい。

11－4 （母標準偏差の検定〔両側検定〕）

あるビール工場では、缶ビールの容量を平均350.0ml、標準偏差0.2mlで、安定して生産している。本日生産した缶ビールの中から、無作為に7缶を抜き取り、容量を調べたところ、以下の結果を得ました。

　　　350.2　　349.9　　349.4　　350.1　　349.8　　349.9　　350.7

本日の容量のばらつきは、管理している水準（0.2ml）と差があるといえるか、有意水準1％で検定（両側検定）しなさい。ただし、缶ビールの容量の分布は、正規分布に従うものとします。

11-5（母標準偏差の検定〔左片側検定〕）

　ある帽子メーカーでは、製造した帽子のサイズの標準偏差が、0.5mm以下になるように管理している。本日製造した帽子の中から、無作為に25個を取り出してサイズを調べたところ、標本標準偏差は0.3mmでした。本日の帽子のサイズのばらつきは、管理しているレベルを満たしているといえるか、有意水準1％で検定（左片側検定）しなさい。ただし、帽子のサイズの分布は、正規分布に従うと仮定します。

相関分析 第12章

本章と次章では、これまで学んだ1変数のケースと異なり、2つの変数あるいはそれ以上の変数の間の関係を明らかにする手法、相関分析と回帰分析について学びましょう。相関分析も回帰分析も、非常に多くの学問分野で応用されています。

1. 相関係数

相関係数 r (correlation coefficient) とは、身長と体重、加齢と血圧、広告費と売上高、ガソリンの価格と購入量などといった2変数 X と Y の間に、どの程度の関連があるかを測るための指標です。相関係数を計算することによって、X と Y の間に、どの程度の直線的な関係があるか（＝データが直線の近くにどのくらい集中しているか）を知ることができます。

X と Y のデータが標本の場合、相関係数（厳密には**標本相関係数**）は、つぎのように定義され、計算式は(12-4)になります。

相関係数

$$r = \frac{(X と Y の標本共分散)}{(X の標本標準偏差) \times (Y の標本標準偏差)} \quad \leftarrow 定義式 \quad (12-1)$$

$$= \frac{\dfrac{\sum(X-\overline{X})(Y-\overline{Y})}{n-1}}{\sqrt{\dfrac{\sum(X-\overline{X})^2}{n-1}} \times \sqrt{\dfrac{\sum(Y-\overline{Y})^2}{n-1}}} \quad \leftarrow 定義式 \quad (12-2)$$

図12-1 相関のタイプ別の散布図

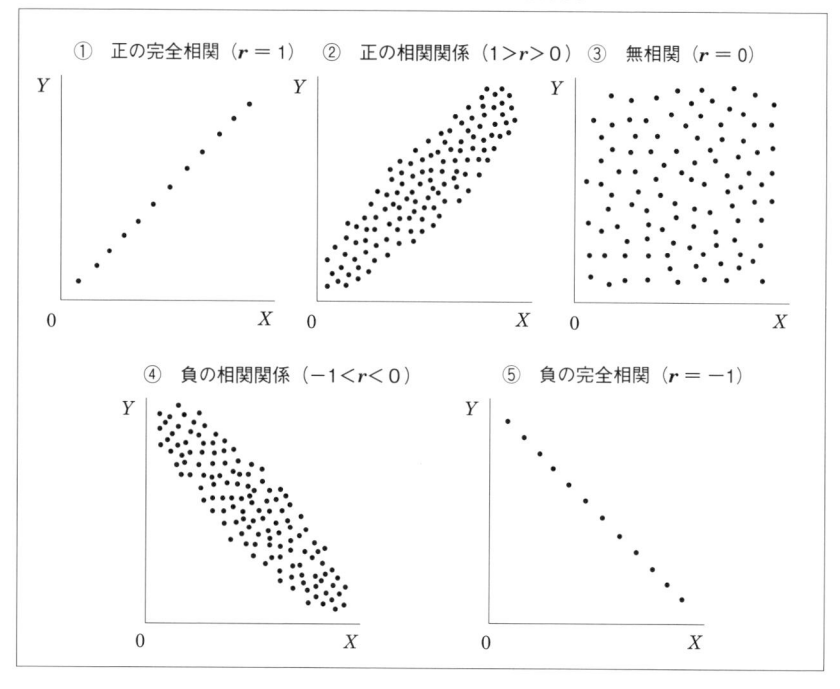

① 正の完全相関（$r=1$）　② 正の相関関係（$1>r>0$）　③ 無相関（$r=0$）

④ 負の相関関係（$-1<r<0$）　⑤ 負の完全相関（$r=-1$）

$$= \frac{\sum(X-\overline{X})(Y-\overline{Y})}{\sqrt{\sum(X-\overline{X})^2 \sum(Y-\overline{Y})^2}} \quad \leftarrow 定義式 \quad (12-3)$$

$$= \frac{n\sum XY - (\sum X)(\sum Y)}{\sqrt{\{n\sum X^2 - (\sum X)^2\}\{n\sum Y^2 - (\sum Y)^2\}}} \quad \leftarrow 計算式 \quad (12-4)$$

相関係数 r のとりうる範囲は、

$$-1 \leqq r \leqq 1$$

であり、以下のケースに分けることができます。

① $r=1$ 　→　正の完全相関
② $1>r>0$ 　→　正の相関関係
③ $r=0$ 　→　無相関
④ $-1<r<0$ 　→　負の相関関係
⑤ $r=-1$ 　→　負の完全相関

正の相関があるときは、X が増加すると Y も増加し、一方、負の相関が

あるときは、X が増加すると Y は減少します。こうした関係をグラフで表したものが図12-1であり、**散布図または相関図**といいます。また、r が1または-1に近いとき、**強い相関関係**があるといいます。

「相関」の概念は、イギリスの遺伝学者であり統計学者である**ゴルトン**（F. Galton, 1822～1911年）によって考案され、後継者の**カール・ピアソン**（K. Pearson, 1857～1936年）によって数学的により精緻なものにされました。このことから、相関係数のことを、**ピアソンの(積率)相関係数**ともいいます。

ところで、相関関係には、因果関係があるケースと、因果関係がないケースがあるので、注意しましょう。因果関係とは、原因がはっきりと存在し、それによって結果が生じることです。ただし、因果関係がないケースでも、関連性の強弱を調べるために、相関分析は行われます。

また、**擬似相関**（spurious correlation：**見せかけの相関**ともいう）といって、X と Y の間にはもともと因果関係がないにもかかわらず、第3の要因 Z の影響が両者に作用したため、X と Y の相関が見かけ上高くなることもあるので、注意しましょう。

〔補足〕曲線相関のケース

(12-3)、(12-4)の相関係数の定義式・計算式では、図12-2や図12-3のような曲線的な関係（**曲線相関**）を測ることはできません。こうしたケースでは、**相関比**という測度が用いられますが、本書のレベルを越えるので省略します。関心のある読者は、繁桝・柳井・森（2008）を参照して下さい。

図12-2　曲線相関（U字型）

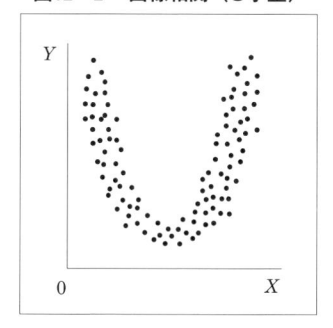

図12-3　曲線相関（逆U字型）

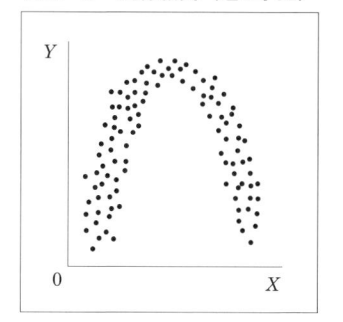

例題12-1　相関係数

つぎのデータにもとづいて、以下の設問に答えなさい。
① ヨコ軸に X、タテ軸に Y をとり、このデータの散布図を描きなさい。
② 相関係数 r を、定義式(12-3)を用いて求めなさい。
③ 相関係数 r を、計算式(12-4)を用いて求めなさい。

X	5	1	4	7	3
Y	9	1	3	12	5

〔解答〕

①

図12-4　X と Y の散布図

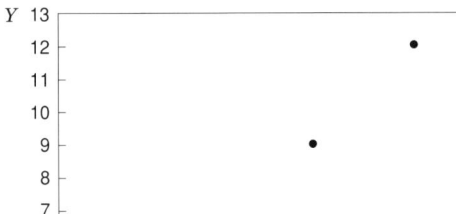

② データをワークシートに記入し、計算します。

表12-1　ワークシート（例題12-1・②）

X	Y	$X-\bar{X}$	$Y-\bar{Y}$	$(X-\bar{X})^2$	$(Y-\bar{Y})^2$	$(X-\bar{X})(Y-\bar{Y})$
5	9	1	3	1	9	3
1	1	−3	−5	9	25	15
4	3	0	−3	0	9	0
7	12	3	6	9	36	18
3	5	−1	−1	1	1	1
20	30	0	0	20	80	37
↑	↑	↑	↑	↑	↑	↑
ΣX	ΣY	$\Sigma(X-\bar{X})$	$\Sigma(Y-\bar{Y})$	$\Sigma(X-\bar{X})^2$	$\Sigma(Y-\bar{Y})^2$	$\Sigma(X-\bar{X})(Y-\bar{Y})$

ただし、

$$\overline{X} = \frac{\sum X}{n} = \frac{20}{5} = 4$$

$$\overline{Y} = \frac{\sum Y}{n} = \frac{30}{5} = 6$$

相関係数 r を、定義式（12‐3）より求めると、

$$r = \frac{\sum(X-\overline{X})(Y-\overline{Y})}{\sqrt{\sum(X-\overline{X})^2 \sum(Y-\overline{Y})^2}}$$

$$= \frac{37}{\sqrt{(20)(80)}} = \frac{37}{\sqrt{1600}}$$

$$= \frac{37}{40} = \mathbf{0.925}$$

となり、X と Y の間には、正の相関関係があることがわかります。

③　データをワークシートに記入し、計算します。

表12‐2　ワークシート（例題12‐1・③）

X	Y	X^2	Y^2	XY
5	9	25	81	45
1	1	1	1	1
4	3	16	9	12
7	12	49	144	84
3	5	9	25	15
20	30	100	260	157
↑	↑	↑	↑	↑
$\sum X$	$\sum Y$	$\sum X^2$	$\sum Y^2$	$\sum XY$

相関係数 r を、計算式（12‐4）より求めます。

$$r = \frac{n\sum XY - (\sum X)(\sum Y)}{\sqrt{\{n\sum X^2 - (\sum X)^2\}\{n\sum Y^2 - (\sum Y)^2\}}}$$

$$= \frac{(5)(157) - (20)(30)}{\sqrt{\{(5)(100) - (20)^2\}\{(5)(260) - (30)^2\}}}$$

$$= \frac{185}{\sqrt{(100)(400)}} = \frac{185}{\sqrt{40000}}$$

$$= \frac{185}{200} = \mathbf{0.925}$$

手計算で r を求める場合、計算式(12-4)を用いた方が、定義式(12-3)を用いるより、短時間で計算ができ、しかも平均値 $\overline{X}$ と $\overline{Y}$ を利用しないので、$\overline{X}$ と $\overline{Y}$ が割り切れないときでも、**丸め**（四捨五入・切り上げ・切り捨て）による誤差が、計算結果に影響しません。ただし、統計ソフトや関数電卓を使用する機会の多い今日では、定義式(12-1)～(12-3)をよく理解しておくことも大切です。

例題12-2　相関係数

つぎのデータは、ある県の1月から8月の月平均気温 X と、1世帯当たり炭酸飲料消費量 Y を示しています。
① 散布図を描きなさい。
② 相関係数 r を、計算式(12-4)を用いて求めなさい。

月	1月	2月	3月	4月	5月	6月	7月	8月
月平均気温(℃)　X	3	4	8	15	19	22	28	29
炭酸飲料消費量(ℓ) Y	2	1	3	6	5	7	9	7

〔解答〕

①

図12-5　月平均気温 X と1世帯当たり炭酸飲料消費量 Y

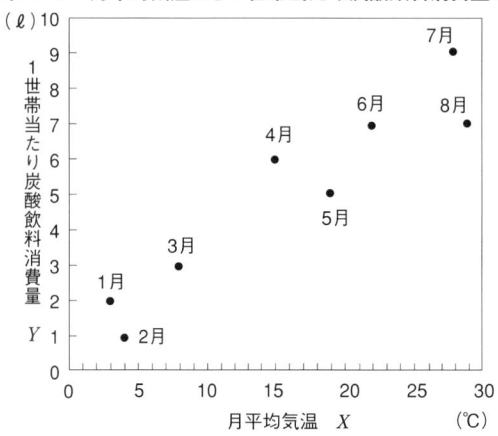

② データをワークシートに記入し、計算します。

表12-3　ワークシート（例題12-2）

X	Y	X^2	Y^2	XY
3	2	9	4	6
4	1	16	1	4
8	3	64	9	24
15	6	225	36	90
19	5	361	25	95
22	7	484	49	154
28	9	784	81	252
29	7	841	49	203
128	40	2784	254	828
↑	↑	↑	↑	↑
ΣX	ΣY	ΣX^2	ΣY^2	ΣXY

相関係数 r を、(12-4) より求めると、

$$r = \frac{n\Sigma XY - (\Sigma X)(\Sigma Y)}{\sqrt{\{n\Sigma X^2 - (\Sigma X)^2\}\{n\Sigma Y^2 - (\Sigma Y)^2\}}}$$

$$= \frac{(8)(828) - (128)(40)}{\sqrt{\{(8)(2784) - (128)^2\}\{(8)(254) - (40)^2\}}}$$

$$= \frac{1504}{\sqrt{(5888)(432)}} = \frac{1504}{\sqrt{2543616}}$$

$$= \frac{1504}{1594.87} = \mathbf{0.943}$$

となり、X と Y の間には、強い正の相関関係があることがわかります。

2．相関係数の検定（無相関検定）

前節で求めた相関係数 r（正確には**標本相関係数**という）から、実際には知ることがむずかしい母集団の相関係数 ρ（**母相関係数**）が、ゼロ（無相関）であるかどうかを検定する方法（**無相関検定**）について説明しましょう。

計算した相関係数 r（標本相関係数）の絶対値が、表12-4に示された数値（**臨界値**）より大きければ、母集団における2つの変数間に有意な相関があることになり（母相関係数 $\rho \neq 0$）、逆に臨界値より小さければ、有意な相関があるとはいえません（$\rho = 0$）。

表12-4　相関係数 r の検定表（両側検定）

標本の個数 n	自由度 n−2 (標本の個数−2)	有意水準 10%	5%	1%
3	1	0.988	0.997	1.000
4	2	.900	.950	.990
5	3	.805	.878	.959
6	4	.729	.811	.917
7	5	.669	.754	.875
8	6	.621	.707	.834
9	7	.582	.666	.798
10	8	.549	.632	.765
11	9	.521	.602	.735
12	10	.497	.576	.708
13	11	.476	.553	.684
14	12	.458	.532	.661
15	13	.441	.514	.641
16	14	.426	.497	.623
17	15	.412	.482	.606
18	16	.400	.468	.590
19	17	.389	.456	.575
20	18	.378	.444	.561
21	19	.369	.433	.549
22	20	.360	.423	.537
27	25	.323	.381	.487
32	30	.296	.349	.449
37	35	.275	.325	.418
42	40	.257	.304	.393
47	45	.243	.288	.372
52	50	.231	.273	.354
62	60	.211	.250	.325
72	70	.195	.232	.302
82	80	.183	.217	.283
92	90	.173	.205	.267
102	100	.164	.195	.254
202	200	.116	.138	.181
502	500	.073	.088	.115

注）ただし、左から順に5％、2.5％、0.5％の**片側検定**の表としても使用できる。

表12-4には、**有意水準10％、5％、1％の臨界値**が、標本の個数 n および自由度（標本の個数$-2 = n-2$）ごとに示されており、有意水準が小さいほど、きびしい検定になります。

有意水準とは、母相関係数 $\rho = 0$ という帰無仮説が「正しい」にもかかわらず、誤って「正しくない」と判断してしまう確率のことで、**危険率**ともいいます。

〔補足〕「表12-4　相関係数の検定表」について
〈両側検定〉
　　帰無仮説　$H_0 : \rho = 0$　←XとYの母集団に相関はない
　　対立仮説　$H_1 : \rho \neq 0$　←XとYの母集団に相関はある

ここで、帰無仮説 H_0 が正しいならば、以下の無相関の検定統計量 t は、**自由度 $n-2$ の t 分布**に従います。

$$t = \frac{r\sqrt{n-2}}{\sqrt{1-r^2}} \tag{12-5}$$

上式（12-5）を r について解くと、

$$r = \frac{t}{\sqrt{n-2+t^2}} \tag{12-6}$$

となります。表12-4は、この式の t に t 分布表の数値を代入し、r（臨界値）を算出したものです。

ちなみに、対立仮説を $H_1 : \rho > 0$（正の相関がある）、あるいは $H_1 : \rho < 0$（負の相関がある）とおき、〈片側検定〉を行うこともできます。

例題12-3　相関係数の検定（無相関検定）

つぎの①～⑥のケースについて、母集団に有意な相関があるといえるでしょうか、有意水準10％、5％、1％で検定（両側検定）しなさい。ただし、r は標本相関係数、n は標本の個数です。

① $r = 0.720$　$(n = 6)$
② $r = -0.581$　$(n = 13)$
③ $r = 0.432$　$(n = 20)$
④ $r = -0.284$　$(n = 47)$
⑤ $r = 0.253$　$(n = 62)$
⑥ $r = -0.256$　$(n = 102)$

〔解答〕

標本相関係数 r の絶対値が、標本の個数 n あるいは自由度 $(n-2)$ から求めた表12-4の数値（臨界値）より大きければ有意な相関があり（○）、逆に臨界値より小さければ有意な相関があるとはいえません（×）。

表12-5　相関係数の検定（例題12-3）

標本相関係数 r	標本の個数 n	自由度 $n-2$	有意水準 10%	5%	1%
① $r = 0.720$	6	4	×	×	×
② $r = -0.581$	13	11	○	○	×
③ $r = 0.432$	20	18	○	×	×
④ $r = -0.284$	47	45	○	×	×
⑤ $r = 0.253$	62	60	○	○	×
⑥ $r = -0.256$	102	100	○	○	○

例題12−4　相関係数の検定（無相関検定）

つぎのデータは、週単位の日経平均の変化率（％）X とA社の株価の変化率（％）Y を示しています。

週	1週	2週	3週	4週	5週	6週	7週	8週	9週	10週
日経平均の変化率（％）　X	0.2	−0.6	1.4	0.5	2.0	−0.6	−0.3	0.7	2.3	0.4
A社の株価の変化率（％）　Y	0.2	0.4	2.2	0.6	2.4	−0.2	−0.3	0.9	1.6	1.2

① 散布図を描きなさい。
② 相関係数 r を求めなさい。
③ X と Y の間には、有意な相関があるといえるか、有意水準10％、5％、および1％で検定しなさい。

〔解答〕

①

図12−6　週単位の日経平均の変化率 X と A社の株価の変化率 Y

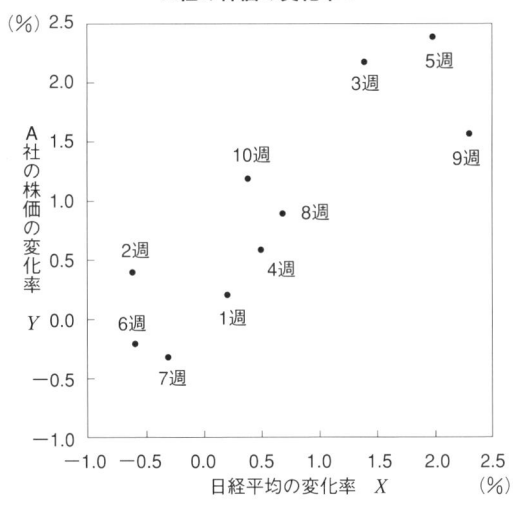

② データをワークシートに記入し、計算します。

表12-6　ワークシート（例題12-4）

X	Y	X^2	Y^2	XY
0.2	0.2	0.04	0.04	0.04
−0.6	0.4	0.36	0.16	−0.24
1.4	2.2	1.96	4.84	3.08
0.5	0.6	0.25	0.36	0.30
2.0	2.4	4.00	5.76	4.80
−0.6	−0.2	0.36	0.04	0.12
−0.3	−0.3	0.09	0.09	0.09
0.7	0.9	0.49	0.81	0.63
2.3	1.6	5.29	2.56	3.68
0.4	1.2	0.16	1.44	0.48
6.0	9.0	13.00	16.10	12.98
↑	↑	↑	↑	↑
ΣX	ΣY	ΣX^2	ΣY^2	ΣXY

相関係数 r を、（12-4）より求めると、

$$r = \frac{n\Sigma XY - (\Sigma X)(\Sigma Y)}{\sqrt{\{n\Sigma X^2 - (\Sigma X)^2\}\{n\Sigma Y^2 - (\Sigma Y)^2\}}}$$

$$= \frac{(10)(12.98) - (6.0)(9.0)}{\sqrt{\{(10)(13.00) - (6.0)^2\}\{(10)(16.10) - (9.0)^2\}}}$$

$$= \frac{75.8}{\sqrt{(94)(80)}} = \frac{75.8}{\sqrt{7520}}$$

$$= \frac{75.8}{86.718} = \mathbf{0.8741}$$

となります。

③　表12-4より、標本の個数10（自由度＝8）の有意水準10％、5％、1％の臨界値は、それぞれ0.549、0.632、0.765であり、計算した相関係数（標本相関係数＝0.8741）の方が大きく、X と Y の間には、有意な相関があるといえます。

3．スピアマンの順位相関係数

スピアマンの順位相関係数 r_s（Spearman's rank correlation coefficient）とは、2組のデータ X, Y が数量ではなく、順位で与えられているとき、X と Y の間の相関関係の強さと方向（正あるいは負）を調べるための指標です。1904年に、イギリスの心理学者チャールズ・スピアマン（C. E. Spearman, 1863〜1945年）によって創案されました。

スピアマンの順位相関係数

$$r_s = 1 - \frac{6\sum(X-Y)^2}{n(n^2-1)}$$
$$= 1 - \frac{6\sum d^2}{n(n^2-1)} \qquad (12-7)$$

ここで、n は標本の個数、d は X と Y の順位の差（$X-Y$）です。スピアマンの順位相関係数のとりうる範囲は、

$$-1 \leqq r_s \leqq 1$$

であり、その解釈の方法は、相関係数 r と同様です。(12-7)からもわかるように、相関係数に比べて計算が簡単であるというメリットがあります。さらに、データの中に極端な値（外れ値）があっても、相関係数の場合と違い、大きな影響を受けることがありません。これは大きなメリットであり、相関係数が外れ値の影響を大きく受けるケースでは、数量データを順位データに変換して、このスピアマンの順位相関係数を利用するのも一つの解決策です。

なお、データの中に同順位がある場合は、以下のようにデータを加工します。たとえば、

- 3位のデータが2つある場合　→　3.5　3.5
- 3位のデータが3つある場合　→　4　4　4

〔補足〕スピアマンの順位相関係数の検定

前節の相関係数 r の検定と同様、スピアマンの順位相関係数 r_s の検定も、表12-7を用いると簡単に行えます。すなわち、計算した r_s の絶対値が、表12-7の数値（臨界値）より大きければ、有意な相関がある（＝母集団における2つの変数間に有意な相関がある）といえます。逆に、臨界値より小さければ、有意な相関があるとはいえません。

表12-7　スピアマンの順位相関係数 r_s の検定表（両側検定）

標本の個数 n	有意水準 10%	5%	1%
5	.900	1.000	―
6	.829	.886	1.000
7	.714	.786	.929
8	.643	.714	.881
9	.600	.700	.833
10	.564	.648	.794
11	.536	.618	.764
12	.503	.587	.734
13	.484	.560	.703
14	.464	.539	.679
15	.446	.521	.657
16	.429	.503	.635
17	.414	.488	.618
18	.401	.474	.600
19	.391	.460	.584
20	.380	.447	.570
25	.337	.399	.511
30	.307	.363	.467

例題12-5　スピアマンの順位相関係数

つぎのデータは、ある証券会社の同期入社12名（A〜L）について、大学時代の成績による順位 X_1 と採用試験の面接の順位 X_2、および入社3年後の営業成績の順位 Y を示したものです。

社　員	A	B	C	D	E	F	G	H	I	J	K	L
大学時代の成績による順位　X_1	7	6	1	5	3	2	12	10	4	11	9	8
採用試験の面接の順位　X_2	3	1	4	2	8	5	7	11	9	6	12	10
入社3年後の営業成績の順位 Y	1	2	3	4	5	6	7	8	9	10	11	12

① X_1 と Y のスピアマンの順位相関係数 r_s を求めなさい。
② X_2 と Y のスピアマンの順位相関係数 r_s を求めなさい。
③ ①と②で求めた r_s を、有意水準10％、5％、1％で検定（両側検定）しなさい。

〔解答〕
① データをワークシートに記入し、計算します。

表12-8　ワークシート（例題12-5・①）

X_1	Y	d $(=X-Y)$	d^2 $(=(X-Y)^2)$
7	1	6	36
6	2	4	16
1	3	−2	4
5	4	1	1
3	5	−2	4
2	6	−4	16
12	7	5	25
10	8	2	4
4	9	−5	25
11	10	1	1
9	11	−2	4
8	12	−4	16
—	—	0	152
		↑ Σd	↑ Σd^2

(12-7) より、スピアマンの順位相関係数 r_s を求めると、

$$r_s = 1 - \frac{6\sum d^2}{n(n^2-1)} = 1 - \frac{6(152)}{(12)(144-1)}$$

$$= 1 - \frac{912}{1716} = \mathbf{0.469}$$

となります。

② データをワークシートに記入し、計算します。

表12-9　ワークシート（例題12-5・②）

X_2	Y	d $(=X-Y)$	d^2 $(=(X-Y)^2)$
3	1	2	4
1	2	−1	1
4	3	1	1
2	4	−2	4
8	5	3	9
5	6	−1	1
7	7	0	0
11	8	3	9
9	9	0	0
6	10	−4	16
12	11	1	1
10	12	−2	4
—	—	0	50
		↑ Σd	↑ Σd^2

(12-7)よりスピアマンの順位相関係数 r_s を求めると、

$$r_s = 1 - \frac{6\sum d^2}{n(n^2-1)} = 1 - \frac{6(50)}{(12)(144-1)}$$

$$= 1 - \frac{300}{1716} = \mathbf{0.825}$$

となります。

③　表12-7より、$n=12$ の有意水準10%、5%、1%の臨界値は、それぞれ0.503、0.587、0.734になります。①で計算した X_1 と Y の r_s は0.469であり、いずれの臨界値よりも小さく、**有意な相関があるとはいえません**。

一方、②で計算した X_2 と Y の r_s は0.825であり、いずれの臨界値よりも大きく、**有意な相関があるといえます**。

例題12-6　スピアマンの順位相関係数（同順位のあるケース）

つぎのデータは、ある商社の10名の社員（A～J）について、社内で行った英語と中国語の能力試験の結果を、順位データ（成績の良い順）で示したものです。

社　員	A	B	C	D	E	F	G	H	I	J
英語の能力試験の順位　X	3	9	8	1	7	3	6	10	2	5
中国語の能力試験の順位　Y	2	10	6	3	5	1	6	9	4	6

① スピアマンの順位相関係数 r_s を求めなさい。
② ①で求めた r_s を、有意水準10%、5%、1%で検定（両側検定）しなさい。

〔解答〕

① データをワークシートに記入し計算します。このとき、X に3位のデータが2つあるので「3.5, 3.5」とし、Y に6位のデータが3つあるので「7, 7, 7」と加工して、ワークシートにデータを記入します。

表12－10　ワークシート（例題12－6）

X_1	Y	d ($=X-Y$)	d^2 ($=(X-Y)^2$)
3.5	2	1.5	2.25
9	10	−1	1
8	7	1	1
1	3	−2	4
7	5	2	4
3.5	1	2.5	6.25
6	7	−1	1
10	9	1	1
2	4	−2	4
5	7	−2	4
―	―	0 ↑ Σd	28.5 ↑ Σd^2

（12－7）より、スピアマンの順位相関係数 r_s を求めると、

$$r_s = 1 - \frac{6\Sigma d^2}{n(n^2-1)} = 1 - \frac{6(28.5)}{(10)(100-1)}$$

$$= 1 - \frac{171}{990} = \mathbf{0.827}$$

となります。

② 表12－7より、$n=10$ の有意水準10％、5％、1％の臨界値は、それぞれ0.564、0.648、0.794であり、①で求めた r_s（0.827）はいずれの臨界値よりも大きく、有意な相関があるといえます。

練習問題（第12章）

12-1（相関分析）
つぎのデータにもとづいて、以下の設問に答えなさい。

X	3	6	9	2	4	7	1	8
Y	5	3	1	7	4	2	8	2

① ヨコ軸に X、タテ軸に Y をとり、このデータの散布図を描きなさい。
② 相関係数 r を、定義式(12-3)を用いて求めなさい。
③ 相関係数 r を、計算式(12-4)を用いて求めなさい。
④ X と Y の間には、有意な相関があるといえるか、有意水準5％で検定（両側検定）しなさい。

12-2（相関分析）
つぎのデータは、ある地域における6～8月の1日平均日照時間 X と、水稲の収量 Y を10年間について調査した結果です。

年度 t	1	2	3	4	5	6	7	8	9	10
6～8月の1日平均日照時間（時間/日） X	6.6	5.1	6.3	7.0	6.5	5.6	6.8	4.2	5.7	6.2
水稲の収量(t/ha) Y	5.3	4.7	4.9	5.4	5.1	4.8	5.2	4.4	5.0	5.2

① ヨコ軸に X、タテ軸に Y をとり、このデータの散布図を描きなさい。
② 相関係数 r を、定義式(12-3)を用いて求めなさい。
③ 相関係数 r を、計算式(12-4)を用いて求めなさい。
④ X と Y の間には、有意な相関があるといえるか、有意水準5％で検定（両側検定）しなさい。

12-3 (相関分析)

つぎのデータは、ある企業の40代男性社員の中から無作為に15名を選び、1日当たり塩分摂取量 X と、収縮期血圧（最高血圧）Y を調査した結果です。

社員 i	1日当たり塩分摂取量(g/日) X	収縮期血圧 (mmHg) Y	社員 i	1日当たり塩分摂取量(g/日) X	収縮期血圧 (mmHg) Y
1	11	138	9	6	120
2	8	122	10	15	149
3	17	148	11	9	126
4	6	134	12	16	159
5	15	139	13	10	129
6	12	135	14	19	164
7	5	128	15	13	149
8	18	160			

① ヨコ軸に X、タテ軸に Y をとり、このデータの散布図を描きなさい。

② 相関係数 r を、定義式(12-3)を用いて求めなさい。

③ 相関係数 r を、計算式(12-4)を用いて求めなさい。

④ X と Y の間には、有意な相関があるといえるか、有意水準5％および1％で検定（両側検定）しなさい。

12-4 (相関分析：相関行列の作成)

つぎのデータは、ある県の中学3年生を対象とした実力試験（各教科100点満点）の答案の中から、無作為に生徒11人の答案を抽出し、採点結果を整理したものです。

生徒	英語	国語	数学	社会	理科
1	67	72	53	48	51
2	83	74	80	73	84
3	73	83	64	77	68
4	55	65	33	55	36
5	66	74	44	51	60
6	79	87	56	81	62
7	57	67	53	59	58
8	85	85	75	84	80
9	61	63	39	66	52
10	74	77	69	67	69
11	70	78	28	65	40

① 英語、国語、数学、社会、理科の5科目の (1) 平均点、(2) 分散、(3) 標準偏差をそれぞれ求めなさい。

② (1)英語、(2)国語、(3)数学、(4)社会、(5)理科、(6) 5科目の合計点の間の相関係数をそれぞれ計15ケース計算し、**相関行列**（correlation matrix）を作成しなさい。

③ ②で求めた相関係数を、有意水準5％および1％で検定（両側検定）しなさい。その際、5％水準で有意な値には＊印を、1％水準で有意な値には＊＊印を付けて示しなさい。

12-5 (スピアマンの順位相関係数)

つぎのデータは、あるアパレルメーカーの15名のデザイナー（A～O）について、プロデュース部門の部長 X と副部長 Y が、彼らのデザイン能力を順位づけ（同順位あり）で評定したものです。

デザイナー	A	B	C	D	E	F	G	H	I	J	K	L	M	N	O
部長 X	6	9	4	14	3	1	8	9	2	13	15	9	5	12	7
副部長 Y	5	10	2	14	8	3	6	12	1	15	13	11	4	9	6

① スピアマンの順位相関係数 r_s を求めなさい。

② ①で求めた r_s を、有意水準10%、5%、1%で検定（両側検定）しなさい。

第13章 回帰分析

1. 回帰分析とは

回帰分析(regression analysis)とは、2つの変数あるいはそれ以上の変数間の因果関係を明らかにするための統計的手法です(3変数以上のケースを**重回帰分析**といいます)。

いま、2つの変数 X と Y の関係を、1次式のかたちで表すと、以下のようになります。

$$Y = a + bX \qquad (13-1)$$

（被説明変数（結果）　回帰係数　説明変数（原因））

この式を、**回帰(方程)式**(regression equation)または**単純回帰式**といいます。X は原因(cause)となる変数で、**説明変数**(explanatory variable)または**独立変数**(independent variable)といいます。一方、Y は結果(result)となる変数で、**被説明変数**(explained variable)または**従属変数**(dependent variable)といいます。

回帰分析の主な目的は、**回帰係数**(パラメータ)と呼ばれる a と b の値を求めることにあります。回帰係数の求め方の中で最もよく利用されるのが、次節で説明する**最小2乗法**(Ordinary Least Squares method:OLS)です。

一般に回帰分析は、X を原因、Y を結果とみなす因果関係として捉えるため、X と Y とのあいだに、理論的な説明が成り立たなければなりません。理論的に意味のない式を推定し、たとえ良好な推定結果がえられたとしても、それは有意義な分析とはいえません。

2．回帰係数の求め方（最小2乗法：OLS）

回帰式(13-1)の a と b の値を、OLS を用いて求めた結果を**推定回帰式**といい、下式のかたちで表すことができます。

$$\hat{Y} = \hat{a} + \hat{b}X \tag{13-2}$$

$\hat{a}$ と $\hat{b}$ は、a と b の**推定値**といい、$\hat{Y}$ は、Y の**推定値**あるいは**理論値**といいます。$\hat{a}$ と $\hat{b}$ を求める公式は、以下のとおりです。

$$\hat{b} = \frac{n\sum XY - (\sum X)(\sum Y)}{n\sum X^2 - (\sum X)^2} \tag{13-3}$$

$$= \frac{\sum(X-\overline{X})(Y-\overline{Y})}{\sum(X-\overline{X})^2} \tag{13-4}$$

$$= \frac{\frac{1}{n-1}\sum(X-\overline{X})(Y-\overline{Y})}{\frac{1}{n-1}\sum(X-\overline{X})^2} = \frac{X と Y の標本共分散}{X の標本分散} \tag{13-5}$$

$$\hat{a} = \frac{\sum X^2 \sum Y - \sum X \sum XY}{n\sum X^2 - (\sum X)^2} \tag{13-6}$$

$$= \frac{\sum Y - \hat{b}\sum X}{n} \tag{13-7}$$

$$= \overline{Y} - \hat{b}\overline{X} \tag{13-8}$$

いずれの公式を使用しても、$\hat{a}$ と $\hat{b}$ を求めることができますが、手計算の場合は、$\hat{b}$ は(13-3)、$\hat{a}$ は(13-8)をよく用います。

〔補足〕最小2乗法（OLS）と公式の導き方

いま、残差（residual）を e とすると、

$$\text{残差 } e = 観測値 Y - 理論値 \hat{Y}$$
$$= Y - (\hat{a} + \hat{b}X) \tag{13-9}$$

となります。つぎに、残差の2乗の総和 $\sum e^2$、すなわち**残差平方和**（sum of squared residuals）を求めると、

$$\sum e^2 = \sum\{Y - (\hat{a} + \hat{b}X)\}^2 \tag{13-10}$$

となります。この残差平方和が最小になるように $\hat{a}$ と $\hat{b}$ の値を決定する方法が、

OLSの原理です（フランスの数学者**ルジャンドル**［A. M. Legendre, 1752～1833年］とドイツの数学者**ガウス**［C. F. Gauss, 1777～1855年］によってほぼ同時期に発見される：図13-1 参照）。残差平方和 $\sum e^2$ の $\hat{a}$ と $\hat{b}$ についての最小値は、(13-10)を $\hat{a}$ と $\hat{b}$ でそれぞれ偏微分し、ゼロとおくことによってえられます。すなわち、

$$\frac{\partial \sum e^2}{\partial \hat{a}} = -2\sum(Y - \hat{a} - \hat{b}X) = 0 \tag{13-11}$$

$$\frac{\partial \sum e^2}{\partial \hat{b}} = -2\sum X(Y - \hat{a} - \hat{b}X) = 0 \tag{13-12}$$

となり、両式を整理すると連立方程式、

$$\sum Y = n\hat{a} + \hat{b}\sum X \tag{13-13}$$

$$\sum XY = \hat{a}\sum X + \hat{b}\sum X^2 \tag{13-14}$$

がえられます。この連立方程式を**正規方程式**（normal equations）といい、この方程式を未知数 $\hat{b}$, $\hat{a}$ について解いたものが、先に示したOLSの公式(13-3)、(13-6)になります。そして、(13-3)を変形したものが(13-4)、(13-5)であり、(13-6)を変形したものが(13-7)、(13-8)になります。

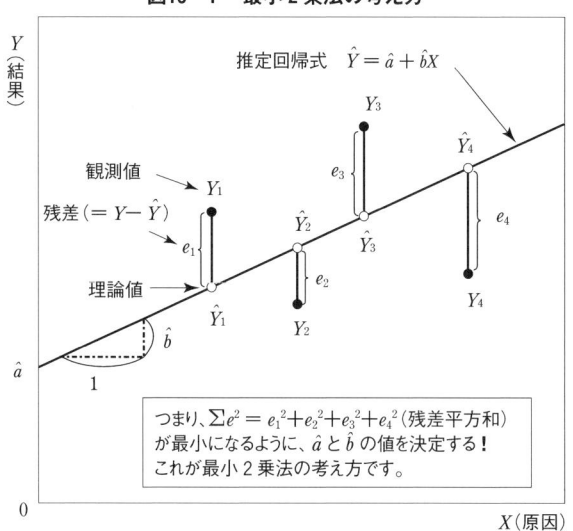

図13-1　最小2乗法の考え方

つまり、$\sum e^2 = e_1^2 + e_2^2 + e_3^2 + e_4^2$（残差平方和）が最小になるように、$\hat{a}$ と $\hat{b}$ の値を決定する！
これが最小2乗法の考え方です。

例題13-1　単純回帰分析

つぎのデータは、A〜Fの6世帯の世帯人員数 X と1カ月の光熱費 Y の関係を示しています。

世帯	A	B	C	D	E	F
世帯人員数(人) X	2	3	4	4	5	6
1カ月の光熱費(千円) Y	6	8	10	9	13	14

① 単純回帰式 $Y = a + bX$ を、最小2乗法（OLS）により推定しなさい。
② このデータの散布図と、①で推定した回帰式（線）を描きなさい。
③ 世帯人員数が1人増えたとき、1カ月の光熱費はいくら増加しますか。
④ 世帯人員数が7人のとき、1カ月の光熱費はいくらになるか予測しなさい。

〔解答〕

① データをワークシートに記入し、計算します。

表13-1　ワークシート（例題13-1）

X	Y	X^2	XY
2	6	4	12
3	8	9	24
4	10	16	40
4	9	16	36
5	13	25	65
6	14	36	84
24	60	106	261
↑	↑	↑	↑
ΣX	ΣY	ΣX^2	ΣXY

$\hat{b}$ を、(13-3)より求めると、

$$\hat{b} = \frac{n\Sigma XY - (\Sigma X)(\Sigma Y)}{n\Sigma X^2 - (\Sigma X)^2}$$

$$= \frac{(6)(261) - (24)(60)}{(6)(106) - (24)^2}$$

$$= \frac{126}{60} = \mathbf{2.1}$$

となります。

つぎに、$\hat{a}$ を(13-8)より求めると、

$$\hat{a} = \overline{Y} - \hat{b}\overline{X} = \frac{\Sigma Y}{n} - \hat{b} \cdot \frac{\Sigma X}{n}$$

$$= \frac{60}{6} - (2.1) \cdot \frac{24}{6} = 10 - 8.4 = \mathbf{1.6}$$

となります。

したがって、推定した回帰式は、

$$\hat{Y} = \mathbf{1.6 + 2.1}\, X$$

となります。

②

図13－2　世帯人員数Xと１カ月の光熱費Y（例題13－１）

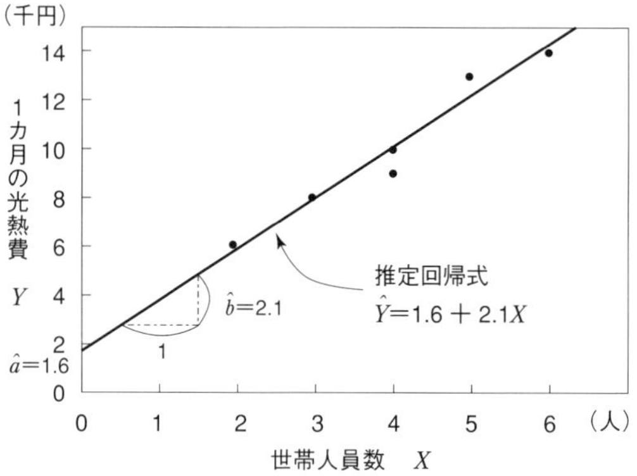

③　推定した回帰式の傾き$\hat{b}$が2.1なので、世帯人員数が１人増えると、光熱費は**2100円増加**することがわかります。

④　推定した回帰式のXに、７人を代入すると、

$$\hat{Y} = 1.6 + 2.1 \cdot (7) = 1.6 + 14.7$$

$$= \mathbf{16.3}\ \text{（千円）}$$

となります。すなわち、世帯人員数が７人のとき、１カ月の光熱費は約**１万6300円**になると予測されます。

3．決定係数

決定係数 r^2 (coefficient of determination) は「アール・スクエア」といい、推定した回帰式の当てはまりのよさ（＝回帰式の説明力：適合度ともいう）を測る指標であり、計算式は次式のようになります。

$$決定係数\ r^2 = \frac{\{\sum(X-\overline{X})(Y-\overline{Y})\}^2}{\sum(X-\overline{X})^2\sum(Y-\overline{Y})^2} \tag{13-15}$$

$$= \frac{\{n\sum XY-(\sum X)(\sum Y)\}^2}{\{n\sum X^2-(\sum X)^2\}\{n\sum Y^2-(\sum Y)^2\}} \tag{13-16}$$

決定係数のとりうる範囲は、

$$0 \leq r^2 \leq 1$$

であり、**相関係数の2乗**でもあります。決定係数が1に近いほど、推定した回帰式の当てはまりはよい（＝回帰式の説明力は高い）ことになります。

〔補足〕決定係数 r^2 の定義

観測値 Y とその平均値 $\overline{Y}$ との差の平方和を、**Y の全変動**といいます。

$$Y の全変動 = \sum(Y-\overline{Y})^2 \tag{13-17}$$

理論値 $\hat{Y}$ と平均値 $\overline{Y}$ との差の平方和を、**回帰によって説明できる変動**（回帰平方和）といいます。

$$回帰によって説明できる変動 = \sum(\hat{Y}-\overline{Y})^2 \tag{13-18}$$

観測値 Y と理論値 $\hat{Y}$ との差の平方和を、**回帰によって説明できない変動**（残差平方和）といいます。

$$回帰によって説明できない変動 = \sum(Y-\hat{Y})^2 \tag{13-19}$$

これら3つの変動には、以下のような関係式が成り立ちます。

$$\underbrace{\sum(Y-\overline{Y})^2}_{Y の全変動} = \underbrace{\sum(\hat{Y}-\overline{Y})^2}_{\substack{回帰によって説明\\できる変動}} + \underbrace{\sum(Y-\hat{Y})^2}_{\substack{回帰によって説明\\できない変動}} \tag{13-20}$$

上式(13-20)の両辺を、$\sum(Y-\overline{Y})^2$ で割ると、

$$1 = \frac{\sum(\hat{Y}-\overline{Y})^2}{\sum(Y-\overline{Y})^2} + \frac{\sum(Y-\hat{Y})^2}{\sum(Y-\overline{Y})^2}$$

$$\frac{\sum(\hat{Y}-\overline{Y})^2}{\sum(Y-\overline{Y})^2} = 1 - \frac{\sum(Y-\hat{Y})^2}{\sum(Y-\overline{Y})^2} \tag{13-21}$$

となり、上式(13-21)の両辺が、決定係数 r^2 の定義になります。

決定係数 r^2 の定義式

$$r^2 = \frac{回帰によって説明できる変動(回帰平方和)}{Yの全変動} \qquad (13-22)$$

$$= \frac{\sum(\hat{Y}-\overline{Y})^2}{\sum(Y-\overline{Y})^2} \qquad (13-23)$$

$$= 1 - \frac{回帰によって説明できない変動(残差平方和)}{Yの全変動} \qquad (13-24)$$

$$= 1 - \frac{\sum(Y-\hat{Y})^2}{\sum(Y-\overline{Y})^2} \qquad (13-25)$$

決定係数 r^2 の定義式(13-23)から計算式(13-15)の導き方については省略しますが、関心のある読者は加納・浅子・竹内（2011）を参照して下さい。

例題13-2　回帰分析と決定係数

ディスカウントストアA店において、ある缶コーヒーの価格 X を値下げしたところ、1日の販売数量 Y が以下の表のように変化しました。

① 単純回帰式 $Y = a + bX$ を、最小2乗法（OLS）により推定しなさい。
② 決定係数 r^2 を計算しなさい。
③ この缶コーヒーの価格を1円下げたとき、1日の販売数量はいくら増加しますか。
④ この缶コーヒーの価格を95円にしたとき、1日の販売数量はいくらになるか予測しなさい。
⑤ この缶コーヒーの価格を78円にしたとき、1日の販売数量はいくらになるか予測しなさい。

缶コーヒーの価格　（円）X	115	110	100	90	85
1日の販売数量　　（本）Y	10	20	30	60	70

〔解答〕

① データをワークシートに記入し、計算します。

第13章 回帰分析 225

表13-2 ワークシート（例題13-2）

X	Y	X^2	Y^2	XY
115	10	13225	100	1150
110	20	12100	400	2200
100	30	10000	900	3000
90	60	8100	3600	5400
85	70	7225	4900	5950
500	190	50650	9900	17700
↑	↑	↑	↑	↑
ΣX	ΣY	ΣX^2	ΣY^2	ΣXY

$\hat{b}$を(13-3)より求めると、

$$\hat{b} = \frac{n\Sigma XY - (\Sigma X)(\Sigma Y)}{n\Sigma X^2 - (\Sigma X)^2}$$

$$= \frac{(5)(17700) - (500)(190)}{(5)(50650) - (500)^2}$$

$$= \frac{-6500}{3250} = \mathbf{-2.00}$$

となります。

つぎに、$\hat{a}$を(13-8)より求めると、

$$\hat{a} = \overline{Y} - \hat{b}\overline{X} = \frac{\Sigma Y}{n} - \hat{b} \cdot \frac{\Sigma X}{n}$$

$$= \frac{190}{5} - (-2.00) \cdot \frac{500}{5} = 38 + 200$$

$$= \mathbf{238}$$

となります。

したがって、推定した回帰式は、

$$\hat{Y} = \mathbf{238 - 2.00}X$$

となります。

② 決定係数 r^2 を、(13-16)より求めると、

$$r^2 = \frac{\{n\Sigma XY - (\Sigma X)(\Sigma Y)\}^2}{\{n\Sigma X^2 - (\Sigma X)^2\}\{n\Sigma Y^2 - (\Sigma Y)^2\}}$$

$$= \frac{\{(5)(17700) - (500)(190)\}^2}{\{(5)(50650) - (500)^2\}\{(5)(9900) - (190)^2\}}$$

$$= \frac{(-6500)^2}{(3250)(13400)}$$
$$= \mathbf{0.970}$$

となり、推定した回帰式の当てはまりは、良好であるといえます。

③ 推定した回帰式の傾き $\hat{b}$ が -2.00 なので、この缶コーヒーの価格を1円下げると、1日の販売数量は**2本増加**することになります。

④ 推定した回帰式の X に、95円を代入すると、
$$\hat{Y} = 238 - 2.00 \cdot (95) = 238 - 190 = \mathbf{48 \text{ (本)}}$$
となります。このように、説明変数 X のとりうる範囲内（$85 \leq X \leq 115$）で $\hat{Y}$ の値を予測することを、**内挿予測**といいます。

⑤ 推定した回帰式の X に、78円を代入すると、
$$\hat{Y} = 238 - 2.00 \cdot (78) = 238 - 156 = \mathbf{82 \text{ (本)}}$$
となります。このように、説明変数 X のとりうる範囲外で $\hat{Y}$ の値を予測することを、**外挿予測**といいます。

4. 重回帰分析

重回帰分析（multiple regression analysis）とは、被説明変数（結果）と2個以上の説明変数（原因）との関係を測定する回帰分析のことをいいます。

いま、被説明変数 Y が、2個の説明変数 X_1, X_2 によって説明される重回帰式を、

$$Y = a + b_1 X_1 + b_2 X_2 \tag{13-26}$$

とおくとき、重回帰分析の主要な目的は、パラメータ a, b_1, b_2 を求めることにあります。その求め方の原理は、先に学んだ単純回帰式のケースと同様、最小2乗法（OLS）によります。すなわち、残差平方和 $\sum e^2 = \sum (Y - \hat{a} - \hat{b}_1 X_1 - \hat{b}_2 X_2)^2$ が最小になるように、パラメータの値を決定すればよいわけです（$\hat{a}$, $\hat{b}_1$, $\hat{b}_2$ は a, b_1, b_2 の推定値）。

具体的には、以下に示す〈順序1〉から〈順序4〉の手続きにしたがって、$\hat{a}$、$\hat{b}_1$、$\hat{b}_2$ を求めていきます。

〈順序1〉

ワークシートを作成し、以下の統計量を求めます。

Y の総和 $= \sum Y$ 　X_1 の総和 $= \sum X_1$ 　X_2 の総和 $= \sum X_2$

Y の平方和 $= \sum Y^2$ 　X_1 の平方和 $= \sum X_1^2$ 　X_2 の平方和 $= \sum X_2^2$

Y と X_1 の積和 $= \sum YX_1$ 　Y と X_2 の積和 $= \sum YX_2$ 　X_1 と X_2 の積和 $= \sum X_1 X_2$

〈順序2〉

算術平均からの偏差の平方和と積和を、S_{YY} から S_{12} の記号で定義し、〈順序1〉で求めた統計量を代入してそれぞれの値を計算します。

$$S_{YY} = \sum (Y - \overline{Y})^2 = \sum Y^2 - \frac{(\sum Y)^2}{n} \tag{13-27}$$

$$S_{11} = \sum (X_1 - \overline{X}_1)^2 = \sum X_1^2 - \frac{(\sum X_1)^2}{n} \tag{13-28}$$

$$S_{22} = \sum (X_2 - \overline{X}_2)^2 = \sum X_2^2 - \frac{(\sum X_2)^2}{n} \tag{13-29}$$

$$S_{Y1} = \sum (Y - \overline{Y})(X_1 - \overline{X}_1) = \sum YX_1 - \frac{(\sum Y)(\sum X_1)}{n} \tag{13-30}$$

$$S_{Y2} = \sum(Y-\overline{Y})(X_2-\overline{X}_2) = \sum YX_2 - \frac{(\sum Y)(\sum X_2)}{n} \tag{13-31}$$

$$S_{12} = \sum(X_1-\overline{X}_1)(X_2-\overline{X}_2) = \sum X_1 X_2 - \frac{(\sum X_1)(\sum X_2)}{n} \tag{13-32}$$

〈順序3〉

〈順序2〉で求めた S_{11} から S_{12} を用いて、D_0、D_1、D_2 を計算します。

$$D_0 = S_{11}S_{22} - S_{12}^2 \tag{13-33}$$
$$D_1 = S_{Y1}S_{22} - S_{Y2}S_{12} \tag{13-34}$$
$$D_2 = S_{Y2}S_{11} - S_{Y1}S_{12} \tag{13-35}$$

〈順序4〉

〈順序3〉で求めた D_0、D_1、D_2 を用いて、$\hat{b}_1$、$\hat{b}_2$、$\hat{a}$ を求めます。

$$\hat{b}_1 = \frac{D_1}{D_0} \tag{13-36}$$

$$\hat{b}_2 = \frac{D_2}{D_0} \tag{13-37}$$

$$\hat{a} = \frac{\sum Y}{n} - \hat{b}_1 \cdot \frac{\sum X_1}{n} - \hat{b}_2 \cdot \frac{\sum X_2}{n} \tag{13-38}$$

単純回帰では、**回帰直線**が推定されましたが、重回帰（説明変数が2個のケース）では、図13-3のような**回帰平面**（regression plane）が求まります。

なお、$\hat{b}_1$ と $\hat{b}_2$ は、**偏回帰係数**（partial regression coefficient）とも呼ばれ、つぎのような重要な意味をもちます。$\hat{b}_1$ は X_2 が一定のとき、X_1 の変化によって生じる Y の変化を表し、一方、$\hat{b}_2$ は X_1 が一定のとき、X_2 の変化によって生じる Y の変化を表します。

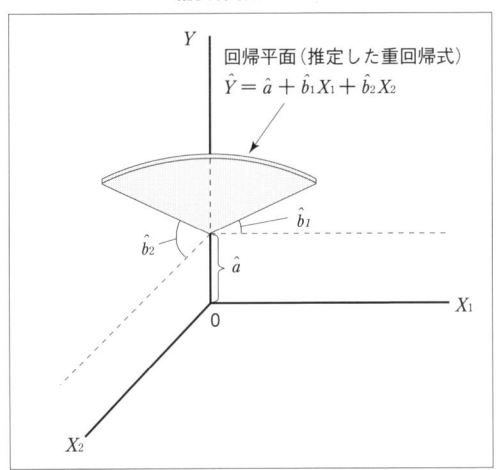

**図13-3 重回帰における回帰平面
（説明変数が2個のケース）**

[図：3次元座標軸 X_1, X_2, Y 上に描かれた回帰平面。回帰平面（推定した重回帰式）$\hat{Y} = \hat{a} + \hat{b}_1 X_1 + \hat{b}_2 X_2$。切片 $\hat{a}$、傾き $\hat{b}_1$, $\hat{b}_2$ が示されている。]

〔補足1〕重回帰における最小2乗法（説明変数が2個のケース）

重回帰式のパラメータ a、b_1、b_2 を推定するためには、単純回帰式のケースと同様、最小2乗法（OLS）を用います。すなわち、残差平方和 Σe^2 が最小になるように、パラメータの値を決定します。そこで、残差平方和 Σe^2 を、$\hat{a}$、$\hat{b}_1$、$\hat{b}_2$ で偏微分して0とおけば、つぎの連立方程式がえられます。

$$\Sigma Y = n\hat{a} + \hat{b}_1 \Sigma X_1 + \hat{b}_2 \Sigma X_2 \tag{13-39}$$

$$\Sigma YX_1 = \hat{a}\Sigma X_1 + \hat{b}_1 \Sigma X_1^2 + \hat{b}_2 \Sigma X_1 X_2 \tag{13-40}$$

$$\Sigma YX_2 = \hat{a}\Sigma X_2 + \hat{b}_1 \Sigma X_1 X_2 + \hat{b}_2 \Sigma X_2^2 \tag{13-41}$$

$\hat{a}$、$\hat{b}_1$、$\hat{b}_2$ を未知数とするこの連立方程式が、重回帰における**正規方程式**であり、これを解けばよいわけです。しかし、いきなり正規方程式を解くことはむずかしいので、前述したように〈順序1〉から〈順序4〉の手続きで $\hat{a}$、$\hat{b}_1$、$\hat{b}_2$ を求めます。

〔補足2〕重回帰における決定係数 r^2

重回帰の決定係数 r^2 は、推定した重回帰式の当てはまりのよさ（＝重回帰式の説明力）を測る指標であり、前述した単純回帰の決定係数と同様の考え方にもとづく統計量です。

重回帰（説明変数が2個のケース）の決定係数 r^2 を定義すると、

$$r^2 = \frac{回帰によって説明できる変動(回帰平方和)}{Yの全変動} \tag{13-42}$$

$$= \frac{\sum(\hat{Y}-\overline{Y})^2}{\sum(Y-\overline{Y})^2} \tag{13-43}$$

$$= \frac{\hat{b}_1 S_{Y1} + \hat{b}_2 S_{Y2}}{S_{YY}} \quad \text{[計算式]} \tag{13-44}$$

となり、そのとりうる範囲は、以下のとおりです。

$$0 \leq r^2 \leq 1$$

例題13-3　重回帰分析

下表は、あるコーヒーチェーン8店舗に関するデータです。Y は1日平均売上高（万円）、X_1 は客席数（席）、X_2 は店舗前の1日平均通行者数（1000人）を示しています。

店舗	1日平均売上高（万円）Y	客席数（席）X_1	店舗前の1日平均通行者数（1000人）X_2
A	9	22	3
B	12	19	6
C	16	14	10
D	23	41	5
E	29	28	12
F	31	46	7
G	34	50	8
H	38	36	13

① 重回帰式 $Y = a + b_1 X_1 + b_2 X_2$ を、最小2乗法（OLS）により推定しなさい。
② 決定係数 r^2 を計算しなさい。
③ 客席数を1席増やした場合（ただし他の条件は一定）、1日平均売上高はいくら増加するでしょうか。
④ 店舗前の1日平均通行者数が1000人減った場合（ただし他の条件は一定）、1日平均売上高はいくら減少するでしょうか。
⑤ A店の売上高を増加させるために、客席数を8席増やした場合、A店の1日平均売上高 $\hat{Y}_A$ を予測しなさい。
⑥ 客席数が40席あるM店を、店舗前の1日平均通行者数9000人の場所に出店する計画があります。M店の1日平均売上高 $\hat{Y}_M$ を予測しなさい。

〔解答〕

①

〈順序1〉

ワークシートを作成します。

第13章 回帰分析

表13-3　ワークシート（例題13-3）

Y	X_1	X_2	Y^2	X_1^2	X_2^2	YX_1	YX_2	X_1X_2
9	22	3	81	484	9	198	27	66
12	19	6	144	361	36	228	72	114
16	14	10	256	196	100	224	160	140
23	41	5	529	1681	25	943	115	205
29	28	12	841	784	144	812	348	336
31	46	7	961	2116	49	1426	217	322
34	50	8	1156	2500	64	1700	272	400
38	36	13	1444	1296	169	1368	494	468
192	256	64	5412	9418	596	6899	1705	2051
↑	↑	↑	↑	↑	↑	↑	↑	↑
$\sum Y$	$\sum X_1$	$\sum X_2$	$\sum Y^2$	$\sum X_1^2$	$\sum X_2^2$	$\sum YX_1$	$\sum YX_2$	$\sum X_1X_2$

〈順序2〉

$$S_{YY} = \sum Y^2 - \frac{(\sum Y)^2}{n} = (5412) - \frac{(192)^2}{(8)} = 804$$

$$S_{11} = \sum X_1^2 - \frac{(\sum X_1)^2}{n} = (9418) - \frac{(256)^2}{(8)} = 1226$$

$$S_{22} = \sum X_2^2 - \frac{(\sum X_2)^2}{n} = (596) - \frac{(64)^2}{(8)} = 84$$

$$S_{Y1} = \sum YX_1 - \frac{(\sum Y)(\sum X_1)}{n} = (6899) - \frac{(192)(256)}{(8)} = 755$$

$$S_{Y2} = \sum YX_2 - \frac{(\sum Y)(\sum X_2)}{n} = (1705) - \frac{(192)(64)}{(8)} = 169$$

$$S_{12} = \sum X_1X_2 - \frac{(\sum X_1)(\sum X_2)}{n} = (2051) - \frac{(256)(64)}{(8)} = 3$$

〈順序3〉

$$D_0 = S_{11}S_{22} - S_{12}^2 = (1226)(84) - (3)^2 = 102975$$
$$D_1 = S_{Y1}S_{22} - S_{Y2}S_{12} = (755)(84) - (169)(3) = 62913$$
$$D_2 = S_{Y2}S_{11} - S_{Y1}S_{12} = (169)(1226) - (755)(3) = 204929$$

〈順序4〉

$$\hat{b}_1 = \frac{D_1}{D_0} = \frac{62913}{102975} = \mathbf{0.6110}$$

$$\hat{b}_2 = \frac{D_2}{D_0} = \frac{204929}{102975} = \mathbf{1.990}$$

$$\hat{a} = \frac{\sum Y}{n} - \hat{b}_1 \cdot \frac{\sum X_1}{n} - \hat{b}_2 \cdot \frac{\sum X_2}{n}$$

$$= \frac{(192)}{(8)} - \left(\frac{62913}{102975}\right) \cdot \frac{(256)}{(8)} - \left(\frac{204929}{102975}\right) \cdot \frac{(64)}{(8)} = -11.47$$

よって、推定した重回帰式は、

$$\hat{Y} = -11.47 + 0.6110 X_1 + 1.990 X_2$$

となります。

② 決定係数 r^2 を(13 - 44)より計算すると、

$$r^2 = \frac{\hat{b}_1 S_{Y1} + \hat{b}_2 S_{Y2}}{S_{YY}}$$

$$= \frac{\left(\frac{62913}{102975}\right)(755) + \left(\frac{204929}{102975}\right)(169)}{(804)}$$

$$= 0.9920$$

となり、重回帰式の当てはまりは、きわめて良好であるといえます。

③ $\hat{b}_1$ が0.6110であることから、客席数を1席増やした場合（ただし他の条件は一定）、1日の平均売上高は、**約6110円増加**することがわかります。

④ $\hat{b}_2$ が1.990であることから、店舗前の1日平均通行者数が1000人減った場合（ただし他の条件は一定）、1日平均売上高は、**約19900円減少**することがわかります。

⑤ A店が客席数を8席増やすと、30席になりますから、①で推定した重回帰式に $X_1 = 30$、$X_2 = 3$ を代入すると、1日平均売上高 $\hat{Y}_A$ は、

$$\hat{Y}_A = -11.47 + 0.6110 X_1 + 1.990 X_2$$

$$= -11.47 + 0.6110 \cdot (30) + 1.990 \cdot (3)$$

$$= 12.83 \text{ (万円)}$$

と予測されます。

⑥ M店の出店は、$X_1 = 40$、$X_2 = 9$ の計画ですから、1日平均売上高 $\hat{Y}_M$ は、

$$\hat{Y}_M = -11.47 + 0.6110 X_1 + 1.990 X_2$$

$$= -11.47 + 0.6110 \cdot (40) + 1.990 \cdot (9)$$

$$= 30.88 \text{ (万円)}$$

と予測されます。

〔補足〕自由度修正済み決定係数 $\bar{r}^2$

重回帰の決定係数 r^2 には、説明変数の数を増やしていくと、その値が自動的に大きくなってしまうという欠点があります。原因は、説明力をもたない説明変数でも、モデル内に追加することによって残差が小さくなることにあります。この欠点を解消するために考えられたのが、**自由度修正済み決定係数 $\bar{r}^2$**（coefficient of determination adjusted for the degrees of freedom）です。

$$\bar{r}^2 = 1 - \frac{n-1}{n-k-1}(1-r^2) \tag{13-45}$$

r^2：決定係数　n：サンプルの数　k：説明変数の数

cf. 例題13-3のケース

$r^2 = 0.9920,\ n = 8,\ k = 2$ より、

$\bar{r}^2 = 1 - \dfrac{(8)-1}{(8)-(2)-1}\{1-(0.9920)\} = \mathbf{0.9888}$

例題13-4　重回帰分析の応用：2次関数の推定

つぎのデータは、ある都市の1月から12月の月平均気温 X と、1カ月の家庭用電力使用量 Y を示しています。

月	1月	2月	3月	4月	5月	6月	7月	8月	9月	10月	11月	12月
月平均気温(℃)　　X	5	6	9	15	19	22	26	28	23	18	13	8
家庭用電力使用量(億kWh)　Y	34	30	20	10	12	17	30	40	20	10	12	23

① タテ軸に Y、ヨコ軸に X をとり、散布図を描きなさい。
② 2次関数 $Y = a + b_1 X + b_2 X^2$ を、最小2乗法で推定しなさい。
③ 決定係数 r^2 を計算しなさい。
④ ②で推定した重回帰式を、①の散布図の中に描きなさい。
⑤ 月平均気温 X が25℃のとき、1カ月の家庭用電力使用量 $\hat{Y}_{X=25}$ を予測しなさい。
⑥ 1カ月の家庭用電力使用量 Y が最小となるのは、X が何℃のときか計算しなさい。また、そのときの電力使用量 $\hat{Y}_{min.}$ も求めなさい。

〔解答〕

①

図13-4　月平均気温 X と1カ月の家庭用電力使用量 Y

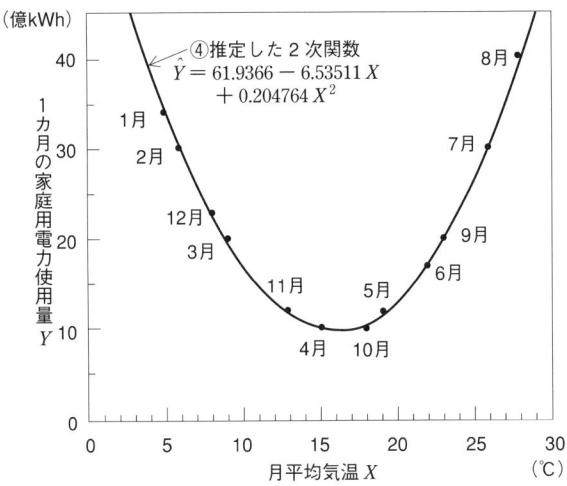

④推定した2次関数
$\hat{Y} = 61.9366 - 6.53511 X + 0.204764 X^2$

② この式は2次の多項式ですが、$X = X_1$、$X^2 = X_2$ とおくと、

$$Y = a + b_1 X_1 + b_2 X_2$$

となり、上式に最小2乗法 (OLS) を適用することができます。

〈順序1〉

データをワークシートに記入し、計算します。

表13-4　ワークシート（例題13-4）

Y	X_1	X_2	Y^2	X_1^2	X_2^2	YX_1	YX_2	$X_1 X_2$
34	5	25	1156	25	625	170	850	125
30	6	36	900	36	1296	180	1080	216
20	9	81	400	81	6561	180	1620	729
10	15	225	100	225	50625	150	2250	3375
12	19	361	144	361	130321	228	4332	6859
17	22	484	289	484	234256	374	8228	10648
30	26	676	900	676	456976	784	20280	17576
40	28	784	1600	784	614656	1120	31360	21952
20	23	529	400	529	279841	460	10580	12167
10	18	324	100	324	104976	180	3240	5832
12	13	169	144	169	28561	156	2028	2197
23	8	64	529	64	4096	184	1472	512
258	192	3758	6662	3758	1912790	4162	87320	82188
↑	↑	↑	↑	↑	↑	↑	↑	↑
ΣY	ΣX_1	ΣX_2	ΣY^2	ΣX_1^2	ΣX_2^2	ΣYX_1	ΣYX_2	$\Sigma X_1 X_2$

〈順序 2 〉

$$S_{YY} = \sum Y^2 - \frac{(\sum Y)^2}{n} = (6662) - \frac{(258)^2}{(12)} = 1115$$

$$S_{11} = \sum X_1^2 - \frac{(\sum X_1)^2}{n} = (3758) - \frac{(192)^2}{(12)} = 686$$

$$S_{22} = \sum X_2^2 - \frac{(\sum X_2)^2}{n} = (1912790) - \frac{(3758)^2}{(12)} = 735909.6667$$

$$S_{Y1} = \sum YX_1 - \frac{(\sum Y)(\sum X_1)}{n} = (4162) - \frac{(258)(192)}{(12)} = 34$$

$$S_{Y2} = \sum YX_2 - \frac{(\sum Y)(\sum X_2)}{n} = (87320) - \frac{(258)(3758)}{(12)} = 6523$$

$$S_{12} = \sum X_1 X_2 - \frac{(\sum X_1)(\sum X_2)}{n} = (82188) - \frac{(192)(3758)}{(12)} = 22060$$

〈順序 3 〉

$$D_0 = S_{11}S_{22} - S_{12}^2 = (686)(735909.6667) - (22060)^2 = 18190431$$

$$D_1 = S_{Y1}S_{22} - S_{Y2}S_{12} = (34)(735909.6667) - (6523)(22060)$$
$$= -118876451$$

$$D_2 = S_{Y2}S_{11} - S_{Y1}S_{12} = (6523)(686) - (34)(22060) = 3724738$$

〈順序 4 〉

$$\hat{b}_1 = \frac{D_1}{D_0} = \frac{-118876451}{18190431} = \mathbf{-6.53511}$$

$$\hat{b}_2 = \frac{D_2}{D_0} = \frac{3724738}{18190431} = \mathbf{0.204764}$$

$$\hat{a} = \frac{\sum Y}{n} - \hat{b}_1 \cdot \frac{\sum X_1}{n} - \hat{b}_2 \cdot \frac{\sum X_2}{n}$$

$$= \frac{(258)}{(12)} - \left(\frac{-118876451}{18190431}\right) \cdot \frac{(192)}{(12)} - \left(\frac{3724738}{18190431}\right) \cdot \frac{(3758)}{(12)}$$

$$= \mathbf{61.9366}$$

となります。

よって、推定結果を整理すると、

$$\hat{Y} = \mathbf{61.9366} - \mathbf{6.53511} X + \mathbf{0.204764} X^2$$
$$\quad\quad\quad\quad\quad (=X_1) \quad\quad (=X_2)$$

となります。

③ 決定係数 r^2 を $(13-44)$ より計算すると、

$$r^2 = \frac{\hat{b}_1 S_{Y1} + \hat{b}_2 S_{Y2}}{S_{YY}}$$

$$= \frac{\left(\frac{-118876451}{18190431}\right)(34) + \left(\frac{3724738}{18190431}\right)(6523)}{(1115)}$$

$$= \mathbf{0.9986}$$

となり、重回帰式の当てはまりは、きわめて良好であるといえます。

④ 図13-4を参照。

⑤ 推定した重回帰式の X に、25℃を代入すると、

$$\hat{Y}_{X=25} = 61.9366 - 6.53511 \cdot (25) + 0.204764 \cdot (25)^2$$

$$= \mathbf{26.54\ (億kWh)}$$

となります。説明変数 X のとりうる範囲内 $(5 \leq X \leq 28)$ で $\hat{Y}$ を予測したので、このケースは**内挿予測**にあたります。

⑥ $\hat{Y} = 61.9366 - 6.53511X + 0.204764X^2$

$\quad = 0.204764(X - 15.95766)^2 + \mathbf{9.7941}$ ↲ 平方完成

となります。　　　　　　　　　　　　　　　↑最小値

したがって、1カ月の家庭用電力使用量が最小となるのは、$X = \mathbf{15.96\ (℃)}$ のとき、$\hat{Y}_{min.} = \mathbf{9.79\ (億kWh)}$ となります（別解として、$\hat{Y}$ を X で微分してゼロとおき、計算する方法もあります）。

練習問題（第13章）

13-1（単純回帰分析）

つぎのデータを用いて、以下の設問に答えなさい。

Y	3	7	9	5	11	8	4	10	6
X	2	5	7	3	9	6	1	8	4

① ヨコ軸に X、タテ軸に Y をとり、このデータの散布図を描きなさい。
② 単純回帰式 $Y = a + bX$ を、最小2乗法（OLS）により推定しなさい。
③ ②で推定した回帰式（線）を、①の散布図の中に描きなさい。
④ 決定係数 r^2 を計算し、推定した回帰式の当てはまりのよさ（適合度）について吟味しなさい。

13-2（単純回帰分析）

第12章の練習問題12-1（214頁）のデータを用いて、単純回帰式 $Y = a + bX$ を最小2乗法で推定し、決定係数 r^2 も求めなさい。

13-3（単純回帰分析）

第12章の練習問題12-2（214頁）のデータを用いて、単純回帰式 $Y = a + bX$ を最小2乗法で推定し、決定係数 r^2 も求めなさい。

13-4（単純回帰分析）

第12章の練習問題12-3（215頁）のデータを用いて、単純回帰式 $Y = a + bX$ を最小2乗法で推定し、決定係数 r^2 も求めなさい。

13-5（単純回帰分析の応用：変数の変換）

次頁のデータは、完全失業率 U と消費者物価上昇率 $\dot{P}$ の関係を表しています。

年 t	1	2	3	4	5	6	7	8
完全失業率(%) U	2.0	2.5	5.0	4.0	8.0	12.5	10.0	8.0
消費者物価上昇率(%) $\dot{P}$	8.0	7.0	5.0	5.0	4.0	3.0	4.0	4.0

① ヨコ軸に U、タテ軸に $\dot{P}$ をとり、このデータの散布図を描きなさい。

② つぎの**フィリップス曲線**を、最小2乗法により推定し、決定係数 r^2 も求めなさい。

$$\dot{P} = a + b\frac{1}{U}$$

③ ②で推定したフィリップス曲線を、①の散布図の中に描きなさい。

13-7 (単純回帰分析の応用：変数の対数変換)

つぎのデータは、加齢（年齢を X とする）に伴う、ある成人病の**有病率**（ある一時点の患者数÷観察人口） Y を示しています。

年齢(歳) X	5	10	20	30	40	50	60	70	80	90
ある成人病の有病率(1万人当たり) Y	1	8	45	142	305	582	923	1278	1779	2380

① ヨコ軸に X、タテ軸に Y をとり、このデータの散布図を描きなさい。

② つぎの指数関数を、**対数変換**（logarithmic transformation）によって線形化し、最小2乗法を用いて推定しなさい。また、決定係数 r^2 も求めなさい。

$$Y = aX^b$$

③ ②で推定した指数関数を、①の散布図の中に描きなさい。

13-7 (単純回帰分析の応用：変数の対数変換)

つぎのデータは、ある携帯電話ショップのアルバイトの店員数 X と、1日の店全体の販売台数 Y を、無作為に選んだ14日について調べた結果です。

調査日 t	1	2	3	4	5	6	7	8	9	10	11	12	13	14
アルバイトの店員数(人/日) X	5	1	3	2	7	4	6	3	5	7	2	4	1	6
1日の店全体の販売台数(台/日) Y	21	8	15	13	23	18	23	16	20	23	12	16	8	22

① ヨコ軸に X、タテ軸に Y をとり、このデータの散布図を描きなさい。

② つぎの指数関数を、対数変換によって線形化し、最小2乗法を用いて推定しなさい。また、決定係数 r^2 も求めなさい。

$$Y = aX^b$$

③ ②で推定した指数関数を、①の散布図の中に描きなさい。

13-8 (重回帰分析)

つぎのデータを用いて、重回帰式 $Y = a + b_1 X_1 + b_2 X_2$ を、最小2乗法で推定し、決定係数 r^2 と自由度修正済み決定係数 $\bar{r}^2$ を求めなさい。

Y	0	5	3	4	6	3	0
X_1	3	1	0	2	0	1	7
X_2	4	-1	2	0	-2	1	3

13-9 (重回帰分析)

つぎのA～Jのデータは、中古車情報誌から、ある自動車（同一車種・同一グレード）の中古車価格 Y、使用年数 X_1、走行距離 X_2 を調べたものです。

中古車	A	B	C	D	E	F	G	H	I	J
中古車価格(万円) Y	100	60	30	110	70	20	80	140	30	60
使用年数(年) X_1	3	5	7	2	4	6	2	1	6	4
走行距離(万km) X_2	2	4	5	4	4	9	7	1	8	6

① 重回帰式 $Y = a + b_1 X_1 + b_2 X_2$ を、最小2乗法により推定しなさい。

② 決定係数 r^2 と自由度修正済み決定係数 $\bar{r}^2$ を計算しなさい。

③ 使用年数が1年長いと（ただし他の条件は一定）、中古車価格はいくら

④ 走行距離が1万km長いと（ただし他の条件は一定）、中古車価格はいくら低下するでしょうか。
⑤ 使用年数が3年、走行距離が7万kmの中古車Kの価格$\hat{Y}_K$を予測しなさい。

13-10（重回帰分析の応用：2次関数の推定）

つぎのデータは、農業試験場において、1アール当たりのある農作物の収量Yと肥料使用量Xの関係を調べた結果です。

ある農作物の収量(kg/a) Y	20	31	40	45	49	50	48	46	41	30
肥料使用量(kg/a) X	1	2	3	4	5	6	7	8	9	10

① タテ軸にY、ヨコ軸にXをとり、散布図を描きなさい。
② 2次関数$Y = a + b_1 X + b_2 X^2$を、最小2乗法で推定しなさい。
③ 決定係数r^2を計算しなさい。
④ ②で推定した2次関数を、①の散布図の中に描きなさい。
⑤ 肥料使用量Xが4.5のとき、この農作物の収量$\hat{Y}_{X=4.5}$を予測しなさい。
⑥ 肥料を使用しないときの収量$\hat{Y}_{X=0}$を予測しなさい。
⑦ この農作物の収量Yが最大になるのは、肥料使用量Xがいくらのときか計算しなさい。また、そのときの収量$\hat{Y}_{max.}$も求めなさい。

13-11（重回帰分析：統計解析用ソフトウェア使用）

下表は、あるファミリーレストランチェーン12店舗に関するデータをまとめたものです。Yは1日平均売上高（万円）、X_1は客席数（席）、X_2は駐車スペース（台）、X_3は店舗前の1日平均交通量（1000台）を示しています。

店舗	1日平均売上高（万円）Y	客席数（席）X_1	駐車スペース（台）X_2	店舗前の1日平均交通量（1000台）X_3
A	61	180	50	7
B	94	200	55	28
C	36	120	35	14
D	63	140	40	30
E	47	130	38	18
F	80	180	60	19
G	30	100	40	11
H	56	160	45	15
I	42	150	30	12
J	83	160	50	36
K	53	110	32	34
L	75	170	65	16

① 重回帰式 $Y = a + b_1 X_1 + b_2 X_2 + b_3 X_3$ を、最小2乗法により推定しなさい。
② 決定係数 r^2 と自由度修正済み決定係数 $\bar{r}^2$ を計算しなさい。
③ 客席数を1席増やした場合（ただし他の条件は一定）、1日平均売上高はいくら増加するでしょうか。
④ 駐車スペースを1台増やした場合（ただし他の条件は一定）、1日平均売上高はいくら増加するでしょうか。
⑤ 店舗前の1日平均交通量が1000台増えた場合（ただし他の条件は一定）、1日平均売上高はいくら増加するでしょうか。

⑥ 下表に示したような、出店予定の5店舗M～Qがあります。それぞれの店舗の1日平均売上高 $\hat{Y}_M$～$\hat{Y}_Q$ を予測しなさい。

出店予定店舗	客 席 数 (席) X_1	駐車スペース (台) X_2	店舗前の 1日平均交通量 (1000台) X_3
M	165	60	26
N	190	48	32
O	125	52	27
P	105	39	35
Q	200	57	13

練習問題解答

第1章の解答

1-1

① 階級の数 $= 1+3.322 \log_{10} 30 = 5.91$

よって、階級の数を「6」とする。

② 度数分布表

階級（単位：万円）	階級値	集計	度数	相対度数	累積度数	累積相対度数
300以上～350未満	325	丁	2	0.067	2	0.067
350～400	375	正	4	0.133	6	0.200
400～450	425	正丁	7	0.233	13	0.433
450～500	475	正正	9	0.300	22	0.733
500～550	525	正	5	0.167	27	0.900
550～600	575	下	3	0.100	30	1.000
計	—	—	30	1.000	—	—

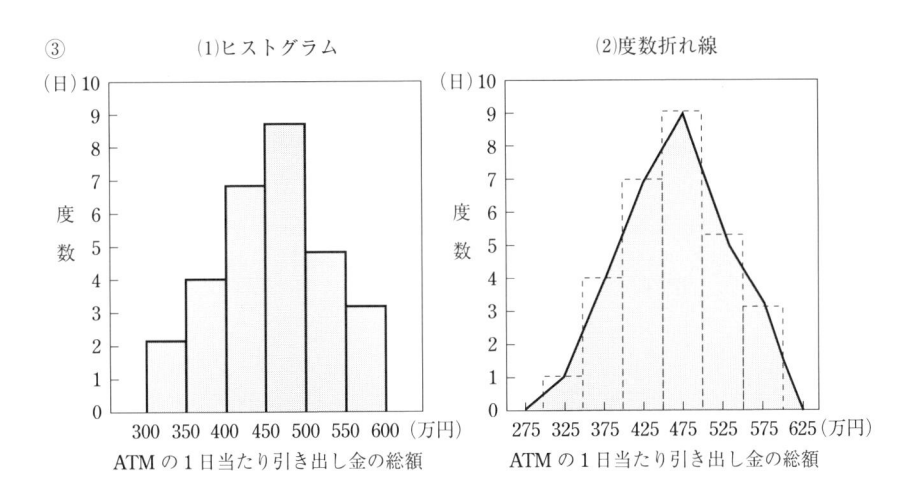

③ 　　　　　(1)ヒストグラム　　　　　　　　(2)度数折れ線

ATM の 1 日当たり引き出し金の総額　　ATM の 1 日当たり引き出し金の総額

(3)累積相対度数折れ線

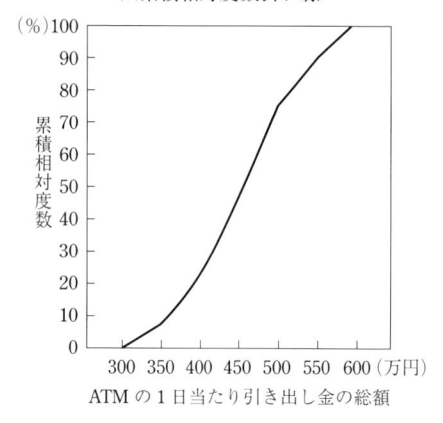

ATM の 1 日当たり引き出し金の総額

1 - 2

① 階級の数 $= 1 + 3.322 \log_{10} 60 = 6.91$

よって、階級の数を「7」とする。

② 度数分布表

階級（単位：分）	階級値	集計	度数	相対度数	累積度数	累積相対度数
20以上～30未満	25	正	5	0.083	5	0.083
30～40	35	正正丅	14	0.233	19	0.317
40～50	45	正正正丁	17	0.283	36	0.600
50～60	55	正正一	11	0.183	47	0.783
60～70	65	正一	6	0.100	53	0.883
70～80	75	正	4	0.067	57	0.950
80～90	85	丅	3	0.050	60	1.000
計	—	—	60	1.000	—	—

③　　(1)ヒストグラム　　　　　　(2)度数折れ線

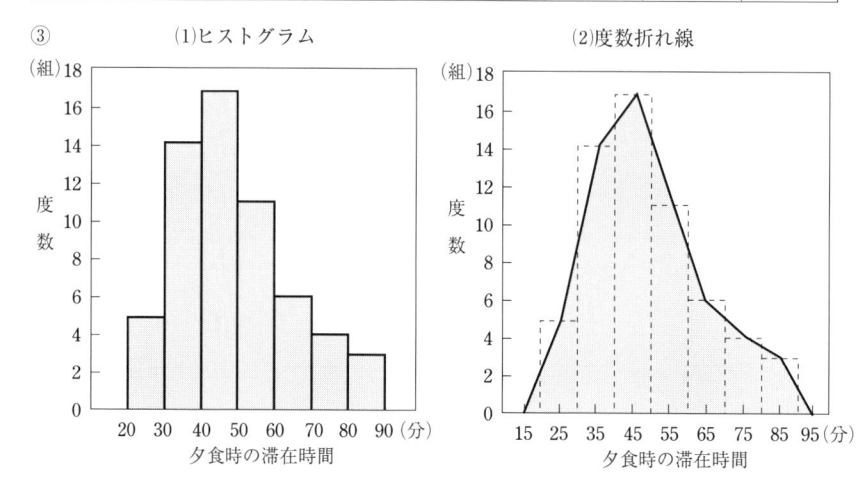

夕食時の滞在時間　　　　　　夕食時の滞在時間

(3)累積相対度数折れ線

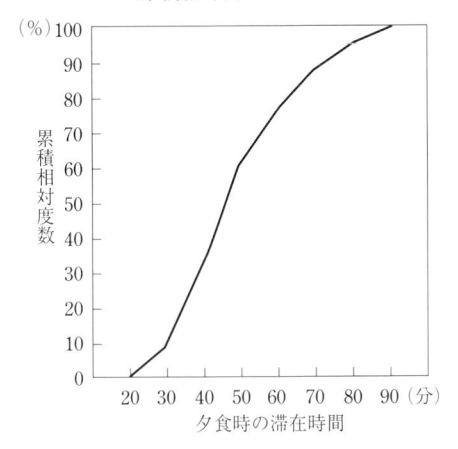

1-3

① 階級の数 $= 1+3.322\log_{10}100 = 7.64$

よって、階級の数を「8」とする。

② 度数分布表

階級（単位：千円）	階級値	集計	度数	相対度数	累積度数	累積相対度数
15.0以上～22.5未満	18.75	下	3	0.03	3	0.03
22.5～30.0	26.25	正正	9	0.09	12	0.12
30.0～37.5	33.75	正正正下	18	0.18	30	0.30
37.5～45.0	41.25	正正正正下	23	0.23	53	0.53
45.0～52.5	48.75	正正正正丅	22	0.22	75	0.75
52.5～60.0	56.25	正正正	14	0.14	89	0.89
60.0～67.5	63.75	正下	8	0.08	97	0.97
67.5～75.0	71.25	下	3	0.03	100	1.00
計	—	—	100	1.00	—	—

③

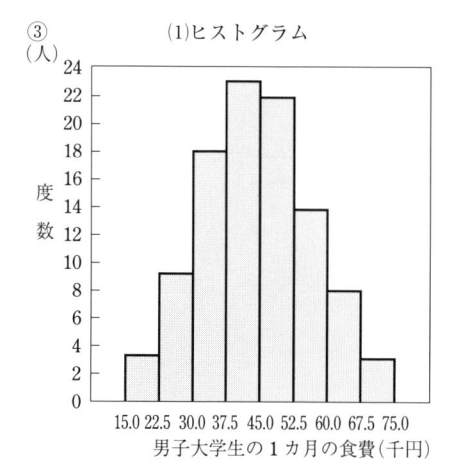

(1)ヒストグラム

男子大学生の1カ月の食費(千円)

(2)度数折れ線

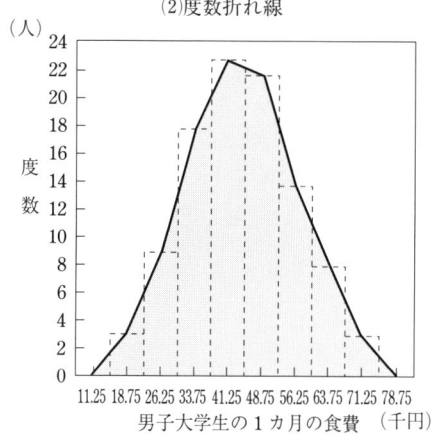

男子大学生の1カ月の食費 (千円)

(3)累積相対度数折れ線

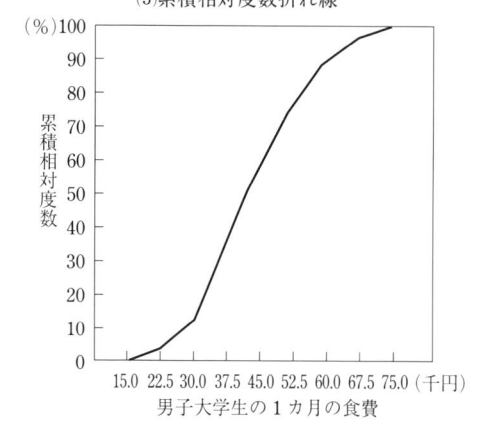

男子大学生の1カ月の食費 (千円)

第2章の解答

2-1

① $\overline{X} = \dfrac{45}{9} = 5, \quad M_e = 5, \quad M_0 = 5$

② $\overline{X} = \dfrac{50}{10} = 5, \quad M_e = \dfrac{3+5}{2} = 4, \quad M_0 = 3$

③ $\overline{X} = \dfrac{99}{11} = 9, \quad M_e = 6, \quad M_0$ は存在しない。

2-2

$$\overline{X}_w = \frac{1300(時間)\times 800(円) + 700(時間)\times 900(円) + 500(時間)\times 1200(円)}{1300(時間)+700(時間)+500(時間)}$$

$$= \frac{2270000}{2500} = 908 \text{ 円}$$

2-3

① $\sqrt{2\times 8} = 4$ ② $\sqrt[3]{3\times 9\times 27} = \sqrt[3]{729} = 9$ ③ $\sqrt[4]{4\times 5\times 20\times 25} = \sqrt[4]{10000} = 10$

④ $\sqrt[5]{2\times 4\times 8\times 16\times 32} = \sqrt[5]{32768} = 8$

⑤ $\sqrt[6]{2\times 3\times 4\times 9\times 12\times 18} = \sqrt[6]{46656} = 6$

2-4

① (2-7)を用いる。

$$\text{A国の人口増加率} = \sqrt[8]{\frac{2418}{2305}} - 1 = 0.0060 \ (0.60\%)$$

$$\text{B国の人口増加率} = \sqrt[8]{\frac{2103}{1942}} - 1 = 0.0100 \ (1.00\%)$$

② 2025年のA国人口 $= (1+0.0060)^{12} \times 2418 = 2598$ 万人

2030年のA国人口 $= (1+0.0060)^{17} \times 2418 = 2677$ 万人

2035年のA国人口 $= (1+0.0060)^{22} \times 2418 = 2758$ 万人

2025年のB国人口 $= (1+0.0100)^{12} \times 2103 = 2370$ 万人

2030年のB国人口 $= (1+0.0100)^{17} \times 2103 = 2491$ 万人

2035年のB国人口 $= (1+0.0100)^{22} \times 2103 = 2618$ 万人

③ n 年後、A国とB国の人口が同一水準になるとすると、

n 年後のA国人口 $= n$ 年後のB国人口

$(1+0.0060)^n \times 2418 = (1+0.0100)^n \times 2103$

$$\left(\frac{1.0100}{1.0060}\right)^n = \frac{2418}{2103}$$

$$n = \frac{\log_{10}(2418/2103)}{\log_{10}(1.0100/1.0060)}$$

2-5

まず、データを比率（前年を1とする対前年比）のかたちに直し、(2-3)に代入して、3年間の対前年比の幾何平均 M_g を計算します。

$$M_g = \sqrt[3]{1.10 \times 1.20 \times 1.40}$$
$$= \sqrt[3]{1.848}$$
$$= 1.227$$

t 期の営業利益を X_t とおくと、
$\sqrt[3]{\dfrac{X_1}{X_0} \times \dfrac{X_2}{X_1} \times \dfrac{X_3}{X_2}} = \sqrt[3]{\dfrac{X_3}{X_0}}$ より、(2-6)の右辺になる。

3年間の年平均増加率は、

$$M_g - 1 = 1.227 - 1 = 0.227 \, (22.7\%)$$

2-6

① 償却率 $= 1 - \sqrt[耐用年数]{\dfrac{残存価額}{取得原価}} = 1 - \sqrt[8]{\dfrac{30万円}{300万円}}$

$\quad\quad\quad = 1 - \sqrt[8]{0.10}$

$\quad\quad\quad = 0.250 \, (25.0\%)$

② 定率法を適用した減価償却費の計算方法は、以下のようになる。

　　減価償却費 ＝ (取得原価 － 減価償却累計額) × 償却率

　　1年度末の減価償却費 ＝ (300万円 － 0) × 0.250 ＝ 75万円

　　2年度末の減価償却費 ＝ (300万円 － 75万円) × 0.250 ＝ 56.25万円

　　3年度末の減価償却費 ＝ (300万円 － 75万円 － 56.25万円) × 0.250 ＝ 42.1875万円

2-7

① $\overline{X} = \dfrac{280}{20} = 14$ 冊　② $M_e = \dfrac{10+11}{2} = 10.5$ 冊

③ 5%トリム平均 $= \dfrac{216}{18} = 12$ 冊

④ 10%トリム平均 $= \dfrac{176}{16} = 11$ 冊

⑤ 20%トリム平均 $= \dfrac{120}{12} = 10$ 冊

2-8

① $\overline{X} = \dfrac{15600}{30} = 520$ 万円　② $M_e = \dfrac{350+390}{2} = 370$ 万円

③ 10%トリム平均 $= \dfrac{10680}{24} = 445$ 万円

④ 20%トリム平均 = $\dfrac{7560}{18}$ = 420 万円

2 – 9

① $\overline{X} = \dfrac{13800}{30}$ = 460 万円

② $M_e = \dfrac{459+462}{2}$ = 460.5 万円

③ 10%トリム平均 = $\dfrac{11016}{24}$ = 459 万円

④ 20%トリム平均 = $\dfrac{8280}{18}$ = 460 万円

2 – 10

① $\overline{X} = \dfrac{2940}{60}$ = 49.0 分　② $M_e = \dfrac{44+45}{2}$ = 44.5 分

③ 5%トリム平均 = $\dfrac{2592}{54}$ = 48.0 分

④ 10%トリム平均 = $\dfrac{2280}{48}$ = 47.5 分

⑤ 20%トリム平均 = $\dfrac{1674}{36}$ = 46.5 分

2 – 11

期 t	3項移動平均	5項移動平均	中心化4項移動平均
1	—	—	—
2	62	—	—
3	58	56.4	57.00
4	48	49.2	48.75
5	46	40.8	42.75
6	30	32.4	31.50
7	22	24.0	23.25
8	16	20.4	18.75
9	14	19.2	17.25
10	24	26.4	25.50
11	34	42.0	39.00
12	58	51.6	54.00
13	70	67.2	68.25
14	82	79.2	80.25
15	86	—	—
16	—	—	—

第3章の解答

3-1

① 範囲 $= 9 - 0 = 9$　② $Q_1 = 2$,　$Q_2 = M_e = 4$,　$Q_3 = 6$

③ $IQR = Q_3 - Q_1 = 6 - 2 = 4$,　$QD = \dfrac{Q_3 - Q_1}{2} = \dfrac{6-2}{2} = 2$

④

最小値 (0)　Q_1 (2)　Me (4)　Q_3 (6)　最大値 (9)

⑤ $MD = \dfrac{\sum |X - \overline{X}|}{n} = \dfrac{16}{7} = 2.286$

⑥ $s^2 = \dfrac{\sum (X - \overline{X})^2}{n-1} = \dfrac{54}{7-1} = 9$,　$s = \sqrt{分散} = \sqrt{9} = 3$

⑦ $CV = \dfrac{s}{\overline{X}} \times 100 = \dfrac{3}{4} \times 100 = 75\%$

⑧ 標本歪度 $= \dfrac{n}{(n-1)(n-2)} \times \dfrac{\sum (X-\overline{X})^3}{s^3} = \dfrac{7}{(7-1)(7-2)} \times \dfrac{54}{3^3} = \dfrac{7}{30} \times \dfrac{54}{27} = \dfrac{7}{15} = 0.4667$

3-2

① 範囲 $= 29 - 13 = 16$ 台　② $Q_1 = 16$ 台,　$Q_2 = M_e = 20$ 台,　$Q_3 = 24$ 台

③ $IQR = 24 - 16 = 8$ 台,　$QD = \dfrac{8}{2} = 4$ 台

④

最小値 (13)　Q_1 (16)　Me (20)　Q_3 (24)　最大値 (29)

⑤ $MD = \dfrac{62}{15} = 4.133$ 台,　メジアン偏差 $= \dfrac{\sum |X - M_e|}{n} = \dfrac{62}{15} = 4.133$ 台

⑥ $s^2 = \dfrac{350}{15-1} = 25$,　$s = \sqrt{25} = 5$ 台　⑦ $CV = \dfrac{5}{20} \times 100 = 25\%$

⑧ 標本歪度 $= \dfrac{15}{(15-1)(15-2)} \times \dfrac{540}{5^3} = 0.3560$

3-3

① $z = \dfrac{X - \overline{X}}{s} = \dfrac{46 - 32}{8} = 1.75$,　偏差値 $= z \times 10 + 50 = 1.75 \times 10 + 50 = 67.5$

② $z = \dfrac{60-45}{12} = 1.25$, 偏差値 $= 1.25 \times 10 + 50 = 62.5$

3-4

① 範囲 $= 184 - 118 = 66\%$ ② $Q_1 = 140\%$, $Q_2 = M_e = 150\%$, $Q_3 = 160\%$

③ $IQR = 160 - 140 = 20\%$, $QD = \dfrac{20}{2} = 10\%$

④

```
     ┌───┬───┐
─────│   │   │─────
     └───┴───┘
最    Q₁  Me  Q₃   最
小   (140)(150)(160) 大
値                  値
(118)              (184)
```

⑤ $MD = \dfrac{366}{31} = 11.81\%$

⑥ $s^2 = \dfrac{7680}{31-1} = 256.0$, $s = \sqrt{256.0} = 16.0\%$

⑦ 標本歪度 $= \dfrac{31}{(31-1)(31-2)} \times \dfrac{5382}{16.0^3} = 0.0468$ （ほぼ左右対称な分布である）

⑧ $(\overline{X}-1s, \overline{X}+1s) = (150.0-16.0, 150.0+16.0) = (134.0\%, 166.0\%)$, 21 個

⑨ $(\overline{X}-2s, \overline{X}+2s) = (150.0-2\times 16.0, 150.0+2\times 16.0) = (118.0\%, 182.0\%)$, 1 個

⑩ $(\overline{X}-3s, \overline{X}+3s) = (150.0-3\times 16.0, 150.0+3\times 16.0) = (102.0\%, 198.0\%)$

3-5

① $Q_1 = 418$ 万円, $Q_3 = 504$ 万円

② $IQR = 504 - 418 = 86$ 万円, $QD = \dfrac{86}{2} = 43$ 万円

③

```
        ┌────┬──────┐
────────│    │      │──────────
        └────┴──────┘
最       Q₁   Me    Q₃        最
小      (418)(460.5)(504)      大
値                             値
(313)                        (598)
```

④ $MD = \dfrac{1602}{30} = 53.4$ 万円, メジアン偏差 $= \dfrac{1602}{30} = 53.4$ 万円

⑤ $s^2 = \dfrac{150336}{30-1} = 5184$, $s = \sqrt{5184} = 72.0$ 万円

⑥ 標本歪度 $= \dfrac{30}{(30-1)(30-2)} \times \dfrac{397308}{72.0^3} = 0.0393$ （ほぼ左右対称な分布である）

⑦ $(\overline{X}-1s, \overline{X}+1s) = (460.0-72.0, 460.0+72.0) = (388.0$ 万円$, 532.0$ 万円$)$,

21 個（実際に、70% のデータがこの範囲に含まれている）

⑧ $(\overline{X}-2s, \overline{X}+2s) = (460.0-144.0, 460.0+144.0) = (316.0 万円, 604.0 万円)$

3 - 6

① $Q_1 = 37.0$ 分, $Q_3 = 58.75$ 分

② $IQR = 58.75 - 37.0 = 21.75$ 分, $QD = \dfrac{21.75}{2} = 10.875$ 分

③

最小値 (26.0) Q_1 (37.0) Me (44.5) Q_3 (58.75)   最大値 (89.0)

④ $MD = \dfrac{784}{60} = 13.07$ 分, メジアン偏差 $= \dfrac{758}{60} = 12.63$ 分

⑤ $s^2 = \dfrac{15104}{60-1} = 256.0$, $s = \sqrt{256} = 16.0$ 分

⑥ 標本歪度 $= \dfrac{60}{(60-1)(60-2)} \times \dfrac{194838}{16.0^3} = 0.8340$ （右に歪んだ分布である）

⑦ $(\overline{X}-2s, \overline{X}+2s) = (49.0-32.0, 49.0+32.0) = (17.0 分, 81.0 分)$

3 - 7

① $Q_1 = 35.25$ 千円, $Q_3 = 52.75$ 千円

② $IQR = 17.50$ 千円, $QD = 8.75$ 千円

③

最小値 (16) Q_1 (35.25) Me (44.0) Q_3 (52.75)   最大値 (72)

④ $MD = \dfrac{952}{100} = 9.52$ 千円

⑤ $s^2 = \dfrac{14256}{100-1} = 144$, $s = \sqrt{144} = 12.0$ 千円

⑥ 標本歪度 $= \dfrac{100}{(100-1)(100-2)} \times \dfrac{-60}{12.0^3} = -0.00036$ （ほぼ左右対称な分布である）

⑦ (1) $(\overline{X}-1s, \overline{X}+1s) = (44.0-12.0, 44.0+12.0) = (32.0 千円, 56.0 千円)$, 68 個
   (2) $(\overline{X}-2s, \overline{X}+2s) = (44.0-24.0, 44.0+24.0) = (20.0 千円, 68.0 千円)$, 96 個
   (3) $(\overline{X}-3s, \overline{X}+3s) = (44.0-36.0, 44.0+36.0) = (8.0 千円, 80.0 千円)$, 100 個

第4章の解答

4 – 1

① 6　② 24　③ 20　④ 6　⑤ 5040　⑥ 1　⑦ 3024　⑧ 151200　⑨ 95040
⑩ 32432400

4 – 2

$_{18}P_3 = 18 \cdot 17 \cdot 16 = 4896$ 通り

4 – 3

① $_6P_6 \times _3P_3 = 720 \times 6 = 4320$ 通り
　　↑女性3人を　　↑女性3人の並び方
　　1組と考える

② $2 \times _5P_5 \times _3P_3 = 2 \times 120 \times 6 = 1440$ 通り

③ $2 \times _7P_7 = 2 \times 5040 = 10080$ 通り
　　↑AとBの　↑AとBを1組と考える
　　並び方

④ $_3P_2 \times _6P_6 = 6 \times 720 = 4320$ 通り
　　↑女性が両端に　↑その各々に対して、
　　並ぶ並び方　　残りの6人が並べばよい

⑤ $_5P_2 \times _6P_6 = 20 \times 720 = 14400$ 通り

⑥ $_5P_5 \times _6P_3 = 120 \times 120 = 14400$ 通り
　↑男性の　↑女男女男女男女男女
　並び方　　↑女性3人の並び方

4 – 4

① 円順列の公式(4-4)より、$(n-1)! = (9-1)! = 8! = 40320$ 通り

② $(6-1)! \times 4! = 120 \times 24 = 2880$ 通り
　　↑社員4人を　↑社員4人の並び方
　　1組と考える

③ $(5-1)! \times _5P_4 = 24 \times 120 = 2880$ 通り
　　↑学生5人の　↑社員4人の並び方
　　円順列

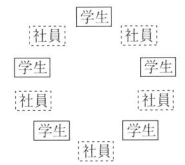

4 - 5

じゅず順列の公式（4 - 5）より、$\dfrac{(n-1)!}{2} = \dfrac{(10-1)!}{2} = \dfrac{9!}{2} = \dfrac{362880}{2} = 181440$ 通り

4 - 6

重複順列の公式（4 - 6）を用いて解く。

① $_{26}\Pi_2 = 26^2 = 676$ 通り　　② $_{26}\Pi_3 = 26^3 = 17576$ 通り

③ $_{26}\Pi_4 = 26^4 = 456976$ 通り

4 - 7

$_2\Pi_9 = 2^9 = 512$ 通り

4 - 8

「同じものを含む順列」の公式（4 - 7）を用いて解く。

$\dfrac{10!}{3!\,1!\,4!\,2!} = 12600$ 通り

4 - 9

① AからBへの最短の道順は、上へ4区画、右へ5区画行くことになる。上を4個と、右を5個と考え、「同じものを含む順列」の公式（4 - 7）より、

$\dfrac{9!}{4!\,5!} = 126$ 通り

② $\underbrace{\dfrac{5!}{3!\,2!}}_{\text{AからXへの最短}\atop\text{の道順の総数}} \times \underbrace{\dfrac{4!}{3!\,1!}}_{\text{XからBへの最短}\atop\text{の道順の総数}} = 10 \times 4 = 40$ 通り

③ $126 - \underbrace{\dfrac{5!}{2!\,3!}}_{\substack{\text{①で求め}\\\text{たすべて}\\\text{の道順}}} \times \underbrace{\dfrac{3!}{2!\,1!}}_{\substack{\text{Aからイへの}\\\text{最短の道順の}\\\text{総数}}} = 126 - 10 \times 3 = 126 - 30 = 96$ 通り

この2つを掛けると、必ずYを通る道順の総数になる

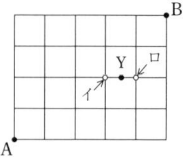

4 - 10

① 6　　② 35　　③ 1　　④ 1　　⑤ $_{30}C_{27} = {}_{30}C_3 = 4060$

4 - 11

① $_{17}C_5 = 6188$ 通り

② $_{10}C_3 \times {}_7C_2 = 2520$ 通り　　③ $_{10}C_2 \times {}_7C_3 = 1575$ 通り

④ $_{17}C_5 - _7C_5 = {_{17}}C_5 - {_7}C_2 = 6188 - 21 = 6167$ 通り

 ↑ ↑
17人から5人 5人とも男性
を選ぶ総数 を選ぶ総数

⑤ $_{17}C_5 - {_{10}}C_5 = 6188 - 252 = 5936$ 通り

  ↑
  5人とも女性
  を選ぶ総数

⑥ $_{17}C_5 - {_{10}}C_5 - {_7}C_5 = 6188 - 252 - 21 = 5915$ 通り

⑦ 特定の2人を別にして、残りの15人の中から3人を選ぶ総数を計算すればよい。

 $_{15}C_3 = 455$ 通り

⑧ $_{17}C_5 - {_{15}}C_5 = 6188 - 3003 = 3185$ 通り

   ↑
   特定の2人をまったく
   含まない選び方の総数

4-12

重複組合せの公式（4-12）を用いて解く。

$_3H_{20} = {_{3+20-1}}C_{20} = {_{22}}C_{20} = {_{22}}C_2 = 231$ 通り

（ちなみに、記名投票のケースは重複順列になり、$_3\Pi_{20} = 3^{20} = 3486784401$ 通り）

第5章の解答

5-1

① $P(A) = \dfrac{1}{2^3} = \dfrac{1}{8}$ ② $P(B) = \dfrac{3}{8}$ ← （表, 裏, 裏）、（裏, 表, 裏）、（裏, 裏, 表）の3通り

5-2

① $P(A) = \dfrac{1}{6^3} = \dfrac{1}{216}$ ② $P(B) = \dfrac{6}{6^3} = \dfrac{1}{36}$ ③ $P(C) = \dfrac{3}{216} = \dfrac{1}{72}$

④ $P(D) = \dfrac{_6P_3}{216} = \dfrac{6 \cdot 5 \cdot 4}{216} = \dfrac{5}{9}$ ⑤ $P(E) = \dfrac{3}{216} = \dfrac{1}{72}$

⑥ $P(F) = \dfrac{6}{216} = \dfrac{1}{36}$ ⑦ $P(G) = \dfrac{10}{216} = \dfrac{5}{108}$

⑧ 目の積が40になる場合の数は、「2, 4, 5」の順列だから $3! = 6$。

 よって、$P(H) = \dfrac{6}{6^3} = \dfrac{1}{6^2} = \dfrac{1}{36}$

⑨ 目の積が60になる場合の数は、「2, 5, 6」の順列 $3! = 6$ と、「3, 4, 5」の順列 $3! = 6$ の和になるから、12である。

 よって、$P(I) = \dfrac{12}{6^3} = \dfrac{1}{18}$

5-3

1人が3通りの出し方があるので3人の出し方は、

$3^3 = 27$ 通り　←起こりうるすべての場合の数

① 甲の勝つ出し方は、「グー、チョキ、パー」の3通りだから、

$$P(A) = \frac{3}{27} = \frac{1}{9}$$

② 1人だけ勝つのは、甲、乙、丙の3通りあり、勝つ出し方は①と同様「グー、チョキ、パー」の3通りだから、

$$P(B) = \frac{3 \times 3}{27} = \frac{9}{27} = \frac{1}{3}$$

③ あいこになる場合の数は、3人が同じものを出す3通りと、「グー、チョキ、パー」の順列 $3! = 6$ 通りの和だから、

$$P(C) = \frac{3+6}{27} = \frac{9}{27} = \frac{1}{3}$$

5 - 4

起こりうるすべての場合の数は、11人の円順列の総数だから、(4-4)より、

$$(11-1)! = 10!$$

4年の2人が隣り合う場合の数は、

$$(10-1)! \times 2! = 9! \times 2!$$

↑ 4年生2人を1組と考える　↑ 4年生2人の並び方

よって、求める確率は、

$$\frac{9! \times 2!}{10!} = \frac{2}{10} = \frac{1}{5}$$

5 - 5

① $P(A) = \dfrac{{}_{13}C_4}{{}_{52}C_4} = \dfrac{11}{4165}$　　② $P(B) = \dfrac{4 \times {}_{13}C_4}{{}_{52}C_4} = \dfrac{44}{4165}$

③ $P(C) = \dfrac{13^4}{{}_{52}C_4} = \dfrac{2197}{20825}$　　④ $P(D) = \dfrac{{}_{13}C_2 \times {}_{13}C_2}{{}_{52}C_4} = \dfrac{468}{20825}$

⑤ $P(E) = \dfrac{{}_4C_2 \times {}_{48}C_2}{{}_{52}C_4} = \dfrac{6768}{270725}$

5 - 6

「少なくとも1個6の目が出る」という事象を A とすると、A の余事象 $\overline{A}$ は「3個とも6の目が出ない」ということになる。A の余事象の確率 $P(\overline{A})$ は、

$$P(\overline{A}) = \frac{5^3}{6^3} = \frac{125}{216}$$

よって、求める確率 $P(A)$ は、(5-2)を変形して、

$$P(A) = 1 - P(\overline{A}) = 1 - \frac{125}{216} = \frac{91}{216}$$

5 – 7

① $\dfrac{{}_5C_3}{{}_{17}C_3} + \dfrac{{}_4C_3}{{}_{17}C_3} + \dfrac{{}_6C_3}{{}_{17}C_3} = \dfrac{10}{680} + \dfrac{4}{680} + \dfrac{20}{680} = \dfrac{34}{680} = \dfrac{1}{20}$

　　↑　　　　↑　　　　↑
3名とも1年　3名とも2年　3名とも3年
の確率　　　の確率　　　の確率

② $\dfrac{{}_5C_1 \times {}_4C_1 \times {}_6C_1}{{}_{17}C_3} + \dfrac{{}_5C_1 \times {}_4C_1 \times {}_2C_1}{{}_{17}C_3} + \dfrac{{}_5C_1 \times {}_6C_1 \times {}_2C_1}{{}_{17}C_3} + \dfrac{{}_4C_1 \times {}_6C_1 \times {}_2C_1}{{}_{17}C_3}$

　　　　↑　　　　　　　↑　　　　　　　↑　　　　　　　↑
1、2、3年の確率　1、2、4年の確率　1、3、4年の確率　2、3、4年の確率

$= \dfrac{120}{680} + \dfrac{40}{680} + \dfrac{60}{680} + \dfrac{48}{680} = \dfrac{268}{680} = \dfrac{67}{170}$

5 – 8

① 一般の加法定理（5-4）を用いて解く。

$P(A \cup B) = P(A) + P(B) - P(A \cap B)$

$= \dfrac{40}{100} + \dfrac{70}{100} - \dfrac{30}{100} = \dfrac{80}{100} = 0.8$

　↑　　　　↑　　　　↑　　　　　　↑
喫煙習慣が　飲酒習慣が　喫煙習慣も飲　喫煙習慣があるか、
ある確率　　ある確率　　酒習慣もある　飲酒習慣がある確率
　　　　　　　　　　　確率（2度カ
　　　　　　　　　　　ウントされる
　　　　　　　　　　　ので1度分を
　　　　　　　　　　　引く）

② $P(\overline{A} \cup \overline{B}) = P(\overline{A}) + P(\overline{B}) - P(\overline{A} \cap \overline{B})$

$= \dfrac{60}{100} + \dfrac{30}{100} - \dfrac{20}{100} = \dfrac{70}{100} = 0.7$

　↑　　　　↑　　　　↑　　　　　　↑
喫煙習慣が　飲酒習慣が　喫煙習慣も　　喫煙習慣がないか、
ない確率　　ない確率　　飲酒習慣も　　飲酒習慣がない確率
　　　　　　　　　　　ない確率
　　　　　　　　　　　（2度カウ
　　　　　　　　　　　ントされる
　　　　　　　　　　　ので1度分
　　　　　　　　　　　を引く）

5 – 9

A、B、C、Dが税理士試験に合格する確率は、

$P(A) = \dfrac{1}{4},\ P(B) = \dfrac{2}{3},\ P(C) = \dfrac{3}{5},\ P(D) = \dfrac{1}{2}$

一方、不合格になる確率は、

$P(\overline{A}) = 1 - \dfrac{1}{4} = \dfrac{3}{4},\ P(\overline{B}) = 1 - \dfrac{2}{3} = \dfrac{1}{3},\ P(\overline{C}) = 1 - \dfrac{3}{5} = \dfrac{2}{5},\ P(\overline{D}) = 1 - \dfrac{1}{2} = \dfrac{1}{2}$

① 独立事象の乗法定理（5-5）を応用して解く。

$P(A \cap B \cap C \cap D) = P(A)P(B)P(C)P(D)$

$= \dfrac{1}{4} \times \dfrac{2}{3} \times \dfrac{3}{5} \times \dfrac{1}{2} = \dfrac{6}{120} = \dfrac{1}{20}$

② 3人だけが合格する4つのケースの確率を、独立事象の乗法定理(5-5)を応用して求める。

$$P(\overline{A} \cap B \cap C \cap D) = P(\overline{A})P(B)P(C)P(D) = \frac{3}{4} \times \frac{2}{3} \times \frac{3}{5} \times \frac{1}{2} = \frac{18}{120}$$

$$P(A \cap \overline{B} \cap C \cap D) = P(A)P(\overline{B})P(C)P(D) = \frac{1}{4} \times \frac{1}{3} \times \frac{3}{5} \times \frac{1}{2} = \frac{3}{120}$$

$$P(A \cap B \cap \overline{C} \cap D) = P(A)P(B)P(\overline{C})P(D) = \frac{1}{4} \times \frac{2}{3} \times \frac{2}{5} \times \frac{1}{2} = \frac{4}{120}$$

$$P(A \cap B \cap C \cap \overline{D}) = P(A)P(B)P(C)P(\overline{D}) = \frac{1}{4} \times \frac{2}{3} \times \frac{3}{5} \times \frac{1}{2} = \frac{6}{120}$$

よって、排反事象の加法定理(5-3)を応用して、

$$P(\overline{A} \cap B \cap C \cap D) + P(A \cap \overline{B} \cap C \cap D) + P(A \cap B \cap \overline{C} \cap D) + P(A \cap B \cap C \cap \overline{D})$$
$$= \frac{18}{120} + \frac{3}{120} + \frac{4}{120} + \frac{6}{120} = \frac{31}{120}$$

5-10

1回目に良品を抽出する事象をA、2回目に良品を抽出する事象をBとすると、

$$P(A) = \frac{46}{50}, \quad P(B|A) = \frac{45}{49}$$

抽出検査に合格してしまう確率は、乗法定理(5-7)より、

$$P(A \cap B) = P(A)P(B|A) = \frac{46}{50} \times \frac{45}{49} = \frac{207}{245}$$

5-11

1個の部品を抜き取ったとき、その部品がa社製である事象をA、b社製である事象をB、不合格品である事象をCとすると、

$$P(A) = 0.75, \quad P(B) = 0.25, \quad P(C|A) = 0.004, \quad P(C|B) = 0.008$$

① $P(C) = P(A \cap C) + P(B \cap C)$ ←事象A∩Cと事象B∩Cは互いに排反である
$ = P(A)P(C|A) + P(B)P(C|B)$ ←乗法定理(5-7)より
$ = 0.75 \times 0.004 + 0.25 \times 0.008 = 0.005$

② $P(\overline{C}) = 1 - P(C) = 1 - 0.005 = 0.995$ ←余事象の確率(5-2)より

③ $P(A|C) = \dfrac{P(A \cap C)}{P(C)}$ ←条件つき確率(5-6)より
$ = \dfrac{P(A)P(C|A)}{P(C)} = \dfrac{0.75 \times 0.004}{0.005} = 0.6$

④ $P(B|C) = \dfrac{P(B \cap C)}{P(C)}$ ←条件つき確率(5-6)より
$ = \dfrac{P(B)P(C|B)}{P(C)} = \dfrac{0.25 \times 0.008}{0.005} = 0.4$

5－12

ある高校理系コースの生徒の中から 1 人を選んだとき、その生徒が数学が好きである事象をA、物理が好きである事象をBとすると、

$$P(A) = 0.7, \quad P(B) = 0.5, \quad P(A \cap B) = 0.3$$

① $P(B|A) = \dfrac{P(A \cap B)}{P(A)} = \dfrac{0.3}{0.7} = \dfrac{3}{7}$

② $P(A|B) = \dfrac{P(A \cap B)}{P(B)} = \dfrac{0.3}{0.5} = \dfrac{3}{5}$

③ $P(A \cap \overline{B}) = 0.7 - 0.3 = 0.4$ より、

$$P(\overline{B}|A) = \dfrac{P(A \cap \overline{B})}{P(A)} = \dfrac{0.4}{0.7} = \dfrac{4}{7}$$

④ $P(\overline{A} \cap B) = 0.5 - 0.3 = 0.2, \quad P(\overline{A}) = 1 - P(A) = 1 - 0.7 = 0.3$ より、

$$P(B|\overline{A}) = \dfrac{P(\overline{A} \cap B)}{P(\overline{A})} = \dfrac{0.2}{0.3} = \dfrac{2}{3}$$

5－13

aが当たりクジを引く事象を A、bが当たりクジを引く事象を B とする。

① $P(A) = \dfrac{8}{50} = \dfrac{4}{25}, \quad P(B|A) = \dfrac{8-1}{50-1} = \dfrac{7}{49} = \dfrac{1}{7}$

よって、乗法定理（5-7）より、

$$P(A \cap B) = P(A)P(B|A) = \dfrac{4}{25} \times \dfrac{1}{7} = \dfrac{4}{175}$$

② この設問では、乗法定理 $P(\overline{A} \cap B) = P(\overline{A})P(B|\overline{A})$ を用いる。

$$P(\overline{A}) = 1 - P(A) = 1 - \dfrac{4}{25} = \dfrac{21}{25}, \quad P(B|\overline{A}) = \dfrac{8}{50-1} = \dfrac{8}{49}$$

よって、$P(\overline{A} \cap B) = P(\overline{A})P(B|\overline{A}) = \dfrac{21}{25} \times \dfrac{8}{49} = \dfrac{24}{175}$

③ $A \cap B$ と $\overline{A} \cap B$ は互いに排反であり、$B = (A \cap B) \cup (\overline{A} \cap B)$ であるから、排反事象の加法定理より、

$$P(B) = P(A \cap B) + P(\overline{A} \cap B) = \underset{\substack{\uparrow \\ \text{①の答え}}}{\dfrac{4}{175}} + \underset{\substack{\uparrow \\ \text{②の答え}}}{\dfrac{24}{175}} = \dfrac{28}{175} = \dfrac{4}{25}$$

5－14

$$\begin{aligned}
P(A|B) &= \dfrac{P(A)P(B|A)}{P(A)P(B|A) + P(\overline{A})P(B|\overline{A})} \\
&= \dfrac{0.6 \times 0.8}{0.6 \times 0.8 + (1-0.6) \times 0.1} = \dfrac{0.48}{0.52} = \dfrac{12}{13}
\end{aligned}$$

5-15

$$P(A|B) = \frac{P(A)P(B|A)}{P(A)P(B|A)+P(\overline{A})P(B|\overline{A})}$$
$$= \frac{0.55 \times 0.6}{0.55 \times 0.6+(1-0.55) \times 0.2} = \frac{0.33}{0.42} = \frac{11}{14}$$

第6章の解答

6-1

期待値は(6-1)、分散は(6-2)、標準偏差は(6-3)を用いて求める。

① 期待値 $= 0 \times \frac{1}{16} + 1 \times \frac{1}{4} + 2 \times \frac{3}{8} + 3 \times \frac{1}{4} + 4 \times \frac{1}{16} = 0 + \frac{1}{4} + \frac{3}{4} + \frac{3}{4} + \frac{1}{4} = 2$ 回

② 分散 $= (0-2)^2 \times \frac{1}{16} + (1-2)^2 \times \frac{1}{4} + (2-2)^2 \times \frac{3}{8} + (3-2)^2 \times \frac{1}{4} + (4-2)^2 \times \frac{1}{16}$
$= \frac{1}{4} + \frac{1}{4} + 0 + \frac{1}{4} + \frac{1}{4} = 1$

③ 標準偏差 $= \sqrt{分散} = \sqrt{1} = 1$ 回

6-2

平均値は(6-5)、分散は(6-6)、標準偏差は(6-7)を用いて求める。

① 平均値 $= np = 18 \cdot \frac{1}{3} = 6$, 分散 $= np(1-p) = 18 \cdot \frac{1}{3} \cdot \frac{2}{3} = 4$, 標準偏差 $= \sqrt{分散} = \sqrt{4} = 2$

② 平均値 $= 36 \cdot \frac{1}{2} = 18$, 分散 $= 36 \cdot \frac{1}{2} \cdot \frac{1}{2} = 9$, 標準偏差 $= \sqrt{9} = 3$

③ 平均値 $= 48 \cdot \frac{1}{4} = 12$, 分散 $= 48 \cdot \frac{1}{4} \cdot \frac{3}{4} = 9$, 標準偏差 $= \sqrt{9} = 3$

④ 平均値 $= 150 \cdot \frac{2}{5} = 60$, 分散 $= 150 \cdot \frac{2}{5} \cdot \frac{3}{5} = 36$, 標準偏差 $= \sqrt{36} = 6$

6-3

(6-4)を用いて解く。

① $P(0) = {}_5C_0 \left(\frac{1}{4}\right)^0 \left(\frac{3}{4}\right)^5 = 0.23730$ ② $P(1) = {}_5C_1 \left(\frac{1}{4}\right)^1 \left(\frac{3}{4}\right)^4 = 0.39951$

③ $P(2) = {}_5C_2 \left(\frac{1}{4}\right)^2 \left(\frac{3}{4}\right)^3 = 0.26367$ ④ $P(3) = {}_5C_3 \left(\frac{1}{4}\right)^3 \left(\frac{3}{4}\right)^2 = 0.08789$

⑤ $P(4) = {}_5C_4 \left(\frac{1}{4}\right)^4 \left(\frac{3}{4}\right)^1 = 0.01465$ ⑥ $P(5) = {}_5C_5 \left(\frac{1}{4}\right)^5 \left(\frac{3}{4}\right)^0 = 0.00098$

6-4

$p = 0.005$、$\lambda = np = 300 \cdot 0.005 = 1.5$、(6-8)を用いて解く。

① $P(0) = \dfrac{e^{-1.5}1.5^0}{0!} = \dfrac{1}{e^{1.5}} = \dfrac{1}{(2.71828)^{1.5}} = 0.2231$

② $P(1) = \dfrac{e^{-1.5}1.5^1}{1!} = \dfrac{1.5}{e^{1.5}} = \dfrac{1.5}{(2.71828)^{1.5}} = 0.3347$

③ $P(2) = \dfrac{e^{-1.5}1.5^2}{2!} = \dfrac{1.5^2}{2 \cdot e^{1.5}} = 0.2510$

④ $P(3) = \dfrac{e^{-1.5}1.5^3}{3!} = \dfrac{1.5^3}{6 \cdot e^{1.5}} = 0.1255$

⑤ $P(4) = \dfrac{e^{-1.5}1.5^4}{4!} = \dfrac{1.5^4}{24 \cdot e^{1.5}} = 0.0471$

⑥ $P(5) = \dfrac{e^{-1.5}1.5^5}{5!} = \dfrac{1.5^5}{120 \cdot e^{1.5}} = 0.0141$

⑦ $P(6) = \dfrac{e^{-1.5}1.5^6}{6!} = \dfrac{1.5^6}{720 \cdot e^{1.5}} = 0.0035$

6-5

平均値 $= \lambda = 3.5$、(6-8) を用いて解く。

① $P(0) = \dfrac{e^{-3.5}3.5^0}{0!} = \dfrac{1}{e^{3.5}} = \dfrac{1}{(2.71828)^{3.5}} = 0.0302$

② $P(1) = \dfrac{e^{-3.5}3.5^1}{1!} = \dfrac{3.5}{e^{3.5}} = 0.1057$

③ $1 - P(0) = 1 - 0.0302 = 0.9698$

④ $P(5) = \dfrac{e^{-3.5}3.5^5}{5!} = \dfrac{3.5^5}{120 \cdot e^{3.5}} = 0.1322$

⑤ $1 - P(0) - P(1) - P(2) - P(3) - P(4) = 0.2746$

⑥ $P(0) \times P(0) = 0.0302 \cdot 0.0302 = 0.0009$

6-6

① 0.3340 ② $0.4838 + 0.2486 = 0.7324$

③ $0.5 - 0.4015 = 0.0985$ ④ $0.4719 - 0.3485 = 0.1234$

6-7

① $P(z \geqq 1.04) = P(z \geqq 0) - P(0 \leqq z \leqq 1.04) = 0.5 - 0.3508 = 0.1492$

② $P(1.24 \leqq z \leqq 2.48) = P(0 \leqq z \leqq 2.48) - P(0 \leqq z \leqq 1.24) = 0.4934 - 0.3925 = 0.1009$

③ $P(z \geqq -2.08) = P(z \geqq 0) + P(0 \leqq z \leqq 2.08) = 0.5 + 0.4812 = 0.9812$

④ $P(-0.84 \leqq z \leqq 1.64) = P(0 \leqq z \leqq 1.64) + P(0 \leqq z \leqq 0.84) = 0.4495 + 0.2995 = 0.7490$

6-8

身長 x は正規分布 $N(151.4, 5.0^2)$ に従うので、

$$z = \frac{x-151.4}{5.0}$$

とおくと、z は標準正規分布 $N(0,1)$ に従う。

① $P(x \geq 160) = P\left(z \geq \frac{160-151.4}{5.0}\right) = P(z \geq 1.72) = 0.5 - 0.4573 = 0.0427$

200人 × 0.0427 = 8.54人

よって、約9人。

② $P(145 \leq x \leq 155) = P\left(\frac{145-151.4}{5.0} \leq z \leq \frac{155-151.4}{5.0}\right)$
$= P(-1.28 \leq z \leq 0.72) = 0.3997 + 0.2642 = 0.6639$

200人 × 0.6639 = 132.78人

よって、約133人。

③ 身長が200人中高い方から5番目ということは、$\frac{5人}{200人} = 0.025$ であり、

$$P(z \geq a) = 0.025$$

となる a の値を求めるため下式を設定する。

$$P(0 \leq z \leq a) = 0.5 - P(z \geq a) = 0.5 - 0.025 = 0.4750$$

ここで、標準正規分布表の中から、0.4750にもっとも近い a の値を探すと、

$$a = 1.96$$

となる。よって、5番目に高い児童の身長を x とし、標準化の式 (6-13) に、
$\mu = 151.4$、$\sigma = 5.0$、$z = a = 1.96$
を代入すると、

$$z = \frac{x-\mu}{\sigma}$$

$$1.96 = \frac{x-151.4}{5.0}$$

$$x = 161.2 \text{cm}$$

となる。したがって、約161.2cm以上必要である。

6-9

確率95%で売り切れがないようにするためには、1日の仕入れ数を x とおくと、

$$P\left(0 \leq \frac{x-68}{12}\right) = 0.450$$

ここで、標準正規分布表の中から、0.450にもっとも近い z の値を探すと、1.64と1.65の間であるから、1.645とすると(または109頁の表6-2の②から1.645がえられる)、

$$1.645 = \frac{x-68}{12}$$
$$x = 87.74$$

となる。したがって、約88食以上仕入れる必要がある。

第7章の解答

7－1

① $\overline{X} - 1.645 \cdot \dfrac{\sigma}{\sqrt{n}} \leqq \mu \leqq \overline{X} + 1.645 \cdot \dfrac{\sigma}{\sqrt{n}}$ ←（7-1）より

$14.5 - 1.645 \cdot \dfrac{2.1}{\sqrt{49}} \leqq \mu \leqq 14.5 + 1.645 \cdot \dfrac{2.1}{\sqrt{49}}$

$14.5 - 1.645 \cdot 0.3 \leqq \mu \leqq 14.5 + 1.645 \cdot 0.3$

$14.0065 \leqq \mu \leqq 14.9935$

$\underline{14.00 \leqq \mu \leqq 15.00}$

② $14.5 - 1.96 \cdot \dfrac{2.1}{\sqrt{49}} \leqq \mu \leqq 14.5 + 1.96 \cdot \dfrac{2.1}{\sqrt{49}}$ ←（7-2）より

$13.912 \leqq \mu \leqq 15.088$

$\underline{13.91 \leqq \mu \leqq 15.09}$

③ $14.5 - 2.576 \cdot \dfrac{2.1}{\sqrt{49}} \leqq \mu \leqq 14.5 + 2.576 \cdot \dfrac{2.1}{\sqrt{49}}$ ←（7-3）より

$13.7272 \leqq \mu \leqq 15.2728$

$\underline{13.72 \leqq \mu \leqq 15.28}$

7－2

① $\overline{X} - 1.96 \cdot \dfrac{\sigma}{\sqrt{n}} \leqq \mu \leqq \overline{X} + 1.96 \cdot \dfrac{\sigma}{\sqrt{n}}$ ←（7-2）より

$100.0 - 1.96 \cdot \dfrac{8.0}{\sqrt{4}} \leqq \mu \leqq 100.0 + 1.96 \cdot \dfrac{8.0}{\sqrt{4}}$

$100.0 - 1.96 \cdot 4.0 \leqq \mu \leqq 100.0 + 1.96 \cdot 4.0$

$\underline{92.16 \leqq \mu \leqq 107.84}$

② $100.0 - 1.96 \cdot \dfrac{8.0}{\sqrt{16}} \leqq \mu \leqq 100.0 + 1.96 \cdot \dfrac{8.0}{\sqrt{16}}$ ←（7-2）より

$\underline{96.08 \leqq \mu \leqq 103.92}$

③ $100.0 - 1.96 \cdot \dfrac{8.0}{\sqrt{64}} \leqq \mu \leqq 100.0 + 1.96 \cdot \dfrac{8.0}{\sqrt{64}}$ ←（7-2）より

$\underline{98.04 \leqq \mu \leqq 101.96}$

④ $100.0 - 1.96 \cdot \dfrac{8.0}{\sqrt{256}} \leqq \mu \leqq 100.0 + 1.96 \cdot \dfrac{8.0}{\sqrt{256}}$ ←（7-2）より

$$99.02 \leq \mu \leq 100.98$$

＊この練習問題からもわかるように、信頼係数が一定のもとで、標本の大きさ n を大きくすると、信頼区間の幅は小さくなり、区間推定の精度が高まることになります。研究において、「標本の大きさ n を大きくするための努力」は、とても大切なことです。

7-3

①

(1) $\overline{X} - 1.645 \cdot \dfrac{s}{\sqrt{n}} \leq \mu \leq \overline{X} + 1.645 \cdot \dfrac{s}{\sqrt{n}}$　←(7-4)より

$$76.0 - 1.645 \cdot \dfrac{19.8}{\sqrt{121}} \leq \mu \leq 76.0 + 1.645 \cdot \dfrac{19.8}{\sqrt{121}}$$

$$76.0 - 1.645 \cdot 1.8 \leq \mu \leq 76.0 + 1.645 \cdot 1.8$$

$$73.039 \leq \mu \leq 78.961$$

$$\underline{73.03\text{分} \leq \mu \leq 78.97\text{分}}$$

(2) $76.0 - 1.96 \cdot \dfrac{19.8}{\sqrt{121}} \leq \mu \leq 76.0 + 1.96 \cdot \dfrac{19.8}{\sqrt{121}}$　←(7-5)より

$$72.472 \leq \mu \leq 79.528$$

$$\underline{72.47\text{分} \leq \mu \leq 79.53\text{分}}$$

(3) $76.0 - 2.576 \cdot \dfrac{19.8}{\sqrt{121}} \leq \mu \leq 76.0 + 2.576 \cdot \dfrac{19.8}{\sqrt{121}}$　←(7-6)より

$$71.3632 \leq \mu \leq 80.6368$$

$$\underline{71.36\text{分} \leq \mu \leq 80.64\text{分}}$$

②

(1) (7-10)の σ を s で代用して、

$$n \geq \left(\dfrac{1.645 \cdot s}{e}\right)^2 = \left(\dfrac{1.645 \cdot 19.8}{2.0}\right)^2 = 265.217\cdots$$

したがって、n は少なくとも266人以上必要である。

(2) (7-11)の σ を s で代用して、

$$n \geq \left(\dfrac{1.96 \cdot s}{e}\right)^2 = \left(\dfrac{1.96 \cdot 19.8}{2.0}\right)^2 = 376.515\cdots$$

したがって、n は少なくとも377人以上必要である。

(3) (7-12)の σ を s で代用して、

$$n \geq \left(\dfrac{2.576 \cdot s}{e}\right)^2 = \left(\dfrac{2.576 \cdot 19.8}{2.0}\right)^2 = 650.372\cdots$$

したがって、n は少なくとも651人以上必要である。

7 - 4

① 自由度 ($n-1 = 20-1$) が19で、信頼係数が90%だから、表7-2の t 分布表より、$t_{0.050} = 1.729$ が得られる。(7-7) より、

$$\overline{X} - t_{0.050} \cdot \frac{s}{\sqrt{n}} \leq \mu \leq \overline{X} + t_{0.050} \cdot \frac{s}{\sqrt{n}}$$

$$120.3 - 1.729 \cdot \frac{8.6}{\sqrt{20}} \leq \mu \leq 120.3 + 1.729 \cdot \frac{8.6}{\sqrt{20}}$$

$$116.975\cdots \leq \mu \leq 123.624\cdots$$

$$116.97\text{g} \leq \mu \leq 123.63\text{g}$$

② 自由度が19で、信頼係数が95%だから、t 分布表より、$t_{0.025} = 2.093$ が得られる。(7-8) より、

$$120.3 - 2.093 \cdot \frac{8.6}{\sqrt{20}} \leq \mu \leq 120.3 + 2.093 \cdot \frac{8.6}{\sqrt{20}}$$

$$116.275\cdots \leq \mu \leq 124.324\cdots$$

$$116.27\text{g} \leq \mu \leq 124.33\text{g}$$

③ 自由度が19で、信頼係数が99%だから、t 分布表より、$t_{0.005} = 2.861$ が得られる。(7-9) より、

$$120.3 - 2.861 \cdot \frac{8.6}{\sqrt{20}} \leq \mu \leq 120.3 + 2.861 \cdot \frac{8.6}{\sqrt{20}}$$

$$114.798\cdots \leq \mu \leq 125.801\cdots$$

$$114.79\text{g} \leq \mu \leq 125.81\text{g}$$

7 - 5

$n = 16$日、$\overline{X} = 105.0$食、$s = 12.0$食。　←(3-11) より、$s = 12$ になる。

① 自由度 ($n-1 = 16-1$) が15で、信頼係数が90%だから、t 分布表より、

$$t_{0.050} = 1.753$$

が得られる。(7-7) より、

$$105.0 - 1.753 \cdot \frac{12.0}{\sqrt{16}} \leq \mu \leq 105.0 + 1.753 \cdot \frac{12.0}{\sqrt{16}}$$

$$99.741 \leq \mu \leq 110.259$$

$$99.74\text{食} \leq \mu \leq 110.26\text{食}$$

② 自由度が15で、信頼係数が95%だから、t 分布表より、$t_{0.025} = 2.131$ が得られる。(7-8) より、

$$105.0 - 2.131 \cdot \frac{12.0}{\sqrt{16}} \leq \mu \leq 105.0 + 2.131 \cdot \frac{12.0}{\sqrt{16}}$$

$$98.607 \leq \mu \leq 111.393$$

$$98.60\text{食} \leq \mu \leq 111.40\text{食}$$

③ 自由度が15で、信頼係数が99%だから、t分布表より、$t_{0.005} = 2.947$ が得られる。
（7-9）より、

$$105.0 - 2.947 \cdot \frac{12.0}{\sqrt{16}} \leq \mu \leq 105.0 + 2.947 \cdot \frac{12.0}{\sqrt{16}}$$

$$96.159 \leq \mu \leq 113.841$$

$$\boxed{96.15\text{食} \leq \mu \leq 113.85\text{食}}$$

第8章の解答

8-1

① $n = 850$、$\hat{p} = \dfrac{578\text{人}}{850\text{人}} = 0.68$ を、(8-1)へ代入する。

$$\hat{p} - 1.645\sqrt{\frac{\hat{p}(1-\hat{p})}{n}} \leq p \leq \hat{p} + 1.645\sqrt{\frac{\hat{p}(1-\hat{p})}{n}}$$

$$0.68 - 1.645\sqrt{\frac{0.68(1-0.68)}{850}} \leq p \leq 0.68 + 1.645\sqrt{\frac{0.68(1-0.68)}{850}}$$

$$0.68 - 1.645 \cdot 0.016 \leq p \leq 0.68 + 1.645 \cdot 0.016$$

$$0.65368 \leq p \leq 0.70632$$

$$\boxed{65.3\% \leq p \leq 70.7\%}$$

② $n = 850$、$\hat{p} = 0.68$ を、(8-2)へ代入する。

$$0.68 - 1.96\sqrt{\frac{0.68(1-0.68)}{850}} \leq p \leq 0.68 + 1.96\sqrt{\frac{0.68(1-0.68)}{850}}$$

$$0.64864 \leq p \leq 0.71136$$

$$\boxed{64.8\% \leq p \leq 71.2\%}$$

③ $n = 850$、$\hat{p} = 0.68$ を、(8-3)へ代入する。

$$0.68 - 2.576\sqrt{\frac{0.68(1-0.68)}{850}} \leq p \leq 0.68 + 2.576\sqrt{\frac{0.68(1-0.68)}{850}}$$

$$0.638784 \leq p \leq 0.721216$$

$$\boxed{63.8\% \leq p \leq 72.2\%}$$

8-2

①

(1) $n = 2400$、$\hat{p} = \dfrac{96\text{個}}{2400\text{個}} = 0.04$ を、(8-1)へ代入する。

$$0.04 - 1.645\sqrt{\frac{0.04(1-0.04)}{2400}} \leq p \leq 0.04 + 1.645\sqrt{\frac{0.04(1-0.04)}{2400}}$$

$$0.04 - 1.645 \cdot 0.004 \leq p \leq 0.04 + 1.645 \cdot 0.004$$

$$0.03342 \leq p \leq 0.04658$$

$$\boxed{3.34\% \leq p \leq 4.66\%}$$

練習問題解答　267

（2）　$n = 2400$、$\hat{p} = 0.04$ を、（8-2）へ代入する。

$$0.04 - 1.96\sqrt{\frac{0.04(1-0.04)}{2400}} \leqq p \leqq 0.04 + 1.96\sqrt{\frac{0.04(1-0.04)}{2400}}$$

$$0.03216 \leqq p \leqq 0.04784$$

$$3.21\% \leqq p \leqq 4.79\%$$

（3）　$n = 2400$、$\hat{p} = 0.04$ を、（8-3）へ代入する。

$$0.04 - 2.576\sqrt{\frac{0.04(1-0.04)}{2400}} \leqq p \leqq 0.04 + 2.576\sqrt{\frac{0.04(1-0.04)}{2400}}$$

$$0.029696 \leqq p \leqq 0.050304$$

$$2.96\% \leqq p \leqq 5.04\%$$

② $\hat{p} = 0.04$、$e = 0.005$ を、（8-6）へ代入する。

$$n \geqq \left(\frac{2.576}{e}\right)^2 \hat{p}(1-\hat{p}) = \left(\frac{2.576}{0.005}\right)^2 \cdot 0.04(1-0.04) = 10192.55\cdots$$

したがって、標本の大きさは、少なくとも10193個以上必要である。

8-3

① $n = 100$、$\hat{p} = \dfrac{20匹}{100匹} = 0.20$ を、（8-1）へ代入する。

$$0.20 - 1.645\sqrt{\frac{0.20(1-0.20)}{100}} \leqq p \leqq 0.20 + 1.645\sqrt{\frac{0.20(1-0.20)}{100}}$$

$$0.20 - 1.645 \cdot 0.04 \leqq p \leqq 0.20 + 1.645 \cdot 0.04$$

$$0.1342 \leqq p \leqq 0.2658$$

$$13.4\% \leqq p \leqq 26.6\%$$

② 母比率 p は、$p = \dfrac{300匹}{タヌキの総数}$ であるから、①の推定結果に代入すると

$$0.1342 \leqq p \leqq 0.2658$$

$$0.1342 \leqq \frac{300匹}{タヌキの総数} \leqq 0.2658$$

$$1128.66\cdots \leqq タヌキの総数 \leqq 2235.46\cdots$$

$$1128匹 \leqq タヌキの総数 \leqq 2236匹$$

8-4

①

（1）　$n = 2100$、$\hat{p} = \dfrac{1470人}{2100人} = 0.70$ を、（8-1）へ代入する。

$$0.70 - 1.645\sqrt{\frac{0.70(1-0.70)}{2100}} \leqq p \leqq 0.70 + 1.645\sqrt{\frac{0.70(1-0.70)}{2100}}$$

$$0.70 - 1.645 \cdot 0.01 \leqq p \leqq 0.70 + 1.645 \cdot 0.01$$

$$0.68355 \leq p \leq 0.71645$$
$$68.3\% \leq p \leq 71.7\%$$

(2) $n = 2100$、$\hat{p} = 0.70$ を、(8-2) へ代入する。
$$0.70 - 1.96\sqrt{\frac{0.70(1-0.70)}{2100}} \leq p \leq 0.70 + 1.96\sqrt{\frac{0.70(1-0.70)}{2100}}$$
$$0.6804 \leq p \leq 0.7196$$
$$68.0\% \leq p \leq 72.0\%$$

(3) $n = 2100$、$\hat{p} = 0.70$ を、(8-3) へ代入する。
$$0.70 - 2.576\sqrt{\frac{0.70(1-0.70)}{2100}} \leq p \leq 0.70 + 2.576\sqrt{\frac{0.70(1-0.70)}{2100}}$$
$$0.67424 \leq p \leq 0.72576$$
$$67.4\% \leq p \leq 72.6\%$$

② $\hat{p} = 0.70$、$e = 0.01$ を、(8-5) へ代入する。
$$n \geq \left(\frac{1.96}{e}\right)^2 \hat{p}(1-\hat{p}) = \left(\frac{1.96}{0.01}\right)^2 \cdot 0.70(1-0.70) = 8067.36$$

したがって、標本の大きさは、少なくとも8068人以上必要である。

8-5

標本比率 $\hat{p}$ の情報がないので、$e = 0.04$ を (8-8) へ代入して、必要な標本の大きさ n を求める。
$$n \geq \left(\frac{1.96}{e}\right)^2 \times \frac{1}{4} = \left(\frac{1.96}{0.04}\right)^2 \times \frac{1}{4} = 600.25$$

したがって、標本の大きさは、601人以上必要である。

第9章の解答

9-1

$H_0 : \mu = 185.0$

$H_1 : \mu \neq 185.0$

$$z_0 = \frac{\overline{X} - \mu_0}{\frac{\sigma}{\sqrt{n}}} = \frac{184.1 - 185.0}{\frac{1.2}{\sqrt{25}}} = \frac{-0.9}{0.24} = -3.75 < \boxed{-1.96} \quad \leftarrow \text{有意水準5\%（両側検定）の臨界値}$$

z_0 は棄却域に入る。したがって、H_0 は棄却され、H_1 が採択される。結論として、本日のクリームパンの製造工程に異常があったといえる。

9-2

$H_0 : \mu = 60.3$

$H_1 : \mu > 60.3$

$$z_0 = \frac{\overline{X}-\mu}{\frac{\sigma}{\sqrt{n}}} = \frac{63.5-60.3}{\frac{11.2}{\sqrt{49}}} = \frac{3.2}{1.6} = 2.0 > 1.645 \quad \text{←有意水準5％（右片側検定）の臨界値}$$

z_0 は棄却域に入る。したがって、H_0 は棄却され、H_1 が採択される。結論として、このクラスの試験結果は、過去の平均点を上回っているといえる。

9-3

$H_0 : \mu = 330.0$

$H_1 : \mu \neq 330.0$

$$z_0 = \frac{\overline{X}-\mu}{\frac{s}{\sqrt{n}}} = \frac{329.8-330.0}{\frac{0.7}{\sqrt{50}}} = -2.020 > -2.576 \quad \text{←有意水準1％（両側検定）の臨界値}$$

z_0 は棄却されず、採択域に入る。したがって、H_0 は採択される。結論として、アスピリン330.0mgという表記は誤りであるとはいえない。

9-4

$H_0 : \mu = 24.7$

$H_1 : \mu > 24.7$

$$t_0 = \frac{\overline{X}-\mu}{\frac{s}{\sqrt{n}}} = \frac{26.5-24.7}{\frac{3.2}{\sqrt{16}}} = \frac{1.8}{0.8}$$

$$= 2.25 > 1.753 \quad \text{←有意水準5％（自由度15の t 分布：右片側検定）の臨界値}$$

t_0 は棄却域に入る。したがって、H_0 は棄却され、H_1 が採択される。結論として、編集長が変わったことで、この週刊誌の販売部数は増加したといえる。

9-5

$H_0 : \mu = 200$

$H_1 : \mu > 200$

$$t_0 = \frac{\overline{X}-\mu_0}{\frac{s}{\sqrt{n}}} = \frac{209-200}{\frac{12}{\sqrt{9}}} = \frac{9}{4} = 2.25 \quad \text{←（3-11）より、$s=12$ になる。}$$

① $t_0 = 2.25 > 1.860$ ←有意水準5％（自由度8の t 分布：右片側検定）の臨界値

t_0 は棄却域に入る。したがって、H_0 は棄却され、H_1 が採択される。

結論として、有意水準5％では、バッテリーの改良により、走行距離は延びたといえる。

② $t_0 = 2.25 < 2.896$ ←有意水準1％（自由度8の t 分布：右片側検定）の臨界値

t_0 は棄却されず、採択域に入る。したがって、H_0 は採択される。

結論として、有意水準1％では、バッテリーの改良により、走行距離は延びたとはいえ

第10章の解答

10 - 1

$H_0 : p = 0.05$

$H_1 : p > 0.05$

$$z_0 = \frac{\frac{133}{1900} - 0.05}{\sqrt{\frac{0.05(1-0.05)}{1900}}} = \frac{0.02}{0.005} = 4.0 > \underline{2.326} \quad \leftarrow \text{有意水準1％（右片側検定）の臨界値}$$

z_0 は棄却域に入る。したがって、H_0 は棄却され、H_1 が採択される。結論として、本日の製造工程において、不良率が上昇したと判断してよい。

10 - 2

$H_0 : p = 0.50$

$H_1 : p > 0.50$

$$z_0 = \frac{\frac{864}{1600} - 0.50}{\sqrt{\frac{0.50(1-0.50)}{1600}}} = \frac{0.04}{0.0125} = 3.2 > \underline{2.326} \quad \leftarrow \text{有意水準1％（右片側検定）の臨界値}$$

z_0 は棄却域に入る。したがって、H_0 は棄却され、H_1 が採択される。結論として、候補者 C は過半数の得票で当選確実であるといえる。

10 - 3

$H_0 : p = 0.18$

$H_1 : p > 0.18$

$$z_0 = \frac{\frac{820}{4100} - 0.18}{\sqrt{\frac{0.18(1-0.18)}{4100}}} = \frac{0.02}{0.006} = 3.333 > \underline{1.645} \quad \leftarrow \text{有意水準5％（右片側検定）の臨界値}$$

z_0 は棄却域に入る。したがって、H_0 は棄却され、H_1 が採択される。結論として、この商品の知名度は、テレビのCM回数の増加によって、従来の18％より高まったといえる。

10 - 4

$H_0 : p = 0.24$

$H_1 : p < 0.24$

$$z_0 = \frac{\frac{627}{2850} - 0.24}{\sqrt{\frac{0.24(1-0.24)}{2850}}} = \frac{-0.02}{0.008} = -2.5 < \underline{-1.645} \quad \leftarrow \text{有意水準5％（左片側検定）の臨界値}$$

z_0 は棄却域に入る。したがって、H_0 は棄却され、H_1 が採択される。結論として、A 市の50歳代で高血圧の人の割合は、県内の割合より小さいといえる。

10-5

$H_0：\mu_1 = \mu_2$

$H_1：\mu_1 \neq \mu_2$

$$z_0 = \frac{27500-26800}{\sqrt{\frac{2400^2}{400}+\frac{3200^2}{400}}} = \frac{700}{200} = 3.5 > 2.576 \quad \leftarrow \text{有意水準1％（両側検定）の臨界値}$$

z_0 は棄却域に入る。したがって、H_0 は棄却され、H_1 が採択される。結論として、A 国と B 国の工場で製造されたタイヤの平均寿命に差があるといえる。

10-6

$H_0：\mu_1 = \mu_2$

$H_1：\mu_1 > \mu_2$

$$z_0 = \frac{64.1-62.4}{\sqrt{\frac{9.0^2}{625}+\frac{12.0^2}{625}}} = \frac{1.7}{0.6} = 2.833 > 2.326 \quad \leftarrow \text{有意水準1％（右片側検定）の臨界値}$$

z_0 は棄却域に入る。したがって、H_0 は棄却され、H_1 が採択される。結論として、前回よりも今回の試験結果の方がよくなっているといえる。

10-7

$H_0：p_1 = p_2$

$H_1：p_1 \neq p_2$

$$\hat{p}_1 = \frac{536}{800} = 0.67（関東）,\quad \hat{p}_2 = \frac{488}{800} = 0.61（関西）,\quad \hat{p} = \frac{536+488}{800+800} = \frac{1024}{1600} = 0.64$$

$$z_0 = \frac{0.67-0.61}{\sqrt{0.64(1-0.64)\left(\frac{1}{800}+\frac{1}{800}\right)}} = \frac{0.06}{0.024} = 2.5 > 1.96 \quad \leftarrow \text{有意水準5％（両側検定）の臨界値}$$

z_0 は棄却域に入る。したがって、H_0 は棄却され、H_1 が採択される。結論として、このカップ麺に対する評価は、関東と関西で差があるといえる。

10-8

$H_0：p_1 = p_2$

$H_1：p_1 < p_2$

$$\hat{p}_1 = \frac{1197}{4200} = 0.285 \text{（今年）},\quad \hat{p}_2 = \frac{1323}{4200} = 0.315 \text{（10年前）},$$

$$\hat{p} = \frac{1197+1323}{4200+4200} = \frac{2520}{8400} = 0.30$$

$$z_0 = \frac{0.285-0.315}{\sqrt{0.30(1-0.30)\left(\frac{1}{4200}+\frac{1}{4200}\right)}} = \frac{-0.03}{0.01} = -3 < -2.326 \quad \substack{\text{有意水準1\%}\\ \text{(左片側検定)}\\ \text{の臨界値}}$$

z_0 は棄却域に入る。したがって、H_0 は棄却され、H_1 が採択される。結論として、この10年間で、この大都市の男子大学生の喫煙率は低下したといえる。

第11章の解答

11-1
① $\chi^2_{0.005}(8) = 21.955$ ② $\chi^2_{0.995}(17) = 5.697$
③ $\chi^2_{0.975}(40) = 24.433$ ④ $\chi^2_{0.01}(80) = 112.329$

11-2
自由度$(n-1=12-1)$が11で、信頼係数が90%だから、カイ2乗分布表より、右片側5%点$(\chi^2_{0.05}=19.675)$と右片側95%点$(\chi^2_{0.95}=4.575)$が得られる。(11-13) より、

$$\sqrt{\frac{(12-1)\cdot 6.3^2}{19.675}} \leq \sigma \leq \sqrt{\frac{(12-1)\cdot 6.3^2}{4.575}}$$

$$4.71064 \leq \sigma \leq 9.76880$$

$$4.71 \leq \sigma \leq 9.77$$

11-3
自由度$(n-1=14-1)$が13で、信頼係数が95%だから、カイ2乗分布表より、右片側2.5%点$(\chi^2_{0.025}=24.736)$と右片側97.5%点$(\chi^2_{0.975}=5.009)$が得られる。(11-14) より、

$$\sqrt{\frac{(14-1)\cdot 2.1^2}{24.736}} \leq \sigma \leq \sqrt{\frac{(14-1)\cdot 2.1^2}{5.009}}$$

$$1.52239 \leq \sigma \leq 3.38310$$

$$1.52万円 \leq \sigma \leq 3.39万円$$

11-4
標本標準偏差sを求めると、$s=0.4$となる。

$H_0: \sigma = 0.2$
$H_1: \sigma \neq 0.2$

$$\chi^2_0 = \frac{(n-1)\cdot s^2}{\sigma_0^2} = \frac{(7-1)\cdot 0.4^2}{0.2^2} = \frac{0.96}{0.04}$$

$= 24.0 > 18.548$ ←有意水準1%（自由度6のカイ2乗分布：両側検定）の臨界値

χ^2_0 は棄却域に入る。したがって、H_0 は棄却され、H_1 が採択される。結論として、本日の容量のばらつきは、管理している水準と差があるといえる。

11 - 5

$H_0 : \sigma = 0.5$

$H_1 : \sigma < 0.5$

$$\chi_0^2 = \frac{(n-1)\cdot s^2}{\sigma_0^2} = \frac{(25-1)\cdot 0.3^2}{0.5^2} = \frac{2.16}{0.25}$$

$= 8.64 < 10.856$ ←有意水準1％の臨界値（自由度24の右片側99％点）

χ_0^2 は棄却域に入る。したがって、H_0 は棄却され、H_1 が採択される。結論として、本日の帽子のサイズのばらつきは、管理しているレベルを満たしているといえる。

第12章の解答

12 - 1

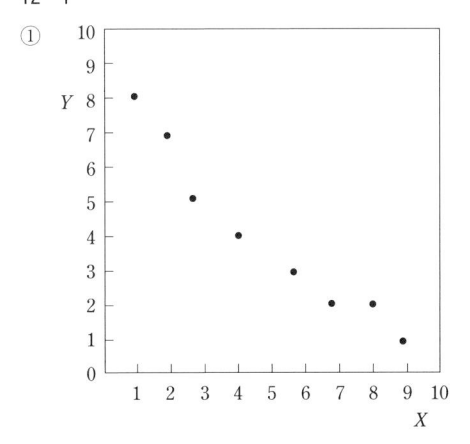

①

② $\overline{X} = \dfrac{\sum X}{n} = \dfrac{40}{8} = 5, \ \ \overline{Y} = \dfrac{\sum Y}{n} = \dfrac{32}{8} = 4$

相関係数 r を、定義式 (12 - 3) より求める。

$$r = \frac{\sum(X-\overline{X})(Y-\overline{Y})}{\sqrt{\sum(X-\overline{X})^2 \sum(Y-\overline{Y})^2}} = \frac{-50}{\sqrt{(60)(44)}} = \frac{-50}{\sqrt{2640}} = -0.973$$

③ 相関係数 r を、計算式 (12 - 4) より求める。

$$r = \frac{n\sum XY - (\sum X)(\sum Y)}{\sqrt{\{n\sum X^2 - (\sum X)^2\}\{n\sum Y^2 - (\sum Y)^2\}}}$$

$$= \frac{(8)(110) - (40)(32)}{\sqrt{\{(8)(260) - (40)^2\}\{(8)(172) - (32)^2\}}}$$

$$= \frac{-400}{\sqrt{(480)(352)}} = \frac{-400}{\sqrt{168960}} = -0.973$$

④ 表12 - 4 より、標本の個数 8（自由度＝6）の有意水準5％の臨界値は0.707であり、計算した相関係数（−0.973）の絶対値の方が大きく、したがって、X と Y の間には、

有意な相関があるといえる。

12-2

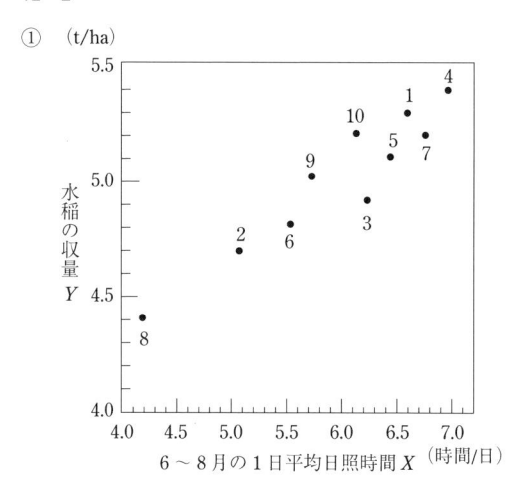

① (t/ha)

<グラフ: 縦軸 水稲の収量 Y (4.0〜5.5), 横軸 6〜8月の1日平均日照時間 X (時間/日) (4.0〜7.0)、データ点1〜10>

② $\overline{X} = \dfrac{\sum X}{n} = \dfrac{60}{10} = 6$ (時間／日), $\overline{Y} = \dfrac{\sum Y}{n} = \dfrac{50}{10} = 5$ (t/ha)

相関係数 r を、定義式(12-3)より求める。

$$r = \frac{\sum(X-\overline{X})(Y-\overline{Y})}{\sqrt{\sum(X-\overline{X})^2 \sum(Y-\overline{Y})^2}} = \frac{2.23}{\sqrt{(6.68)(0.84)}} = \frac{2.23}{\sqrt{5.6112}} = 0.9414$$

③ 相関係数 r を、計算式(12-4)より求める。

$$r = \frac{n\sum XY - (\sum X)(\sum Y)}{\sqrt{\{n\sum X^2 - (\sum X)^2\}\{n\sum Y^2 - (\sum Y)^2\}}}$$

$$= \frac{(10)(302.23) - (60)(50)}{\sqrt{\{(10)(366.68) - (60)^2\}\{(10)(250.84) - (50)^2\}}}$$

$$= \frac{22.3}{\sqrt{(66.8)(8.4)}} = \frac{22.3}{\sqrt{561.12}} = 0.9414$$

④ 表12-4より、標本の個数10（自由度＝8）の有意水準5％の臨界値は0.632であり、計算した相関係数（0.9414）の方が大きく、したがって、X と Y の間には、有意な相関があるといえる。

12-3

① (mmHg)

収縮期血圧 Y

1日当たり塩分摂取量 X (g/日)

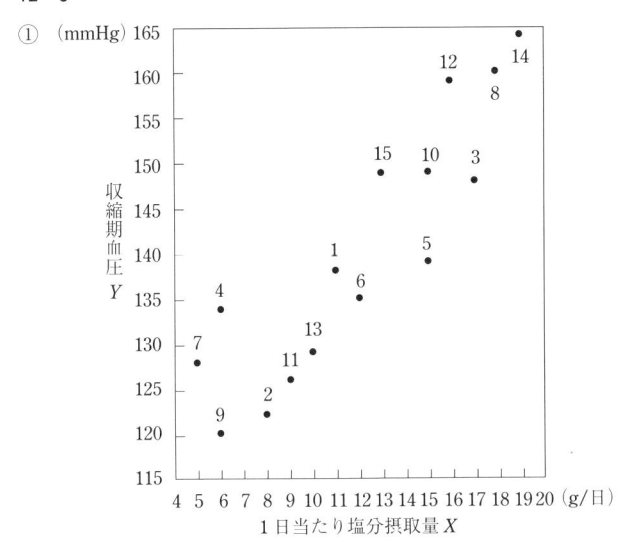

② $\overline{X} = \dfrac{\sum X}{n} = \dfrac{180}{15} = 12$ (g/日), $\overline{Y} = \dfrac{\sum Y}{n} = \dfrac{2100}{15} = 140$ (mmHg)

相関係数 r を、定義式(12-3)より求める。

$$r = \dfrac{\sum(X-\overline{X})(Y-\overline{Y})}{\sqrt{\sum(X-\overline{X})^2 \sum(Y-\overline{Y})^2}} = \dfrac{815}{\sqrt{(296)(2814)}} = \dfrac{815}{\sqrt{832944}} = 0.8930$$

③ 相関係数 r を、計算式(12-4)より求める。

$$r = \dfrac{n\sum XY - (\sum X)(\sum Y)}{\sqrt{\{n\sum X^2 - (\sum X)^2\}\{n\sum Y^2 - (\sum Y)^2\}}}$$

$$= \dfrac{(15)(26015) - (180)(2100)}{\sqrt{\{(15)(2456) - (180)^2\}\{(15)(296814) - (2100)^2\}}}$$

$$= \dfrac{12225}{\sqrt{(4440)(42210)}} = \dfrac{12225}{\sqrt{187412400}} = 0.8930$$

④ 表12-4より、標本の個数15（自由度＝13）の有意水準5％と1％の臨界値は0.514と0.641であり、計算した相関係数（0.8930）の方が大きく、したがって、X と Y の間には、有意な相関があるといえる。

12-4

①

	英語	国語	数学	社会	理科
(1) 平均点（点）	70	75	54	66	60
(2) 分　散	100	64	289	144	225
(3) 標準偏差（点）	10	8	17	12	15

②

	英語	国語	数学	社会	理科
(1) 国　　語	0.815**				
(2) 数　　学	0.745**	0.479			
(3) 社　　会	0.753**	0.703*	0.562		
(4) 理　　科	0.783**	0.501	0.948**	0.619*	
(5) 5科目の合計点	0.921**	0.742**	0.908**	0.811**	0.929**

12-5

① 同順位に注意して、データをワークシートに記入し、計算する。

X	Y	d $(=X-Y)$	d^2 $(=(X-Y)^2)$
6	5	1	1
10	10	0	0
4	2	2	4
14	14	0	0
3	8	−5	25
1	3	−2	4
8	6.5	1.5	2.25
10	12	−2	4
2	1	1	1
13	15	−2	4
15	13	2	4
10	11	−1	1
5	4	1	1
12	9	3	9
7	6.5	0.5	0.25
—	—	0	60.5
		↑ $\sum d$	↑ $\sum d^2$

(12-7) より、スピアマンの順位相関係数 r_s を求める。

$$r_s = 1 - \frac{6\sum d^2}{n(n^2-1)} = 1 - \frac{6(60.5)}{(15)(225-1)} = 1 - \frac{363}{3360} = 0.892$$

② 表12-7 より、$n = 15$ の有意水準10%、5 %、1 %の臨界値は、それぞれ0.446、0.521、0.657であり、①で求めた r_s (0.892) はいずれの臨界値よりも大きく、有意な

相関があるといえる。

第13章の解答

13-1

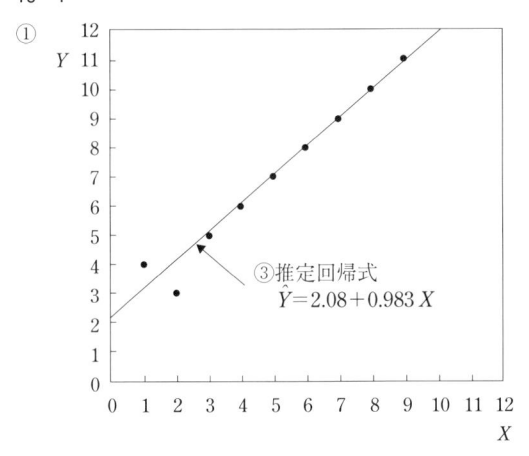

①

③ 推定回帰式
$\hat{Y} = 2.08 + 0.983X$

② $\sum X = 45$, $\sum Y = 63$, $\sum X^2 = 285$, $\sum Y^2 = 501$, $\sum XY = 374$, $n = 9$

$\hat{b}$ を (13-3) より求めると、

$$\hat{b} = \frac{n\sum XY - (\sum X)(\sum Y)}{n\sum X^2 - (\sum X)^2} = \frac{(9)(374) - (45)(63)}{(9)(285) - (45)^2} = \frac{531}{540} = 0.983$$

つぎに、$\hat{a}$ を (13-8) より求めると、

$$\hat{a} = \overline{Y} - \hat{b}\,\overline{X} = \frac{\sum Y}{n} - \hat{b} \cdot \frac{\sum X}{n} = \frac{63}{9} - \left(\frac{531}{540}\right) \cdot \left(\frac{45}{9}\right) = 2.08$$

したがって、推定した回帰式は、

$$\hat{Y} = 2.08 + 0.983X$$

③ 図を参照。

④ 決定係数 r^2 を、(13-16) より求めると、

$$r^2 = \frac{\{n\sum XY - (\sum X)(\sum Y)\}^2}{\{n\sum X^2 - (\sum X)^2\}\{n\sum Y^2 - (\sum Y)^2\}} = \frac{\{(9)(374) - (45)(63)\}^2}{\{(9)(285) - (45)^2\}\{(9)(501) - (63)^2\}}$$

$$= \frac{(531)^2}{(540)(540)} = \frac{281961}{291600}$$

$$= 0.967$$

となり、推定した回帰式の当てはまりは、良好であるといえる。

13-2

① $\hat{b}$ を(13-3)より求める。

$$\hat{b} = \frac{(8)(110)-(40)(32)}{(8)(260)-(40)^2} = \frac{-400}{480} = -0.833$$

つぎに、$\hat{a}$ を(13-8)より求める。

$$\hat{a} = \frac{32}{8} - \left(\frac{-400}{480}\right) \cdot \left(\frac{40}{8}\right) = 8.17$$

したがって、推定した回帰式は、

$$\hat{Y} = 8.17 - 0.833X$$

② $r^2 = (相関係数)^2 = (-0.973)^2$
$= 0.947$

13-3

① $\hat{b}$ を(13-3)より求める。

$$\hat{b} = \frac{(10)(302.23)-(60)(50)}{(10)(366.68)-(60)^2} = \frac{22.3}{66.8} = 0.3338$$

つぎに、$\hat{a}$ を(13-8)より求める。

$$\hat{a} = \frac{50}{10} - \left(\frac{22.3}{66.8}\right) \cdot \left(\frac{60}{10}\right) = 2.997$$

したがって、推定した回帰式は、

$$\hat{Y} = 2.997 + 0.3338X$$

② $r^2 = (相関係数)^2 = (0.9414)^2$
$= 0.8862$

13-4

① $\hat{b}$ を(13-3)より求める。

$$\hat{b} = \frac{(15)(26015)-(180)(2100)}{(15)(2456)-(180)^2} = \frac{12225}{4440} = 2.753$$

つぎに、$\hat{a}$ を(13-8)より求める。

$$\hat{a} = \frac{2100}{15} - \left(\frac{12225}{4440}\right) \cdot \left(\frac{180}{15}\right) = 107.0$$

したがって、推定した回帰式は、

$$\hat{Y} = 107.0 + 2.753X$$

② $r^2 = (相関係数)^2 = (0.8930)^2$
$= 0.7974$

13-5

①

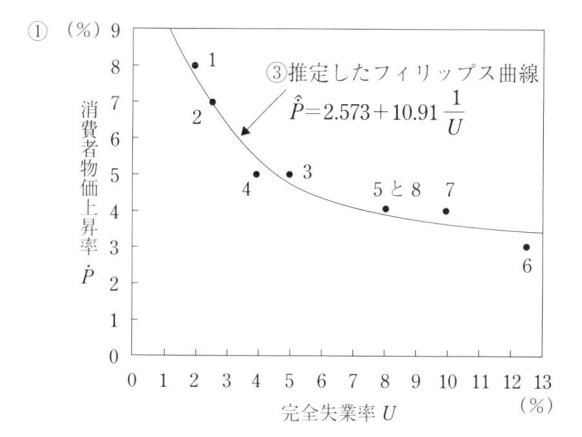

② $X = \dfrac{1}{U}$, $Y = \dot{P}$ とおくと、フィリップス曲線は以下のようになる。

$$Y = a + bX$$

$\sum X = 1.78$, $\sum Y = 40$, $\sum X^2 = 0.56015$, $\sum Y^2 = 220$, $\sum XY = 10.69$, $n = 8$

$\hat{b}$ を (13-3) より求める。

$$\hat{b} = \frac{(8)(10.69) - (1.78)(40)}{(8)(0.56015) - (1.78)^2} = \frac{14.32}{1.3128} = 10.91$$

つぎに、$\hat{a}$ を (13-8) より求める。

$$\hat{a} = \frac{40}{8} - \left(\frac{14.32}{1.3128}\right) \cdot \left(\frac{1.78}{8}\right) = 2.573$$

したがって、推定したフィリップス曲線は、

$$\hat{\dot{P}} = 2.573 + 10.91 \frac{1}{U}$$

決定係数 r^2 を (13-16) より求める。

$$r^2 = \frac{\{(8)(10.69) - (1.78)(40)\}^2}{\{(8)(0.56015) - (1.78)^2\}\{(8)(220) - (40)^2\}}$$

$$= \frac{205.0624}{210.048}$$

$$= 0.9763$$

③ 図を参照。

13-6

① （1万人当たり）

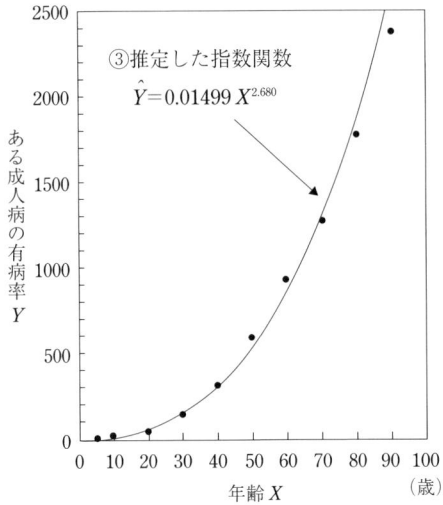

縦軸: ある成人病の有病率 Y
横軸: 年齢 X （歳）

③推定した指数関数 $\hat{Y} = 0.01499 X^{2.680}$

② $Y = aX^b$ を対数変換すると（＝両辺の自然対数をとると）、

$\log Y = \log a + b \log X$

となる。

$y = \log Y$, $x = \log X$, $\alpha = \log a$ とおくと、

$y = \alpha + bx$

となり、この式を最小2乗法で推定する。

$\sum x = 35.13453$, $\sum y = 52.16806$, $\sum x^2 = 131.61032$,
$\sum y^2 = 330.86730$, $\sum xy = 205.17888$, $n = 10$

を(13-3)、(13-8)、(13-16)に代入する。

$\hat{y} = -4.2001 + 2.6802 x$

$\log Y = -4.2001 + 2.6802 \log X \quad r^2 = 0.9992$

$\hat{Y} = 0.01499 X^{2.680}$ ← $\log a = -4.2001$ より $a = e^{-4.2001} = 0.01499$

③ 図を参照。

〔補足〕自然対数

$e(= 2.718282\cdots)$ を底とする対数を、自然対数という。

例 $\log_e X = \log X = \ln X$ などと表す。

13-7

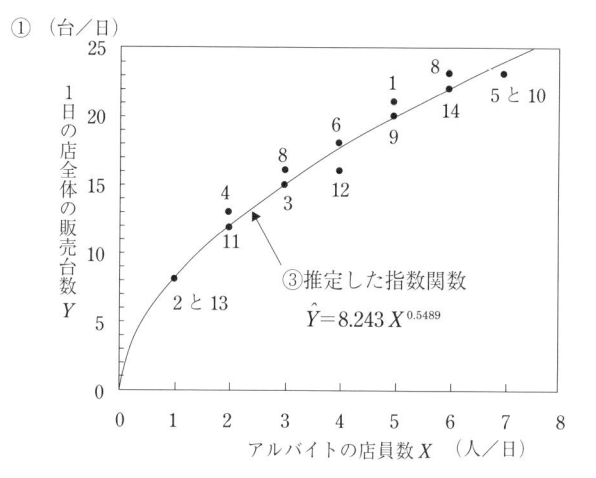

① (台／日)

(グラフ: 1日の店全体の販売台数 Y 対 アルバイトの店員数 X (人／日))

③推定した指数関数 $\hat{Y} = 8.243 X^{0.5489}$

② $Y = aX^b$ を対数変換すると（＝両辺の自然対数をとると），

$\log Y = \log a + b \log X$

となる。

$y = \log Y$, $x = \log X$, $\alpha = \log a$ とおくと，$y = \alpha + bx$ となり，この式を最小2乗法で推定する。

$\Sigma x = 17.05032$, $\Sigma y = 38.89012$, $\Sigma x^2 = 26.39295$,
$\Sigma y^2 = 109.75621$, $\Sigma xy = 50.45257$, $n = 14$

を(13-3)、(13-8)、(13-16)に代入する。

$\hat{y} = 2.1094 + 0.54890 x$

$\log Y = 2.1094 + 0.54890 \log X \quad r^2 = 0.9831$

$\hat{Y} = 8.243 X^{0.5489}$ ← $\log a = 2.1094$ より $a = e^{2.1094} = 8.243$

③ 図を参照。

13-8

〈順序1〉

$\Sigma Y = 21$, $\Sigma X_1 = 14$, $\Sigma X_2 = 7$, $\Sigma Y^2 = 95$, $\Sigma X_1^2 = 64$,
$\Sigma X_2^2 = 35$, $\Sigma Y X_1 = 16$, $\Sigma Y X_2 = -8$, $\Sigma X_1 X_2 = 33$, $n = 7$

〈順序2〉

$S_{YY} = 32$, $S_{11} = 36$, $S_{22} = 28$, $S_{Y1} = -26$, $S_{Y2} = -29$, $S_{12} = 19$

〈順序3〉

$D_0 = 647$, $D_1 = -177$, $D_2 = -550$

〈順序 4〉

$$\hat{b}_1 = \frac{D_1}{D_0} = \frac{-177}{647} = -0.2736$$

$$\hat{b}_2 = \frac{D_2}{D_0} = \frac{-550}{647} = -0.8501$$

$$a = \frac{21}{7} - \left(\frac{-177}{647}\right) \cdot \frac{(14)}{(7)} - \left(\frac{-550}{647}\right) \cdot \frac{(7)}{(7)} = 4.397$$

$$\therefore \hat{Y} = 4.397 - 0.2736 X_1 - 0.8501 X_2$$

決定係数 r^2 を(13-44)より求める。

$$r^2 = \frac{\left(\frac{-177}{647}\right)(-26) + \left(\frac{-550}{647}\right)(-29)}{(32)} = 0.99266$$

自由度修正済み決定係数 $\bar{r}^2$ を(13-45)より求める。

$$\bar{r}^2 = 1 - \frac{(7)-1}{(7)-(2)-1}\{1-(0.99266)\} = 0.98899$$

13-9

① 〈順序 1〉

$\sum Y = 700$, $\sum X_1 = 40$, $\sum X_2 = 50$, $\sum Y^2 = 62400$, $\sum X_1^2 = 196$,
$\sum X_2^2 = 308$, $\sum YX_1 = 2150$, $\sum YX_2 = 2790$, $\sum X_1 X_2 = 226$, $n = 10$

〈順序 2〉

$S_{YY} = 13400$, $S_{11} = 36$, $S_{22} = 58$, $S_{Y1} = -650$, $S_{Y2} = -710$, $S_{12} = 26$

〈順序 3〉

$D_0 = 1412$, $D_1 = -19240$, $D_2 = -8660$

〈順序 4〉

$$\hat{b}_1 = \frac{D_1}{D_0} = \frac{-19240}{1412} = -13.63$$

$$\hat{b}_2 = \frac{D_2}{D_0} = \frac{-8660}{1412} = -6.133$$

$$a = \frac{700}{10} - \left(\frac{-19240}{1412}\right) \cdot \frac{(40)}{(10)} - \left(\frac{-8660}{1412}\right) \cdot \frac{(50)}{(10)} = 155.2$$

$$\therefore \hat{Y} = 155.2 - 13.63 X_1 - 6.133 X_2$$

② 決定係数 r^2 を(13-44)より求める。

$$r^2 = \frac{\left(\frac{-19240}{1412}\right)(-650) + \left(\frac{-8660}{1412}\right)(-710)}{(13400)} = 0.9859$$

自由度修正済み決定係数 $\bar{r}^2$ を(13-45)より求める。

$$\bar{r}^2 = 1 - \frac{(10)-1}{(10)-(2)-1}\{1-(0.9859)\} = 0.9819$$

③ $\hat{b}_1 = -13.63$ より、約13万6300円低下する。
④ $\hat{b}_2 = -6.133$ より、約6万1330円低下する。
⑤ $\hat{Y}_K = 155.2 - 13.63 \cdot (3) - 6.133 \cdot (7) \fallingdotseq 71.4$ （万円）

13 - 10

① （kg/a）

ある農作物の収量 Y

④推定した2次関数
$\hat{Y} = 6.91667 + 14.4205X - 1.20076X^2$

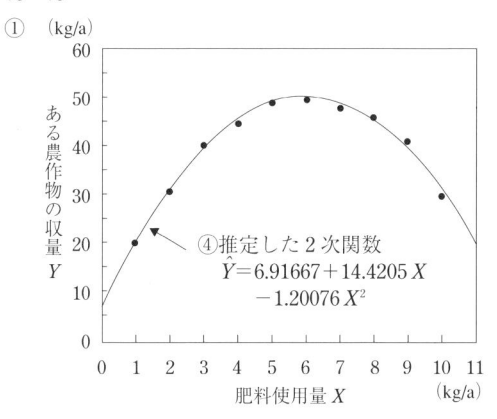

肥料使用量 X （kg/a）

② $X = X_1$, $X^2 = X_2$ とおくと、
$Y = a + b_1 X_1 + b_2 X_2$

となり、上式を最小2乗法で推定する。

〈順序1〉

$\sum Y = 400$, $\sum X_1 = 55$, $\sum X_2 = 385$, $\sum Y^2 = 16888$, $\sum X_1^2 = 385$,
$\sum X_2^2 = 25333$, $\sum YX_1 = 2300$, $\sum YX_2 = 15866$, $\sum X_1 X_2 = 3025$, $n = 10$

〈順序2〉

$S_{YY} = 888$, $S_{11} = 82.5$, $S_{22} = 10510.5$, $S_{Y1} = 100$, $S_{Y2} = 466$, $S_{12} = 907.5$

〈順序3〉

$D_0 = 43560$, $D_1 = 628155$, $D_2 = -52305$

〈順序4〉

$\hat{b}_1 = \dfrac{D_1}{D_0} = \dfrac{628155}{43560} = 14.4205$

$\hat{b}_2 = \dfrac{D_2}{D_0} = \dfrac{-52305}{43560} = -1.20076$

$\hat{a} = \dfrac{400}{10} - \left(\dfrac{628155}{43560}\right) \cdot \dfrac{55}{10} - \left(\dfrac{-52305}{43560}\right) \cdot \dfrac{385}{10} = 6.91667$

$\therefore \hat{Y} = 6.91667 + 14.4205X - 1.20076X^2$

③ 決定係数 r^2 を (13-44) より求める。

$$r^2 = \frac{\left(\dfrac{628155}{43560}\right)(100) + \left(\dfrac{-52305}{43560}\right)(466)}{(888)} = 0.9938$$

④ 図を参照。

⑤ $\hat{Y}_{X=4.5} = 6.91667 + 14.4205 \cdot (4.5) - 1.20076 \cdot (4.5)^2 \fallingdotseq 47.49\,(\mathrm{kg/a})$

⑥ $\hat{Y}_{X=0} = 6.91667 + 14.4205 \cdot (0) - 1.20076 \cdot (0)^2 \fallingdotseq 6.92\,(\mathrm{kg/a})$

⑦ $\hat{Y} = 6.91667 + 14.4205X - 1.20076X^2$ ⎫ 平方完成

　　$= -1.20076(X - 6.00474)^2 + \underline{50.21236}$
　　　　　　　　　　　　　　　　　　↑
　　　　　　　　　　　　　　　　 最大値

よって、$X \fallingdotseq 6.00\,(\mathrm{kg/a})$ のとき、$Y_{max.} \fallingdotseq 50.21\,(\mathrm{kg/a})$ となる。

13-11

統計解析用ソフトウェア（SPSS, Excel, SAS, Stata, Rなど）を用いて計算する。

① $\hat{Y} = -43.749 + 0.36041X_1 + 0.63365X_2 + 1.0587X_3$

② $r^2 = 0.99736$, $\bar{r}^2 = 0.99637$

③ $\hat{b}_1 = 0.36041$ より、約3604円増加する。

④ $\hat{b}_2 = 0.63365$ より、約6337円増加する。

⑤ $\hat{b}_3 = 1.0587$ より、約1万587円増加する。

⑥ $\hat{Y}_M = -43.749 + 0.36041 \cdot (165) + 0.63365 \cdot (60) + 1.0587 \cdot (26) \fallingdotseq 81.26$（万円）

　$\hat{Y}_N = -43.749 + 0.36041 \cdot (190) + 0.63365 \cdot (48) + 1.0587 \cdot (32) \fallingdotseq 89.02$（万円）

　$\hat{Y}_O = -43.749 + 0.36041 \cdot (125) + 0.63365 \cdot (52) + 1.0587 \cdot (27) \fallingdotseq 62.84$（万円）

　$\hat{Y}_P = -43.749 + 0.36041 \cdot (105) + 0.63365 \cdot (39) + 1.0587 \cdot (35) \fallingdotseq 55.86$（万円）

　$\hat{Y}_Q = -43.749 + 0.36041 \cdot (200) + 0.63365 \cdot (57) + 1.0587 \cdot (13) \fallingdotseq 78.21$（万円）

参考文献

縣俊彦編（2009）:『基本医学統計学（5 版）』中外医学社。
秋山裕（2009）:『統計学基礎講義』慶應義塾大学出版会。
安藤洋美（1997）:『多変量解析の歴史』現代数学社。
石村貞夫（2006）:『入門はじめての統計解析』東京図書。
石村園子（2006）:『やさしく学べる統計学』共立出版。
岩田暁一（1983）:『経済分析のための統計的方法（第 2 版）』東洋経済新報社。
上田拓治（2009）:『44 の例題で学ぶ統計的検定と推定の解き方』オーム社。
大屋幸輔（2012）:『コア・テキスト統計学（第 2 版）』新世社。
小尾恵一郎・尾崎巌・松野一彦・宮内環（2000）:『統計学』NTT出版。
加納悟・浅子和美・竹内明香（2011）:『入門｜経済のための統計学（第 3 版）』日本評論社。
刈屋武昭・勝浦正樹（2008）:『統計学（第 2 版）』東洋経済新報社。
菅民郎（2003）:『Excelで学ぶ統計解析入門（第 2 版）』オーム社。
小島寛之（2006）:『完全独習 統計学入門』ダイヤモンド社。
小寺平治（2002）:『ゼロから学ぶ統計解析』講談社。
佐和隆光（1985）:『初等統計解析（改訂版）』新曜社。
繁桝算男・柳内晴夫・森敏昭編:『Q&Aで知る統計データ解析（第 2 版）』サイエンス社。
篠崎信雄・竹内秀一（2009）:『統計解析入門（第 2 版）』サイエンス社。
芝祐順・南風原朝和（1990）:『行動科学における統計解析法』東京大学出版会。
白砂堤津耶（2007）:『例題で学ぶ 初歩からの計量経済学（第 2 版）』日本評論社。
田栗正章・藤越康祝・柳井晴夫・C. R. ラオ（2007）:『やさしい統計入門』講談社ブルーバックス。
田中勝人（1998）:『統計学』サイエンス社。
東京大学教養学部統計学教室（1994）:『人文・社会科学の統計学』東京大学出版会。
東北大学統計グループ（2002）:『これだけは知っておこう！ 統計学』有斐閣。
豊田利久・大谷一博・小川一夫・長谷川光・谷崎久志（2010）:『基本統計学（第 3 版）』東洋経済新報社。
鳥居泰彦（1994）:『はじめての統計学』日本経済新聞社。
日本統計学会編（2014）:『統計検定 2 級 公式問題集 2011〜2013年』実務教育出版。
南風原朝和（2002）:『心理統計学の基礎』有斐閣。
福井幸男（2001）:『知の統計学 1（第 2 版）』共立出版。
蓑谷千凰彦（1985）:『回帰分析のはなし』東京図書。
蓑谷千凰彦（1997）:『推測統計のはなし』東京図書。

蓑谷千凰彦（2004）：『統計学入門』（新装合本）東京図書。
宮川公男（1999）：『基本統計学（第3版）』有斐閣。
村上正康・安田正實（1989）：『統計学演習』培風館。
森田優三・久次智雄（1993）：『新統計概論（改訂版）』日本評論社。
森棟公夫（2000）：『統計学入門（第2版）』サイエンス社。
藪友良（2012）：『入門 実践する統計学』東洋経済新報社。
山内光哉（2013）：『心理・教育のための統計法（第3版）』サイエンス社。
吉田耕作（2006）：『直感的統計学』日経BP社。
吉田寿夫（1998）：『本当にわかりやすいすごく大切なことが書いてあるごく初歩の統計の本』北大路書房。

A. D. Aczel and J. Sounderpandian（2006）: *Complete Business Statistics*, 6th ed., McGraw-Hill（鈴木一功監訳　手嶋宣之・原郁・原田喜美枝訳『ビジネス統計学(上)(下)』ダイヤモンド社、2007年）.

D. Griffiths, W. D. Stirling and K. L. Weldon（1998）: *Understanding Data : Principles and Practice of Statistics*, John Wiley & Sons（津崎晃一訳『データから学ぶ統計学』メディカル・サイエンス・インターナショナル、2003年）.

P. G. Hoel（1976）: *Elementary Statistics*, 4th ed., John Wiley & Sons（浅井晃・村上正康訳『初等統計学』培風館、1981年）.

E. Kreyszig（1999）: *Advanced Engineering Mathematics*, 8th ed., John Wiley & Sons（近藤次郎・堀素夫監訳　田栗正章訳『技術者のための高等数学(7)　確率と統計』培風館、2004年）.

索 引

●アルファベット

OLS　218
t 検定　159
t 値　126
t 分布　126, 128
t 分布表　127, 160
z 検定　154, 156
z スコア　52
z 値　52

●あ行

移動平均　20
上側確率　184
上側信頼限界　118
円順列　66
同じものを含む順列　69

●か行

外壁（アウターフェンス）　34
カイ2乗分布（χ^2 分布）　181
　　——の確率密度関数　183
　　——の標準偏差　183
　　——の分散　183
　　——の平均　183
　　——表　185

回帰係数　218
回帰（方程）式　218
回帰直線　228
回帰分析　218
回帰平方和　223
回帰平面　228
階級の数　1, 2
階級間隔　1
階級境界値　1
階級値　1
階級の幅　1
階乗　63
外挿予測　226
ガウス（C.F.）　220
ガウス分布　107
確率分布　99
確率変数　99
加重算術平均　14
仮説検定　151
片側検定　152
加法定理　83
刈り込み平均　19
幾何平均　16
棄却　152, 192
棄却域　154, 192
危険率　154, 205
擬似相関　199
基準化　111

基準値　52
期待値　100, 101
帰無仮説　152, 192
境界値　154
曲線相関　199
許容誤差　133
空事象　84
組合せ　70
経験的ルール　44
決定係数　223
原因の確率　91
検定統計量　152, 192
誤差の限界　133
5項移動平均　20
5数要約　32
ゴセット（W.S.）　128
ゴルトン（F.）　199

●さ行

最小2乗法　218
採択　152, 192
採択域　154, 192
最頻値　12
削除平均　19
3項移動平均　20
残差　219
残差平方和　219, 223
算術平均　9
散布図　199
散布度　26
試行　77
事後確率　91
事象　77

事前確率　91
自然対数　280
　　――の底　104
下側信頼限界　118
四分位範囲　28
四分位偏差　28
重回帰式　227
重回帰の決定係数　229, 230
重回帰分析　218, 227
従属変数　218
自由度修正済み決定係数　233
じゅず順列　66
受容　152
順列　63
条件付き確率　87
小標本　119
乗法定理　87
常用対数　18
真数　18
信頼区間　118, 140
信頼係数　118, 140
信頼限界　118
信頼度　118, 140
推定回帰式　219
推定の誤差　133, 144
スタージェス（H.A.）　2
スタージェスの公式　1, 2
スピアマン（チャールズ）　209
スピアマンの順位相関係数　209
　　――の検定　209
正規曲線　108
正規検定　154, 156
正規分布　107
　　――の確率密度関数　107

索引　289

――の再生性　108
正規方程式　220, 229
正規母集団　121
正の相関関係　198
積事象　83
全変動（Yの――）　223
説明変数　218
相関行列　216
相関係数　197
　　――の検定　204
相関図　199
相関比　199
相乗平均　16
相対度数　2

●た行

第1四分位数　28
第Ⅰ種の誤り　154
第2四分位数　28
第Ⅱ種の誤り　154
第3四分位数　28
対数変換　238
大標本　119
対立仮説　152, 192
単純回帰式　218
チェビシェフの不等式　45
中位数　11
中央値　11
中心化　20
中心化12項移動平均　20
中心化4項移動平均　20
中心極限定理　124
調整平均　19

重複組合せ　72
重複順列　68
散らばり　26
底　18
　　――の変換公式　18
適合度　223
テューキー（ジョン）　32
点推定　142
ド・モアブル（A.）　107
同時確率　83
独立変数　218
度数　1
　　――折れ線　5
　　――多角形　5
　　――分布表　1
トリム平均　19

●な行

内挿予測　226
内壁（インナーフェンス）　34
並み数　12
二項分布　101
　　――の正規近似　141
　　――の標準偏差　101
　　――の分散　101
　　――の平均値（期待値）　101
ネイピア数　104
ネイマン（イェジー）　151

●は行

パーセンタイル　29
排反事象　84

箱ひげ図　32
外れ値　5, 9
ばらつき　26
範囲　1, 26
ピアソン（エゴン）　151
ピアソン（カール）　4, 199
ピアソンの（積率）相関係数　199
ヒストグラム　4
被説明変数　218
標準化（基準化）　52, 111, 152
標準化変量　52
標準正規分布　110, 111
　　――の確率密度関数　111
　　――表　110
標準偏差　39
標本　10
標本共分散　197
標本相関係数　197, 204
標本標準偏差　40
標本比率　140, 141
標本分散　40
標本平均　10
標本歪度　56
頻度　1
フィリップス曲線　238
負の相関関係　198
分散　39, 100, 101
平均絶対偏差　37
平均値　9, 100
平均偏差　37
ベイズ（トーマス）　91
ベイズの定理　91
ベルヌーイ（ヤコブ）　101
ヘルメルト（F.R.）　181

変異係数　48
偏回帰係数　228
偏差　37
偏差値　54
偏差平方和　39
変動係数　48
ポアソン（S.D.）　104
ポアソン分布　104
　　――の標準偏差　104
　　――の分散　104
　　――の平均値　104
母集団　10
　　――標準偏差　40
　　――分散　40
　　――平均　10
　　――歪度　56
母相関係数　204
母標準偏差　40
　　――の区間推定　187
　　――の検定　192
母比率　140
　　――の区間推定　140
　　――の検定　165
　　――の差の検定　173
母分散　40
母平均　10, 118
　　――の区間推定　118
　　――の検定　151
　　――の差の検定　168
母歪度　56

●ま行

見せかけの相関　199

索引

無作為抽出　10
無作為標本　10
無相関　198
無相関検定　204
メジアン　11
メジアン偏差　37
モード　12

●や行

有意水準　154, 192, 205
ユニバース　10
余事象　77
余事象の確率　77

●ら行

ラプラス（P.S.）　124
離散型確率分布　99

離散型確率変数　99
両側検定　152
理論値　219
臨界値　154, 192, 204
累積相対度数　2
　──折れ線　6
累積度数　2
ルジャンドル（A.M.）　220
レンジ　26
連続型確率分布　99
連続型確率変数　99

●わ行

ワークシート　42
歪度　56
　──の検定　57
和事象　83

●著者紹介──

白砂 堤津耶（しらさご・てつや）

1957年生まれ。
1981年　慶應義塾大学経済学部卒業
1986年　慶應義塾大学大学院商学研究科博士課程修了
現　在　東京女子大学教授
専　攻　計量経済学
主　著　『中国農業の計量経済分析』（大明堂、1986年）
　　　　『図説 中国経済（第2版）』（共著、日本評論社、1999年）
　　　　『例題で学ぶ 初歩からの経済学』（共著、日本評論社、2002年）
　　　　『例題で学ぶ 初歩からの計量経済学（第2版）』（日本評論社、2007年
　　　　：中国版、中国人民大学出版社、2012年）

例題で学ぶ初歩からの統計学　第2版

2009年1月30日　第1版第1刷発行
2015年4月1日　第2版第1刷発行
2025年8月25日　第2版第11刷発行

著　者──白砂堤津耶
発行所──株式会社日本評論社
　　　　〒170-8474　東京都豊島区南大塚3-12-4
　　　　電話03-3987-8621（販売）、03-3987-8595（編集）
　　　　振替00100-3-16
印　刷──精文堂印刷株式会社
製　本──株式会社難波製本
　　　　検印省略ⒸSHIRASAGO Tetsuya, 2015
ISBN978-4-535-55790-1
装　幀──林　健造

|JCOPY|〈(社)出版者著作権管理機構 委託出版物〉
本書の無断複写は著作権法上での例外を除き禁じられています。複写される場合は、そのつど事前に、(社)出版者著作権管理機構（電話03-5244-5088、FAX03-5244-5089、e-mail：info@jcopy.or.jp）の許諾を得てください。また、本書を代行業者等の第三者に依頼してスキャニング等の行為によりデジタル化することは、個人の家庭内の利用であっても、一切認められておりません。

経済学の学習に最適な充実のラインナップ

入門経済学 [第4版] 伊藤元重／著　　　　　　　　　　(3色刷) 3300円	**例題で学ぶ 初歩からの計量経済学** [第2版] 白砂堤津耶／著　　　　　　　　　　　3080円
マクロ経済学 [第3版] 伊藤元重／著　　　　　　　　　　(3色刷) 3300円	**文系のための統計学入門** [第2版] 河口洋行／著　　　　　　　　　　　　3080円
ミクロ経済学 [第3版] 伊藤元重／著　　　　　　　　　　(3色刷) 3300円	**大学生のための経済学の実証分析** 千田亮吉・加藤久和・本田圭市郎・萩原里紗／著　2530円
ミクロ経済学パーフェクトガイド 伊藤元重・下井直毅／著　　　　　(2色刷) 2420円	**経済論文の書き方** 経済セミナー編集部／編　　　　　　　2200円
ミクロ経済学の力 神取道宏／著　　　　　　　　　　(2色刷) 3520円	**競争政策論** [第3版] 小田切宏之／著　　　　　　　　　　　2970円
ミクロ経済学の技 神取道宏／著　　　　　　　　　　(2色刷) 1870円	**経済学入門** 奥野正寛／著　　　　　　　　　　　　2200円
入門マクロ経済学 [第6版] 中谷 巌・下井直毅・塚田裕昭／著　(4色刷) 3080円	**ミクロ経済学** 上田 薫／著　　　　　　　　　　　　2090円
マクロ経済学のナビゲーター [第4版] 脇田 成／著　　　　　　　　　　　　　3300円	**ゲーム理論** 土橋俊寛／著　　　　　　　　　　　　2420円
入門 公共経済学 [第2版] 土居丈朗／著　　　　　　　　　　　　　3190円	**計量経済学のための統計学** 岩澤政宗／著　　　　　　　　　　　　2200円
入門 財政学 [第2版] 土居丈朗／著　　　　　　　　　　　　　3080円	**計量経済学** 岩澤政宗／著　　　　　　　　　　　　2200円
最新 日本経済入門 [第7版] 小峰隆夫・村田啓子／著　予価2860円(9月中旬刊)	**公共経済学** 川出真清／著　　　　　　　　　　　　2200円
経済学を味わう 東大1,2年生に大人気の授業 市村英彦・岡崎哲二・佐藤泰裕・松井彰彦／編　1980円	**国際経済学** 鎌田伊佐生・中島厚志／著　　　　　　2200円
[改訂版] **経済学で出る数学** 尾山大輔・安田洋祐／編著　　　　　　　2310円	**財政学** 小西砂千夫／著　　　　　　　　　　　2200円
計量経済学のための数学 田中久稔／著　　　　　　　　　　　　　2860円	**マーケティング** 西本章宏・勝又壮太郎／著　　　　　　2200円

日評ベーシック・シリーズ

※表示価格は税込価格です。

〒170-8474 東京都豊島区南大塚3-12-4　TEL：03-3987-8621　FAX：03-3987-8590　**日本評論社**
ご注文は日本評論社サービスセンターへ　TEL：049-274-1780　FAX：049-274-1788　https://www.nippyo.co.jp/

付表C　カイ2乗分布表

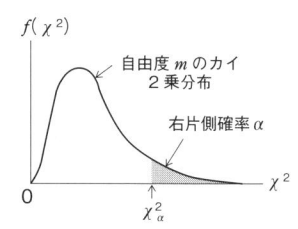

$f(\chi^2)$ 自由度 m のカイ2乗分布
右片側確率 α
χ^2_α

右片側確率 α と自由度 m に対応する χ^2_α の値

自由度 m	\multicolumn{8}{c}{右片側確率 α}
	0.995 (99.5%)	0.99 (99%)	0.975 (97.5%)	0.95 (95%)	0.05 (5%)	0.025 (2.5%)	0.01 (1%)	0.005 (0.5%)
1	0.000	0.000	0.001	0.004	3.841	5.024	6.635	7.879
2	0.010	0.020	0.051	0.103	5.991	7.378	9.210	10.597
3	0.072	0.115	0.216	0.352	7.815	9.348	11.345	12.838
4	0.207	0.297	0.484	0.711	9.488	11.143	13.277	14.860
5	0.412	0.554	0.831	1.145	11.070	12.833	15.086	16.750
6	0.676	0.872	1.237	1.635	12.592	14.449	16.812	18.548
7	0.989	1.239	1.690	2.167	14.067	16.013	18.475	20.278
8	1.344	1.646	2.180	2.733	15.507	17.535	20.090	21.955
9	1.735	2.088	2.700	3.325	16.919	19.023	21.666	23.589
10	2.156	2.558	3.247	3.940	18.307	20.483	23.209	25.188
11	2.603	3.053	3.816	4.575	19.675	21.920	24.725	26.757
12	3.074	3.571	4.404	5.226	21.026	23.337	26.217	28.300
13	3.565	4.107	5.009	5.892	22.362	24.736	27.688	29.819
14	4.075	4.660	5.629	6.571	23.685	26.119	29.141	31.319
15	4.601	5.229	6.262	7.261	24.996	27.488	30.578	32.801
16	5.142	5.812	6.908	7.962	26.296	28.845	32.000	34.267
17	5.697	6.408	7.564	8.672	27.587	30.191	33.409	35.718
18	6.265	7.015	8.231	9.390	28.869	31.526	34.805	37.156
19	6.844	7.633	8.907	10.117	30.144	32.852	36.191	38.582
20	7.434	8.260	9.591	10.851	31.410	34.170	37.566	39.997
21	8.034	8.897	10.283	11.591	32.671	35.479	38.932	41.401
22	8.643	9.542	10.982	12.338	33.924	36.781	40.289	42.796
23	9.260	10.196	11.689	13.091	35.172	38.076	41.638	44.181
24	9.886	10.856	12.401	13.848	36.415	39.364	42.980	45.559
25	10.520	11.524	13.120	14.611	37.652	40.646	44.314	46.928
26	11.160	12.198	13.844	15.379	38.885	41.923	45.642	48.290
27	11.808	12.879	14.573	16.151	40.113	43.195	46.963	49.645
28	12.461	13.565	15.308	16.928	41.337	44.461	48.278	50.993
29	13.121	14.256	16.047	17.708	42.557	45.722	49.588	52.336
30	13.787	14.953	16.791	18.493	43.773	46.979	50.892	53.672
40	20.707	22.164	24.433	26.509	55.758	59.342	63.691	66.766
50	27.991	29.707	32.357	34.764	67.505	71.420	76.154	79.490
60	35.534	37.485	40.482	43.188	79.082	83.298	88.379	91.952
70	43.275	45.442	48.758	51.739	90.531	95.023	100.425	104.215
80	51.172	53.540	57.153	60.391	101.879	106.629	112.329	116.321
90	59.196	61.754	65.647	69.126	113.145	118.136	124.116	128.299
100	67.328	70.065	74.222	77.929	124.342	129.561	135.807	140.169